第2版

鉄筋コンクリートの設計

吉川 弘道／富山 潤 著

丸善出版

第2版まえがき

このたび，本書が改訂の機にめぐまれ，増補改定版として発刊に至った．本改訂にあたって，富山潤教授（琉球大学）にも参画いただいて，内容の充実を図った．大きくは，耐久設計に関する章およびプレストレストコンクリートの設計に関する章を新設したことである．

12章：耐久設計は，構造設計のような考え方とは趣を異する事項であり，設計・照査に必要となる諸量やその捉え方について要領よくまとめた．One Point アドバイスや記号表を記するとともに，設計・照査手順についても計算チャートを用いて設計事例を提示した．

13章：プレストレストコンクリートについては，我国の PC 技術の基本事項にとどめ，模式図や計算チャートを用いることで，その特徴や設計・照査の流れを一目でわかるように工夫した．

第二の改訂点は，土木学会コンクリート標準示方書に関する記述部分である．具体的には，性能設計法の考え方を明確化し，加えて，性能設計による照査例（例題）に反映させた．

初版のまえがきに記した4点についても再度参照されたい．鉄筋コンクリート工学の入門書として，初版の特徴はそのまま引き継がれていることも強調したい．学生諸君がコンクリート設計に関する原理や手法を理解するための一助となることを心より願うところである．

改定に際しては，丸善出版株式会社の三崎一朗氏より適確なアドバイスと激励を頂いた．著者2名より御礼申し上げます．

2023年12月

著者を代表して

吉　川　　弘　道

初版まえがき

鉄筋コンクリート（Reinforced Concrete）は，土木・建築構造物に最も多く用いられる構造形式の一つである．したがって，大学，工業高等専門学校，工業高校の土木工学課程では必修の授業科目であり，それまで学習した材料力学，応用力学の格好の実習場所となる．

本書は，鉄筋コンクリートの解き方と設計を，基礎から学ぶための教科書である．ただし，ここでいう設計とは部材の断面設計を意味し，各種鉄筋コンクリート部材に共通する断面設計の考え方，計算法を学ぶことができる．また，副題が示すとおり，限界状態設計法および許容応力度設計法の両設計法について詳述している．

鉄筋コンクリートを初めて学ぶ入門書として，次のようなことに特に留意したつもりであり，本書の特徴ともなっている．

1. とにかく，見やすく，わかりやすく！

このため，式の使用記号の説明，図表，例題とその解答については理解しやすいように工夫し，さらに初学者が戸惑いやすい諸点については要所に“One Point アドバイス”と称する読み物を配し理解を助けている．

2. コンクリート標準示方書に準拠

このため，使用単位はすべてSI（国際単位系）で記述し，接頭語などに配慮している．なお，一部に従来単位（メートル法重力単位）を併記している．

3. 限界状態設計法と許容応力度設計法の並記

現行の主たる設計法である限界状態設計法の詳しい解説を記述の中心に据えているが，現在なお使用されている許容応力度設計法についても併せ紹介している．

4. 耐震設計法も解説

現在，各方面で改訂整備されつつある鉄筋コンクリートの耐震設計法についても一章を設け，基礎的な考え方と設計法を入門編として示した．

以上のように，本書は鉄筋コンクリートについて基礎的な部分を簡潔にまとめたものであるが，さらに詳しく学習したい方は「鉄筋コンクリートの解析と設計―限界状態設計法の考え方と適用」（1995年，丸善）をご一読いただければ幸いである．

本書の記述と内容は，先輩先生方からのご教示，研究仲間諸兄からのアドバイスから得られたものが多い．ここに深甚の謝意を表します．また，本書の執筆に際しては，丸善出版事業部の恩田英紀氏に企画から編集までご相談いただきました．ここにお礼申し上げます．

平成9年11月

吉川　弘道

目 次

6章

せん断力を受ける部材

7章

許容応力度設計法

One Point アドバイス

SI 単位と従来単位の上手な使い方

SI 単位（国際単位系）および従来単位（メートル法重力単位）との換算については，付録 I に示したとおりであるが，力学系に限定した速習コースを以下に示す．

1. まずは，換算の原則を復習しよう．

荷　　重：$1\ \mathrm{kgf} = 9.80665\ \mathrm{N} \longrightarrow 1\ \mathrm{N} = 1/9.80665\ \mathrm{kgf} = 0.102\ \mathrm{kgf}$

モーメント：$1\ \mathrm{N \cdot cm} = 0.102\ \mathrm{kgf \cdot cm}$

応力／強度：$1\ \mathrm{N/mm^2} = 0.102\ \mathrm{kgf/mm^2} = 10.2\ \mathrm{kgf/cm^2}$

ここで，応力／強度では，Pa（パスカルと読む）なる単位も多く用いられ，これは，

$$1\ \mathrm{Pa} = 1\ \mathrm{N/m^2} \longrightarrow 1\ \mathrm{N/mm^2} = 1 \times 10^6\ \mathrm{N/m^2} = 1 \times 10^6\ \mathrm{Pa} = 1\ \mathrm{MPa}$$

のように対応する．

2. 次に SI 接頭語をマスターする．

SI 単位をうまく使いこなすには，接頭語をマスターしなければならない．本書に必要な接頭語として，次のものを必ず覚えてもらいたい．

オーダーの大きいものに対して：k(キロ) = 10^3，M(メガ) = 10^6，G(ギガ) = 10^9

オーダーの小さいものに対して c(センチ) = 10^{-2}，m(ミリ) = 10^{-3}，μ(マイクロ) = 10^{-6}

3. 概略の換算値を覚えよう．

重力加速度 $G = 9.80665 \fallingdotseq 10$ とし，かつ上記の接頭語を上手に使うと，換算の概略値を要領よく覚えることができる．

荷　　重：$10\ \mathrm{N} \fallingdotseq 1\ \mathrm{kgf}$，$10\ \mathrm{kN} \fallingdotseq 1\ \mathrm{tf}$，$1\ \mathrm{MN} \fallingdotseq 100\ \mathrm{tf}$

応力／強度：$1\ \mathrm{N/mm^2} = 1\ \mathrm{MPa} \fallingdotseq 10\ \mathrm{kgf/cm^2}$，$1\ \mathrm{kN/mm^2} = 1\ \mathrm{GPa} \fallingdotseq 10^4\ \mathrm{kgf/cm^2}$

モーメント：$10\ \mathrm{N \cdot cm} \fallingdotseq 1\ \mathrm{kgf \cdot cm}$，$10\ \mathrm{N \cdot m} = 10^3\ \mathrm{N \cdot cm} = 1\ \mathrm{kN \cdot cm} \fallingdotseq 0.1\ \mathrm{tf \cdot cm}$，
$10\ \mathrm{kN \cdot m} \fallingdotseq 1\ \mathrm{tf \cdot m}$

4. 最後に……覚えると便利なコンクリートと鉄筋の単位

さて，SI 単位といっても力学系に限るとそれほど難しくないが，いままでの説明に混乱した場合，次の例を暗記するだけで，鉄筋コンクリートに必要な SI 単位をほぼ理解できる．

コンクリートによく出てくる単位として：

圧　縮　強　度：$f_c = 30\ \mathrm{N/mm^2} = 30\ \mathrm{MPa} \fallingdotseq 300\ \mathrm{kgf/cm^2}$

引　張　強　度：$f_t = 2.2\ \mathrm{N/mm^2} = 2.2\ \mathrm{MPa} \fallingdotseq 22\ \mathrm{kgf/cm^2}$

ヤ　ン　グ　係　数：$E_c = 28\ \mathrm{kN/mm^2} = 28\ \mathrm{GPa} \fallingdotseq 2.8 \times 10^5\ \mathrm{kgf/cm^2}$

鉄筋によく出てくる単位として：

降伏強度(SD 345)：$f_y = 345\ \mathrm{N/mm^2} = 345\ \mathrm{MPa}$
従来単位では，SD35（$f_y = 3500\ \mathrm{kgf/cm^2}$）に相当する．

ヤ　ン　グ　係　数：$E_s = 200\ \mathrm{kN/mm^2} = 200\ \mathrm{GPa}$
従来単位では，$E_s = 2.1 \times 10^6\ \mathrm{kgf/cm^2}$ を用いていた．

記号の表示について

本書で用いる主要な添字および記号を以下に示す．まず，表-Ⅰに示した下添字は英字の頭文字を用いることが多く，その元単語を括弧内に記した．また，主要記号を表-Ⅱに一覧した（特定の章だけに用いられる記号は［　］に当該章を示した）．

同じ添字・記号が章によって異なる意味で用いられることがあり，本文中で説明しているが，下表でも確認できる．

表-Ⅰ　下添字の意味

1：引張側 2：圧縮側 a：解析（analysis） 　許容（allowable） b：部材（member） 　釣合い（balance） 　曲げモーメント（bending moment） bo：付着（bond） c：圧縮（compression） 　コンクリート（concrete） cr：ひび割れ（crack） d：設計用値（design） 　斜め（diagonal）	e：有効（effective） 　換算（equivalent） 　偏心（eccentric） f：荷重（force） g：全断面（gross） k：特性値（characteristic） l：軸方向（longitudinal） m：材料（material） 　平均（mean） n：垂直方向（normal） 　公称（nominal） p：永続（permanent） 　押抜き（punching）	r：変動（range） s：鉄筋（steel） sp：らせん鉄筋（spiral） t：引張（tension） 　横方向（transversal） u：終局（ultimate） w：腹部（web） y：降伏（yield） 上添字′（ダッシュ）は圧縮を表す．

表-Ⅱ　主　要　記　号

A：断面積	A_c：コンクリートの断面積 A_s：鉄筋の断面積 A_{s1}：引張鉄筋の断面積 A_{s2}：圧縮鉄筋の断面積 A_w：せん断補強鉄筋の断面積
a：等価矩形応力ブロックの高さ［4章，5章］ a：せん断スパン［6章］	
b：部材幅	b_e：有効幅 b_w：部材腹部の幅
C'：圧縮合力	C'_c：コンクリートの圧縮合力 C'_s：圧縮鉄筋の圧縮合力 C'_d：腹部コンクリート圧縮斜材の圧縮合力
c：かぶり厚さ［8章，10章，12章］	c_{min}：最小かぶり c_o：かぶりの基準値

d：断面の有効高さ	d_1 ：圧縮縁から引張鉄筋までの距離 d_2 ：圧縮縁から圧縮鉄筋までの距離
E：ヤング係数（弾性係数）	E_c ：コンクリートのヤング係数 E_s ：鉄筋のヤング係数
e：偏心量［5 章，7 章，13 章］	e_b ：釣合い破壊時の偏心量 e_c ：荷重位置がコアとなる偏心量
F：荷重	F_d ：設計荷重 F_k ：荷重の特性値
f：材料強度	f'_c ：コンクリートの圧縮強度 f_t ：コンクリートの引張強度 f_b ：コンクリートの曲げ強度 f_{bo}：コンクリートの付着強度 f_y ：鉄筋の引張降伏強度 f'_y ：鉄筋の圧縮降伏強度 f_u ：鉄筋の引張強度 f_{wy}：せん断補強筋の降伏強度
f_k：材料強度の特性値	f'_{ck}，f_{bk}，f_{yk}，f'_{yk} など
f_d：材料強度の設計用値 （$f_d=f_k/\gamma_m$ で与えられる）	f'_{cd}，f_{bd}，f_{yd}，f'_{yd} など
f_r：疲労強度［9 章］	f_r ：コンクリートの疲労強度 f_{sr} ：鉄筋の疲労強度
G：せん断弾性係数	
h：断面の全高さ	
I：断面 2 次モーメント	I_g ：全断面有効時の断面 2 次モーメント I_i, I_{cr}：RC 断面時の断面 2 次モーメント I_e ：換算断面 2 次モーメント
k ：中立軸比，$j=1-k/3$ k ：鉄筋の付着性状の影響を表す定数［8 章］ k_2：変動作用の頻度を考慮するための係数［8 章］ k_c：基本定着長に関するかぶりと横方向鉄筋の係数［10 章］ k_h：水平震度［11 章］ k_v：鉛直震度［11 章］	
L，l：スパン，支間など	
l：定着長［10 章］	l_d ：鉄筋の基本定着長 l_0 ：鉄筋の必要定着長
l_s：モーメントシフト［6 章，10 章］	
M：曲げモーメント	M_u ：終局曲げ耐力 M_{cr}：ひび割れが発生するときの曲げモーメント M_p ：永続作用による曲げモーメント M_r ：変動作用による曲げモーメント
M：マイナー数［9 章］	
N：疲労寿命［9 章］	

N'：軸方向圧縮力	N'_u：軸方向力による終局耐力
n：ヤング係数比　$n=E_s/E_c$	
n：繰返し回数［9章］	n_{eq}：等価繰返し回数 n_d：設計繰返し回数
p：鉄筋比	p_1：引張鉄筋の鉄筋比 p_2：圧縮鉄筋の鉄筋比 p_b：釣合い鉄筋比 p_w：せん断補強筋比
r：半径	
R：断面耐力	R_d：設計断面耐力
S：断面力	S_d：設計断面力 S_p：永続作用による断面力 S_r：変動作用による断面力
S：応力パラメータ［9章］	S_{max}：上限応力比 S_{min}：下限応力比
s：横方向鉄筋の配置間隔	s_s：せん断補強鉄筋の配置間隔 s_p：せん断補強用緊張材の配置間隔
T：引張合力	T_s：引張鉄筋の引張合力 T_w：せん断補強筋の引張合力
T：固有周期［11章］	
u_0：スラブにおける載荷面の周長 u_p：押抜きせん断力に対する仮想破壊面の周長　｝［6章］	
V：せん断力，せん断耐力	V_y：せん断耐力，$V_y=V_c+V_s+V_{pe}$ V_c：せん断補強筋を用いないときのせん断耐力（コンクリートの負担せん断力） V_s：せん断補強筋によるせん断耐力 V_{pe}：軸方向緊張材によるせん断耐力 V_{wc}：腹部コンクリートの斜め圧縮破壊によるせん断耐力 V_{pc}：平面部材の押抜きせん断耐力［6章］ これらにdを付けると設計用値となる．V_{yd}，V_{cd}，V_{sd}，V_{pcd} 等.
w：ひび割れ幅［8章，12章］	w_a：許容ひび割れ幅 w_{cr}：ひび割れ幅
x：中立軸	x_0：釣合い断面に対する中立軸［7章］ x_b：釣合い断面に対する中立軸［4章，5章］
z：圧縮応力の合力位置から引張鉄筋までの距離	
α：部材軸とのなす角［6章］	α_s：せん断補強鉄筋が部材軸となす角度 α_p：緊張材が部材軸となす角度
β：せん断耐力に関する諸係数［6章］	β_d：せん断耐力に関する有効高さの係数 β_p：せん断耐力に関する軸方向鉄筋比の係数 β_n：せん断耐力に関する軸方向圧縮力の係数 β_r：せん断耐力に関する u_0/d の影響係数
β_1，k_2，k_3：圧縮コンクリートの等価矩形応力ブロックに関する諸係数［4章，5章］	

γ：安全係数	γ_i ：構造物係数 γ_a ：構造解析係数 γ_b ：部材係数 γ_f ：荷重係数 γ_m：材料係数 γ_c ：コンクリートの材料係数 γ_s ：鋼材の材料係数
γ：せん断ひずみ	
ε：垂直ひずみ	ε'_c ：コンクリートの圧縮ひずみ ε'_{cu}：コンクリートの終局圧縮ひずみ ε_s ：鉄筋のひずみ ε'_{cs}：ひび割れ幅の増加を考慮するための乾燥収縮およびクリープひずみ［8章］ ε_{sh} ：コンクリートの乾燥収縮ひずみ［2章］
ν：ポアソン比	ν_c：コンクリートのポアソン比
θ：腹部コンクリート（斜め圧縮材）の角度	
σ：応力度	σ'_c ：コンクリートの圧縮応力 σ'_{cu}：コンクリートの圧縮縁応力 σ_{s1}：引張鉄筋の応力 σ'_{s2}：圧縮鉄筋の応力
	σ_{se}：ひび割れ幅を検討するための鉄筋応力の増加量［8章］ σ_w ：せん断補強鉄筋の応力度 σ_r ：変動応力 σ_p ：永続作用による（コンクリート）応力［9章］ σ_{sp}：永続作用による鉄筋応力［9章］
τ：せん断応力，せん断強度	τ_{max}：最大せん断応力 τ_c ：コンクリートのせん断応力 τ_s ：せん断耐荷力に対するせん断補強筋の寄与分（強度表示）［6章］ τ_{wc} ：せん断力による斜め圧縮材の耐荷限界（強度表示）［6章］
ϕ：鉄筋径の呼び径（直径），曲率	
ψ：力学的鉄筋比 （鉄筋係数）：$\psi = pf_y/f'_c$	ψ_1 ：引張鉄筋に対する力学的鉄筋比 ψ_2 ：圧縮鉄筋に対する力学的鉄筋比 ψ_w ：せん断補強筋に対する力学的鉄筋比
μ：靱性率，塑性率［11章］	μ_a ：許容塑性率 μ_d ：部材の設計靱性率 μ_{rd}：部材の設計塑性率

1

鉄筋コンクリートの特徴と構造

コンクリート（concrete）は，セメント，水，大小骨材（砂と砂利），および必要に応じて混和材料を練り混ぜ，固化した複合材料である．コンクリートは，圧縮に対して大きな抵抗力を示すが，引張やせん断には弱い．したがって，構造部材として用いるには，何らかの補強が必要となり，その一例が鉄筋コンクリートである．

第 1 章では，コンクリート系部材の説明から始まり，鉄筋コンクリートの特徴およびコンクリート構造物の 3 要素などについて述べ，2 章以降の導入とする．

1-1　コンクリート構造物の種類と特徴

1-1-1　コンクリート系部材の種類

コンクリート系部材は，一般にコンクリート材料にある補強剤（reinforcement）もしくは初期応力（prestress）を施すことにより構造部材として機能する．これらは鉄筋コンクリート（reinforced concrete），プレストレストコンクリート（prestressed concrete），鉄骨コンクリート（steel-framed concrete）の 3 つに大別することができる（図 1-1）．とくに最初の 2 つの英語は直訳すると，

reinforced concrete　：補強されたコンクリート→鉄筋コンクリート
prestressed concrete：あらかじめ応力が導入されたコンクリート
→プレストレストコンクリート

となるが，それぞれ頭文字をとって，RC，PC の略称のもと土木・建築技術者にはなじみが深い．

これら 3 形式のうち，土木構造物，建築構造物とも鉄筋コンクリートとして用いられることが多く，本書で取り扱う対象である．

図 1-2 はコンクリート内部の鉄筋の配置例を示したものであるが，いろいろな形状の鉄筋が縦横に配筋されていることがわかる．これらは外的な荷重作用に抵抗するため合理的に設計・配筋されたもので，その位置，方向，量（断面積），定着の仕方などが重要である．鉄筋コンクリートの設計とは，狭い意味ではコンクリートの断面寸法と鉄筋の量と配置を決定することである．

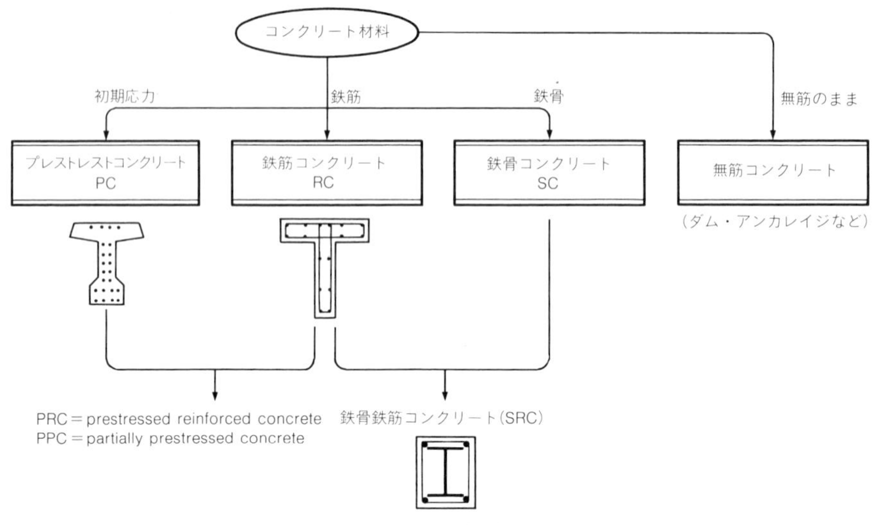

図 1-1　コンクリート系部材の種類と分類

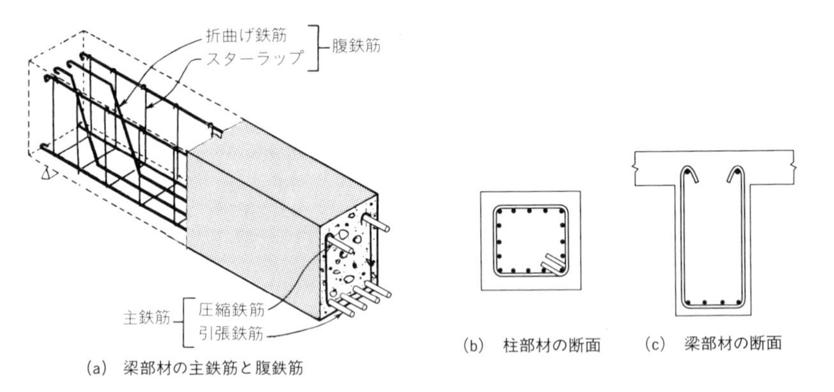

(a)　梁部材の主鉄筋と腹鉄筋　(b)　柱部材の断面　(c)　梁部材の断面

図 1-2　鉄筋コンクリートの配筋例

1-1-2　コンクリート構造物の形式

コンクリート構造物は，その造形が比較的自由なことから多くの構造形式が誕生し，多様化している．これらを列挙すると表 1-1 のようにまとめられ，いくつかの例を図 1-3 に示す．これらは従来からある柱・梁部材の単軸棒部材に始まり，スラブ・平板などの平面部材，さらに平面部材や曲面部材で構成される立体構造，重力式ダムに代表される 3 次元的な中実構造（マスコンクリート）など多岐にわたり，その適用範囲も広い．

表 1-1 RC 構造部材の構造形式と適用例

分　類	構造形式	適 用 例
棒　部　材	梁，柱，ラーメン	桁橋，建屋の大梁・小梁，ラーメン構造，RC 短柱・長柱，場所打ち杭・既成杭
平 面 部 材	スラブ，平板，壁，ディープビーム	床スラブ，耐震壁（壁式構造），連続地中壁
立体折板構造	ボックス壁	原子炉建屋，箱桁橋，ケーソン
立体曲面構造	シェル，中空円筒	RC シェル，アーチダム，HP 冷却塔，卵形消化槽，原子力格納容器，PC 水槽，サイロ，LNG タンク
3 次元中実構造	マスコンクリート	重量式ダム，基礎フーチング，アンカレイジ

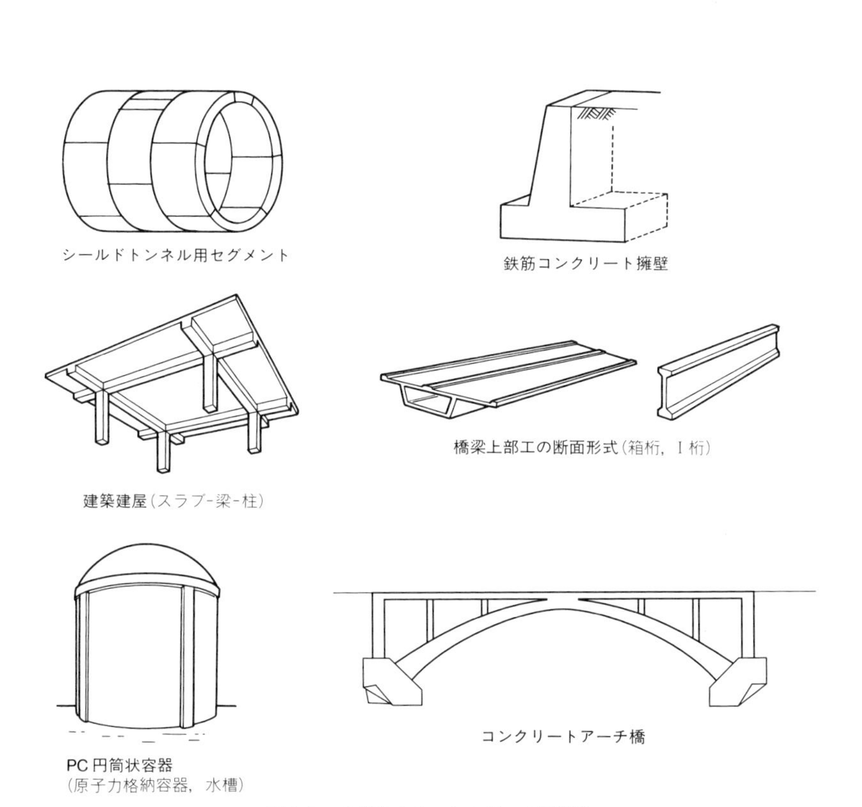

図 1-3 多様化するコンクリート構造物

1-2　鉄筋コンクリートの特徴

1-2-1　コンクリートと鉄筋の役割と複合性

鉄筋コンクリートは，構造材料である鉄筋とコンクリートの長所を活かし，欠点を補完し合う優れた複合材料であるといえる．コンクリートの特徴としてまず挙げられるのは高圧縮強度・低引張強度の準脆性材料であることで，単一で機能することは少ない．一方，鉄筋棒鋼は比較的高強度の延性材料であるが，それのみで部材を形成することは必ずしも得策でなく，座屈や腐食の心配がある．

そこで鉄筋コンクリートの登場となるが，これは鋼材（鉄筋棒鋼）＋コンクリートの共同体であるが，両者の単なる重ね合わせではなく，それ以上の相乗効果を発揮することを強調したい．これはコンクリートの立場から見れば①圧縮域における靭性と強度の改善，②引張脆性破壊の防止とひび割れ制御であり，鋼材から見れば③棒状鉄筋の座屈回避，④腐食防止などが主なものとして挙げられる．

このようなコンクリートと鉄筋の特徴を列挙し整理すると，図 1-4 のようにまとめられよう．

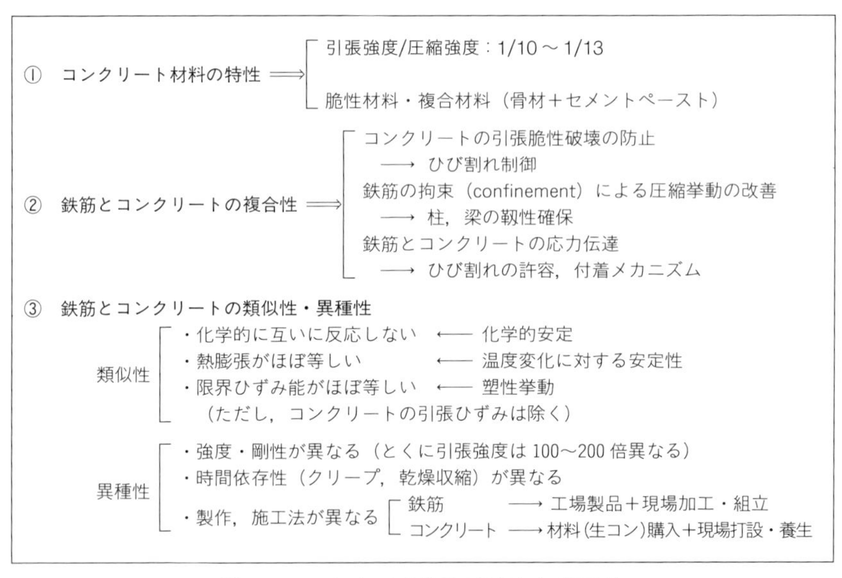

図 1-4　コンクリートと鉄筋の特徴および複合性

1-2-2　鉄筋コンクリートの成立条件と長所・短所

以上のような，鉄筋とコンクリートの良好な複合性を維持し，本来の機能・耐荷性を発揮するには，次のことが前提条件となっている．

① コンクリートと鉄筋との間の付着が十分で，ひび割れ後も両者がほぼ一体となって変形すること．このため，現在では異形鉄筋の使用が前提となっており，鉄筋の定着や継手は重要なポイントである．

② コンクリートと鉄筋の熱膨張係数がだいたい同じであること．これは温度変化によって両者の間に温度応力が生じないようにするためであり，通例，ほぼ等しい．

③ コンクリート中に埋め込まれた鉄筋が腐食しないことが前提条件となるが，コンクリートが強アルカリ性のため通例確保される．ただし，過度なひび割れ開口や塩分環境下では必ずしも十分でなく，設計・施工上の配慮（例えば，配合や鉄筋のかぶりなど）が必要である．

上述のような特徴を有する鉄筋コンクリートは，他の構造材料にない優れた長所をもつ反面いくつかの欠点もある．これらをまとめると，次のように要約することができる．

〈長所〉

① 耐久性，耐火性，耐候性に優れる．ただし，適切な維持管理を必要とする．

② 形状・寸法を比較的自由に選択することができ，その質感とも併せ，土木・建築構造物に適している．

③ 材料の入手が比較的容易であり，トータルの建設費は他の材料を採用した場合に比べて安価となることが多い．

〈短所〉

① コンクリートが低引張強度であること，および乾燥下で収縮することにより，ひび割れを生じやすい（ひび割れの発生そのものは耐荷力には影響を与えないが，鉄筋腐食，水密性，外観の立場から配慮が必要である）．

② 圧縮強度についても，単位重量当りの強度を見ると鋼材より劣る．例えば，コンクリートの単位重量は鋼材のそれの30%程度あるが，圧縮強度は鋼材の降伏強度の10%前後である．したがって自重が大きくなり，例えば長スパンの橋梁では構造設計上不利となることが多い．

③ 構造物の建設に際しては，型枠・支保工の準備が必要であり，また打設後の養生もコンクリート構造物特有の工程である．このため施工管理，品質管理などの管理項目は多くなる．

1-2-3　鉄筋コンクリートのひび割れ

さて，鉄筋コンクリートの特質を論じる際，“ひび割れ”ということが数多く出てくることに気がつくが，ここでその考え方と視点を再度確認したい．

鉄筋コンクリートにおけるひび割れは，それを許容することにより経済的となる反面，過度なひび割れは部材の劣化を助長するとともに美観が損なわれる．構造実験に際して，ひび割れの発生は応力の流れを可視化することになり，破壊形式を推定することができ，主要な手掛かりとして役立つ．また，ひとたび既存構造物に発生すれば，その発生原因を探り，機能性や耐久性をチェックしなければならない．言い換えると，ひび割れは鉄筋コンクリートにとって利害得失両面をもつ切っても切れないものであり，鉄筋コンクリートを学習する際の重要なキーポイントになっているということである．

図 1-5 は，(a) 梁部材と (b) 耐震壁のひび割れ発生を模式的に例示したもので，構造ひび割れの典型的な発生パターンである．その発生原因となっている内部の応力については，4 章以降関連する章で詳述されるが，簡単に言うといずれも引張主応力によって生じ，その直交方向に展開している．

ここで大切なことは，力学的にはこれらのひび割れが予想されるパターンで“健全に発生し”，埋設された鉄筋が本来の役目を果たしていることが観察されるということである．

また，現行の性能設計法の立場から見ると，図中のコンクリート構造物がひび割れによって使用性や機能性が損なわれていないか（使用性，耐久性の照査），作用荷重が多数回繰り返されたとき疲労破壊しないか（使用性・疲労破壊の照査），この作用荷重が増えるといつ最大耐力に達するか（安全性・断面破壊の照査）ということが設計照査のチェックポイントとなる（3 章参照）．

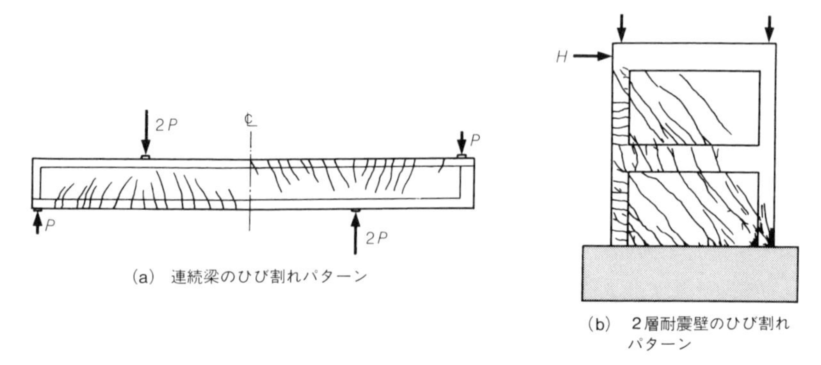

(a)　連続梁のひび割れパターン

(b)　2 層耐震壁のひび割れパターン

図 1-5　鉄筋コンクリート構造実験のひび割れパターン

1-3　コンクリート構造物の3要素

コンクリート構造物を計画・建設する際，広範囲にわたる多くの項目を調査・検討する必要があるが，これらを材料，施工，構造・設計の3要素に分類するとわかりやすい．これは，表1-2に示すように，“材料”の選定・配合・試験，種々の“施工方法”の検討および“構造・設計”に関する解析と照査などである．

ここで大切なことは，これら3要素が全く独立している訳ではなく，各々が深く関連しているということである．構造形式の選定は施工方法によって決まることが多く，設計上の諸条件は材料試験による確認が必要である．そして，あるコンクリート構造物が計画されると，これらの3要素の多くはコンクリート標準示方書や他の規準書から決定されるが，あるものは経済性から，あるものは経験から，あるものは地域的な制約から仕様が決まり，建設が開始されるのである．

表1-2　鉄筋コンクリートの3要素の例

材　料	施　工	構　造・設　計
・配合（調合）{単位セメント量 w/c 粗骨材最大寸法 s/a 混和材 混和剤}	・打設方法{バケット打ち ポンプ打ち}	・断面形式{無筋コンクリート （マスコンクリート） 鉄筋コンクリート プレストレストコンクリート}
・アルカリシリカ反応	・締固め，バイブレーター	・耐力・変形・疲労
・塩分含有量（海砂の使用制限）		
・混和材料の選定 ・材料の性質→材料試験	・型枠，支保工	・断面力{スラブ，梁，柱 曲げ，せん断，ねじり}
・フレッシュコンクリート{スランプ 空気量 ワーカビリティ}	・打継目，養生 ・鉄筋継手	・許容応力度設計法→限界状態設計法 →性能設計法
・硬化コンクリートの性質{圧縮強度 ヤング係数 ポアソン比 クリープ}	・構築方法{プレキャストコンクリート 場所打ちコンクリート} ・寒中・暑中・水中コンクリート	・比較的新しい構造形式 円筒容器{原子力格納容器 PCタンク LNGタンク} 壁式構造物（耐震壁）
・流動化コンクリート ・低発熱セメント}の活用，　・RCD工法		
コンクリート標準示方書（土木学会）など		

2

鉄筋とコンクリートの材料力学

ここでは，応力やひずみなどの材料力学の復習と鉄筋とコンクリートの力学的性質についての整理を行なう．加えて，鉄筋とコンクリートによる複合材料力学の簡単な例題についても考察する．

いずれも，3章以降の準備運動となるもので，力学の基礎をじっくり養ってもらいたい．

2-1　応力・ひずみ・ヤング係数

2-1-1　応力とひずみ

部材に荷重が作用すると内部に応力（stress）を生じ，ひずみ（strain）が引き起こされるが，このことは変形を受けるとひずみが生じ，これが応力の発生につながるとも考えられる．これら2つの解釈は表裏一体のものでどのように考えてもよいが，内部の応力とひずみがヤング係数（弾性係数）によって関係づけられることに注意する必要がある．このような応力とひずみは，軸方向成分（圧縮と引張があり，垂直成分とも呼ぶ）およびせん断成分に分けられ，表2-1のような記号で表現することにする．

ここで，応力は図2-1(a)に示すように単位面積当りの力として定義され，

$$\sigma=\frac{\text{軸力}\ F}{\text{受圧面積}\ A},\quad \tau=\frac{\text{せん断力}\ F}{\text{受圧面積}\ A} \tag{2.1}$$

のようにして計算できる．

ひずみについては単位長さ当りの変位量として定義され，図2-1(b)に示すように，

$$\varepsilon=\frac{\text{伸び量(縮み量)}\Delta L}{\text{もとの長さ}\ L},\quad \gamma=\frac{\text{せん断ずれ}\ \Delta L}{\text{もとの長さ}L} \tag{2.2}$$

で与えられ，次元をもたない量となる．

また，図2-1(b)をよく見ると，圧縮変形（軸方向のひずみ）に伴って，横方向に少

表2-1　応力・ひずみ・ヤング係数

	応力	ひずみ	ヤング係数
軸方向成分	σ	ε	E
せん断成分	τ	γ	G

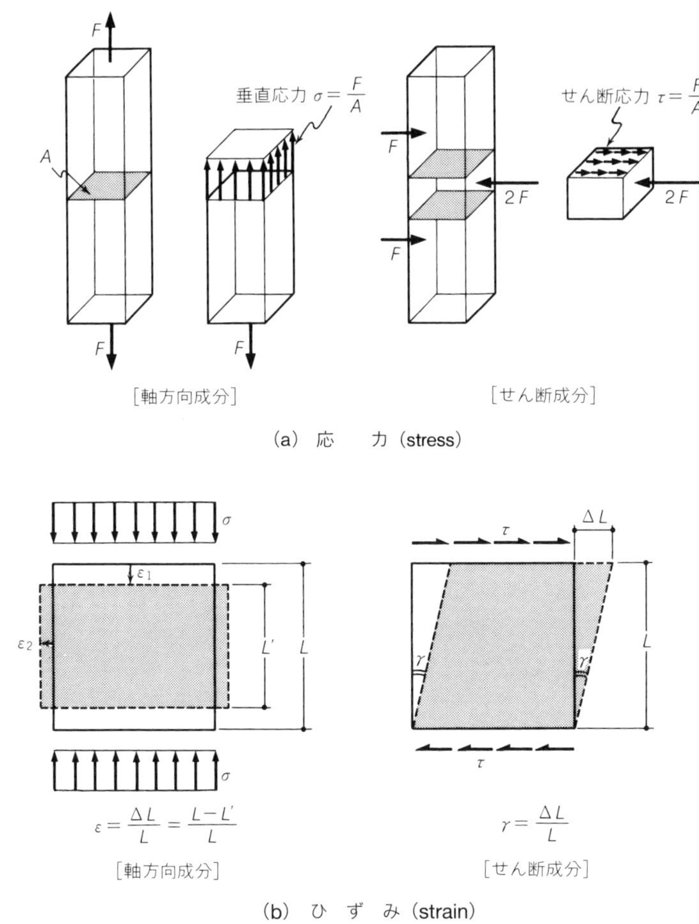

(a) 応　力 (stress)

(b) ひ ず み (strain)

図 2-1　応力とひずみの考え方と定義

しはみ出していることに気がつく．これはポアソン効果と呼ばれる現象で，多軸応力状態では重要な役割を果たす．ポアソン効果を表すポアソン比 ν は，

$$\nu=-\frac{\text{横ひずみ}\ \varepsilon_2}{\text{軸方向ひずみ}\ \varepsilon_1} \tag{2.3}$$

で定義され，$0<\nu<0.5$ の値をとる（一般に ε_1 と ε_2 は異符号であり，上式で計算される ν は常に正となる）．

2-1-2　ヤング係数と部材剛性

（1）　ヤング係数

このように定義された応力とひずみは，ヤング係数（Young's modulus）によって，応力-ひずみ関係として記述される．すなわち，

$$\text{軸方向成分：}\quad \sigma = E\varepsilon \tag{2.4}$$

$$\text{せん断成分：}\quad \tau = G\gamma \tag{2.5}$$

ここで，E= 縦弾性係数，G= せん断弾性係数として定義されるが，通例ヤング係数というと縦弾性係数 E を指す．これらは弾性範囲内では一定の値をとるので，応力とひずみは比例関係にあり，これはフックの法則としてもよく知られている．ヤング係数は，材料ごとに固有の値をもち，表 2-2 にいくつかの材料の概算値を示したが，まずはオーダーと各材料の大小関係を頭に入れることが大切である（ヤング係数は，応力と同じ次元をもつことに注意せよ）．

また，弾性範囲では，E と G がポアソン比 ν を介して

$$G = \frac{E}{2(1+\nu)} \tag{2.6}$$

のように関係づけられることも覚えてもらいたい．例えばコンクリートの場合，ν=0.2 として，G=0.42E となる．

表 2-2　各種材料のヤング係数の一例

鉄筋鋼棒	200 kN/mm^2
アルミニウム	70 kN/mm^2
コンクリート	20～40 kN/mm^2
松，杉などの木材	大略 0.5～15 kN/mm^2

（2）　ヤング係数と部材剛性の違い

このような応力-ひずみ関係は，部材の荷重-変形関係と対比されるが，前者は材料そのものの性質を表しているのに対して，後者は材料のヤング係数に部材寸法が加味されているのに注意されたい．両者の比較を表 2-3 に示したが，例えばコンクリートは木より硬いといえば，材料そのものの硬さ（すなわちヤング係数）を比較しているのに対して，野球のバットの剛性というと，使っている材料の硬さにグリップの太さや全体の長さを加味し，両者を合算して評価している（このような認識は日常生活に定着しており，無意識のうちに両者の違いを使い分けていることに気がつく）．

また，梁の力学で習う断面の軸剛性 EA や曲げ剛性 EI は，まさしく「ヤング係数

表 2-3　部材剛性とヤング係数の比較

(a)　力と変形の関係	(b)　応力とひずみの関係
P (N)，δ (mm)，$P=k\delta$，k：バネ定数	σ (N/mm²)，ε (—)，$\sigma=E\varepsilon$，E：ヤング係数
〈部材の性質〉 バネ定数(部材剛性：N/mm)で表され，部材寸法(断面積，長さなど)を含んだ部材の剛性. (例) バット・ラケットの剛性 ヘルメットの硬さ	〈材料の性質〉 ヤング係数(N/mm^2)で表され，部材の長さ，断面積に関係なく，材料そのものの性質を表す. (例) 樫の木は硬い/硬い土，軟らかい土 コンクリートの硬さ

× 幾何学量」(A：断面積，I：断面 2 次モーメントとする) で表されている.

表 2-3 に戻ると，部材剛性 k (N/mm) は，材料剛性であるヤング係数 E (N/mm^2) と対応するが，両者の相違点を次の例題で再度認識されたい.

《例題 2.1》　コンクリート標準供試体 (断面積 A，長さ L) の圧縮試験から得られる荷重 P と変形 δ の関係 $P=k\delta$ から，コンクリートのヤング係数 E を求めよ.

ヒント：部材レベルにおける P と δ，材料レベルでの σ，ε の 4 量の関係は，再記すると付図 2-1 のように表される.

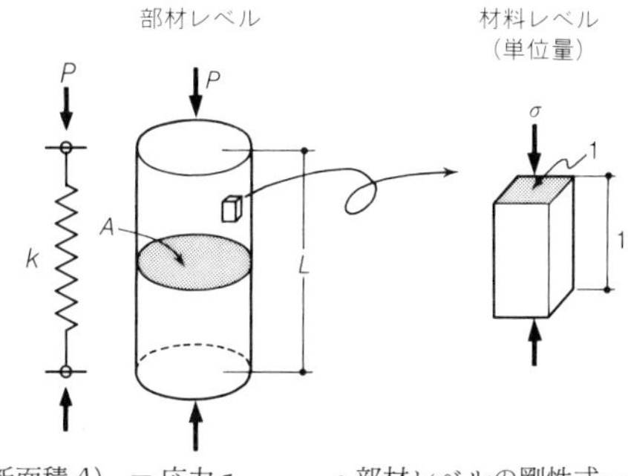

荷重 P ÷ (断面積 A) ＝ 応力 σ
　↕ k　　　　　　　↕ E
変形 δ ÷ (長さ L) ＝ ひずみ ε

- 部材レベルの剛性式……$P=k\delta$　①
- 材料レベルの構成則……$\sigma=E\varepsilon$　②
- ひずみと変形の関係……$\delta=\varepsilon L$　③
- 応力と荷重の関係……$P=\sigma A$　④

付図 2-1　部材剛性とヤング係数の比較

【解答】 付図 2-1 に示した 4 式のうち，式①に式③，④を代入すると，

$$\sigma = \frac{kL}{A}\varepsilon \quad ⑤$$

が得られ，これを式②と対比すると次式が成立する．

$$E = \frac{kL}{A} \quad ⑥$$

したがって，荷重-変形曲線の勾配 k を読み取り，標準供試体の長さ L と受圧面積 A を計測することにより，その材料のヤング係数を知ることができる．

また，逆に式⑥から，

$$k = \frac{EA}{L} \quad ⑦$$

が得られ，これは標準供試体という単軸圧縮部材のバネ定数を表している．

2-1-3　多軸応力とポアソン効果

次に多軸方向に荷重が作用したときの応力-ひずみ関係を求めるが，この場合ポアソン効果を考えることがポイントとなる．

（1） 2 次元場における応力とひずみの関係

まず，x 方向に σ_x，y 方向に σ_y の軸方向応力が作用している平面部材を考え（図 2-2），x 方向のひずみ ε_x と y 方向のひずみ ε_y を別々に求める．そして，両方向のひずみを重ね合わせればよい．すなわち，

$$\left.\begin{array}{l} \sigma_x \text{ による } x \text{ 方向のひずみ} = \dfrac{\sigma_x}{E} \\ \sigma_y \text{ による } x \text{ 方向のひずみ} = -\nu\dfrac{\sigma_y}{E} \end{array}\right\} \Rightarrow \begin{array}{l} x \text{ 方向ひずみの合計} \\ \varepsilon_x = \dfrac{\sigma_x}{E} - \nu\dfrac{\sigma_y}{E} \end{array} \quad (2.7)$$

$$\left.\begin{array}{l} \sigma_y \text{ による } y \text{ 方向のひずみ} = \dfrac{\sigma_y}{E} \\ \sigma_x \text{ による } y \text{ 方向のひずみ} = -\nu\dfrac{\sigma_x}{E} \end{array}\right\} \Rightarrow \begin{array}{l} y \text{ 方向ひずみの合計} \\ \varepsilon_y = \dfrac{\sigma_y}{E} - \nu\dfrac{\sigma_x}{E} \end{array} \quad (2.8)$$

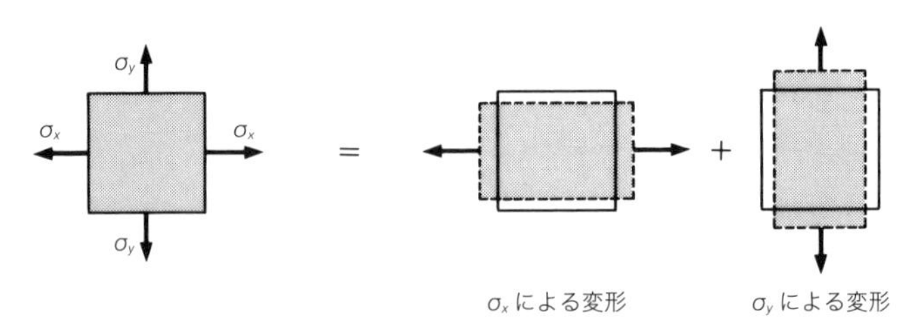

図 2-2　2 次元応力下における応力とひずみ

（2）　3次元場における応力とひずみの関係

3次元については，x，y，z の3成分について同様に考えればよいが，これを機械的に処理すると便利なので，表2-4のようにまとめる．

表2-4　3次元場でのひずみ成分

ひずみ成分	σ_x によるもの	σ_y によるもの	σ_z によるもの
ε_x	$\frac{\sigma_x}{E}$	$-\nu\frac{\sigma_y}{E}$	$-\nu\frac{\sigma_z}{E}$
ε_y	$-\nu\frac{\sigma_x}{E}$	$\frac{\sigma_y}{E}$	$-\nu\frac{\sigma_z}{E}$
ε_z	$-\nu\frac{\sigma_x}{E}$	$-\nu\frac{\sigma_y}{E}$	$\frac{\sigma_z}{E}$

以上から，これをマトリックス表示すれば

$$\begin{Bmatrix}\varepsilon_x\\ \varepsilon_y\\ \varepsilon_z\end{Bmatrix}=\frac{1}{E}\begin{bmatrix}1 & -\nu & -\nu\\ -\nu & 1 & -\nu\\ -\nu & -\nu & 1\end{bmatrix}\begin{Bmatrix}\sigma_x\\ \sigma_y\\ \sigma_z\end{Bmatrix} \tag{2.9}$$

のように書くことができ，その逆行列をとれば次式が得られる．

$$\begin{Bmatrix}\sigma_x\\ \sigma_y\\ \sigma_z\end{Bmatrix}=\frac{E}{(1+\nu)(1-2\nu)}\begin{bmatrix}1-\nu & \nu & \nu\\ \nu & 1-\nu & \nu\\ \nu & \nu & 1-\nu\end{bmatrix}\begin{Bmatrix}\varepsilon_x\\ \varepsilon_y\\ \varepsilon_z\end{Bmatrix} \tag{2.10}$$

上式(2.9)をコンプライアンス表示，式(2.10)を剛性表示と呼ぶが，各式のマトリックス部分がその材料の本質的な性質を記述している．

2-2　鉄筋とコンクリートの力学的性質

2-2-1　鉄筋の性質

鉄筋コンクリートに用いられる鉄筋棒鋼は，通例，熱間圧延された丸鋼（熱間圧延棒鋼）もしくは表面にリブ，ふしといった突起をもつ異形鉄筋（熱間圧延異形棒鋼）である．材質としては半軟鋼と呼ばれる弾塑性ひずみ硬化材料であり，その応力-ひずみ関係の一例を図2-3(a)に示した．

これは直線的な弾性から弾塑性に移行する降伏点（最初の折点）と，その後の降伏棚が明瞭に認められる．さらに変形を増大させると，再度応力が上昇するひずみ硬化領域となり，最大応力を迎えることになる．最大応力以降，塑性ひずみが集中し，くびれ（ネッキング）が生じ間もなく破断となる．

したがって，鉄筋の機械的強さとしては，降伏強度および引張強さによって規定され

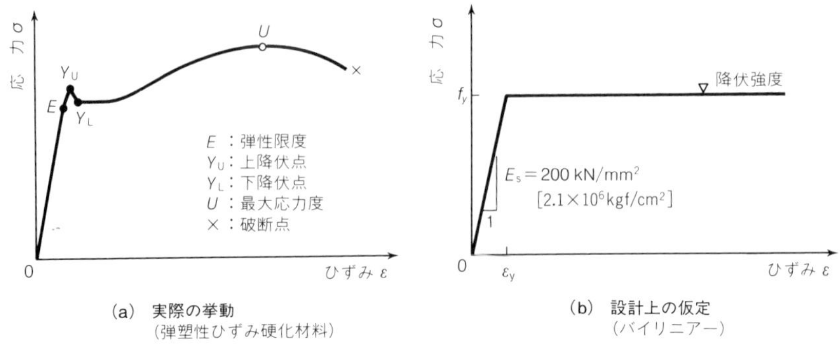

(a) 実際の挙動
(弾塑性ひずみ硬化材料)

(b) 設計上の仮定
(バイリニアー)

図 2-3 鉄筋棒鋼（熱間圧延材）の応力-ひずみ曲線

表 2-5 鉄筋の機械的性質（JIS G 3112；2020 より抜粋）

種類の記号		降伏点または 0.2 % 耐力 [N/mm²]	引張強さ [N/mm²]
丸鋼	SR235	235 以上	380〜520
	SR295	295 以上	440〜600
異形鉄筋	SD295	295 以上	440〜600
	SD345	345〜440	490 以上
	SD390	390〜510	560 以上
	SD490	490〜625	620 以上

る．塑性領域から徐荷すると弾性剛性により降下し，残留ひずみが生じることになる．実際の設計では，簡単なバイリニアー（2 直線）で表される完全弾塑性（図 2-3(b)）を仮定するのが普通である．

[鉄筋の規格]

コンクリート部材に用いられる鉄筋は規格化され，表 2-5 に示すような種類が用意されている．ここで，鉄筋の種類を表す記号については，丸鋼＝SR(Steel Round)，異形鉄筋＝SD(Steel Deformed)のように略記し，続く数値は降伏強度の規格値（単位：N/mm²）を示している．設計計算において必要となるのは降伏強度であり，疲労強度の算定にのみ引張強度が用いられる．

さらに，異形鉄筋の公称寸法については表 2-6 に示すとおりで，JIS 規格として定められている．したがって，異形鉄筋の直径については，設計者が任意のものを決めるのではなく，表 2-6 のいずれかを選択することになる．呼び名については，例えば D19 は公称直径（Diameter）が 19 mm を意味するが，断面設計に関しては，同表に記され

表 2-6　異形鉄筋の寸法（JIS G 3112；2020 より抜粋）

呼び名	公称直径 d (mm)	公称周長 l (mm)	公称断面積 S (mm^2)	単位質量 (kg/m)
D4	4.23	13.3	14.05	0.110
D5	5.29	16.6	21.98	0.173
D6	6.35	20	31.67	0.249
D8	7.94	24.9	49.51	0.389
D10	9.53	30	71.33	0.560
D13	12.7	40	126.7	0.995
D16	15.9	50	198.6	1.56
D19	19.1	60	286.5	2.25
D22	22.2	70	387.1	3.04
D25	25.4	80	506.7	3.98
D29	28.6	90	642.4	5.04
D32	31.8	100	794.2	6.23
D35	34.9	110	956.6	7.51
D38	38.1	120	1140	8.95
D41	41.3	130	1340	10.5
D51	50.8	160	2027	15.9

た公称直径，公称断面積を用いる（この場合，断面積を $A_s=\pi\times(19/2)^2$ とはしない）．設計計算や重量計算に際しては，同表を活用されたい．

2-2-2　コンクリートの性質

コンクリートは大きく見て，大小分布する骨材（aggregate）をセメントペースト（cement paste）によって固めた複合材料である．骨材は粗骨材（砂利）と細骨材（砂）に分けられ，セメントペーストはセメント，水，混和材料で構成され，時間とともに化学的に反応・硬化する混合物である．したがって，その性質は水セメント比および骨材の寸法と量などに関係する．

（1）　コンクリートの応力-ひずみ関係

図 2-4(a)は，コンクリートの応力-ひずみ関係を軟化域まで含めた曲線モデルの例を示したものである．一方，図 2-4(b)は標準示方書[1]によるモデルで，放物線～直線によって簡略化される．詳しくは 4-4 節で述べるが，普通コンクリートの場合，すなわち $f'_{cd}\leqq 50\ \mathrm{N/mm^2}$ の場合，設計最大応力 $=0.85\ f'_{cd}$，$\varepsilon'_{cu}=0.0035$ を終局ひずみとする．

コンクリートの力学的特性を鋼材のような弾塑性硬化材料と比較すると，大まかに次のようにまとめることができる．

・低引張強度，高圧縮強度である．

・荷重初期より緩やかな曲線を示し，明瞭な降伏点をもたない．

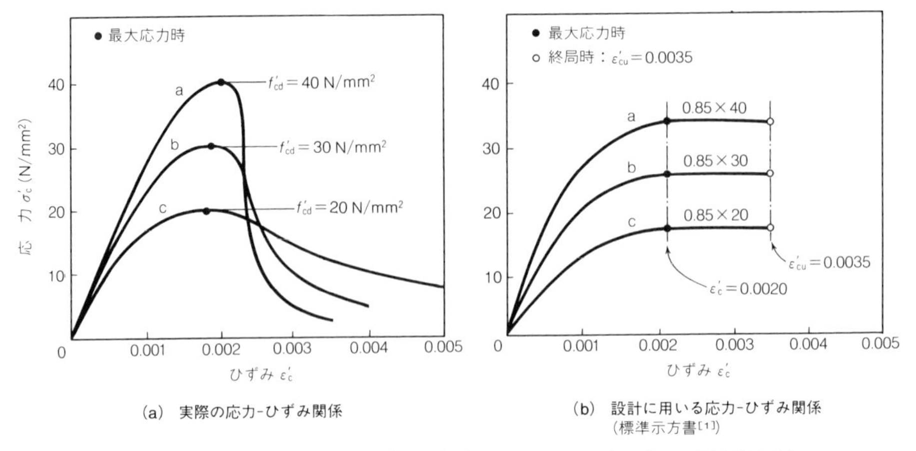

(a) 実際の応力-ひずみ関係

(b) 設計に用いる応力-ひずみ関係（標準示方書[1]）

図 2-4 コンクリートの応力-ひずみ関係（$f'_{cd}=40, 30, 20$ N/mm^2 の３例を示した）

・終局間近で急激な横ひずみの増加と体積膨張を示す.

・ピーク（最大強度）以降緩やかな軟化勾配をもつ.

（2） コンクリートの強度

コンクリート強度は，打設後の加齢とともに増加するもので，その特性値は通例，材齢 28 日における試験値に基づいて定められ，多くの場合圧縮強度が用いられる．例外として，ダムコンクリートでは 91 日を基準材齢とし，舗装コンクリートでは圧縮強度の代わりに曲げ強度を基準とする.

圧縮強度は，主として水セメント比に影響されるが，同じ配合であっても試験方法，供試体の寸法・形状，養生方法にも影響されるため，JIS 規格に定められた標準的な方法に従うのがよい[1]．我国では，通例，直径：高さが 1：2（直径 150 mm・高さ 300 mm，直径 125 mm・高さ 250 mm，直径 100 mm・高さ 200 mm）の円柱供試体を用い，20 ℃の水中にて養生することを標準としている.

ここで，このようなコンクリートを例にとり，応力と強度の復習をしてみたい．応力や強度の便利なところは，単位量（1 mm^2 当りの値）で表されているので，部材寸法に関係なく客観的に判断できるところにある．例えば図 2-5 に示すように，圧縮強度 $f'_c=30$ N/mm^2 のコンクリートを 2 種類の標準供試体（直径 100 mm および 150 mm）にそれぞれ 220 kN および 300 kN 載荷した場合を考えよう．この両者がどれほど破壊（圧縮強度 f'_c）に近いかはこのままではわからないが，応力という単位量に変換すると直ちに判断できる．すなわち図中の計算から，直径 100 mm の供試体の場合は，圧縮破壊の一歩手前まできているが，直径 150 mm のときはかなり余裕があることがわかる.

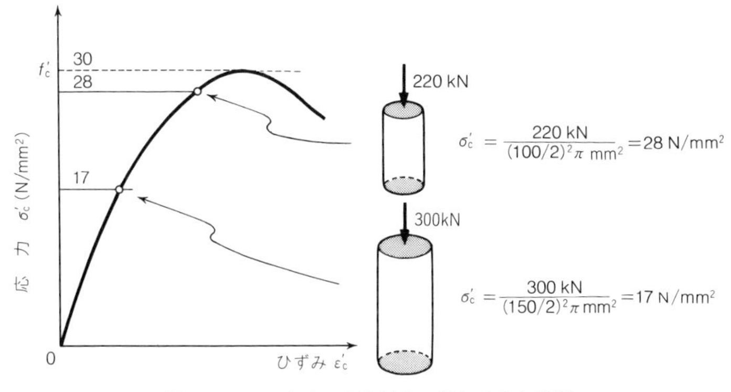

図 2-5 コンクリート供試体の異なる応力状態

これは，ちょうど車の燃費を判断するのと似ている．例えば 210 km 走って，ガソリンを 20 l 消費した場合，255 km 走行して 30 l 消費した場合とではすぐには判断しかねるが，次のようにすればすぐわかる．

$210\text{ km} \div 20\ l = 10.5\text{ km}/l$ （こちらの方が燃費がよい）

$255\text{ km} \div 30\ l = 8.5\text{ km}/l$

この他，アルバイトの時間給や物品の kg 当りの単価など，単位量で考えるケースは非常に多い．

圧縮強度試験は通例円柱供試体が用いられ，その形状・寸法は高さと直径の比が 2 以上で最小寸法が骨材の最大寸法の 3 倍以上を基本としている．これは上下端の載荷面が横方向（直径方向）の変形を拘束し，圧縮強度に影響を与えることが知られており，このような規格を設けている．我国の JIS 規格，アメリカの ACI 規準はこれに従っている．

引張強度については直接引張試験が必ずしも精度よく行われず，梁供試体による曲げ試験もしくは割裂試験によることが多い．曲げ試験では載荷点間下縁の曲げ引張応力を，割裂試験では断面中央部の引張応力を利用することになる（表 2-7 応力分布参照）．これらはいずれも一様応力状態ではないが，比較的容易に試験を行うことができる．また，曲げ強度試験では，割裂試験から得られる引張強度より若干高く，両者は異なる強度と考えるべきである（図 2-6 にその例を示した）．また，いずれの諸強度も圧縮強度の関数として表されることが多い．

コンクリート標準示方書[1]では，圧縮強度についての特性値 f'_{ck}（設計基準強度）をもとに，引張強度 f_{tk}，付着強度 f_{bok}，支圧強度 f_{ak} などを表す実験式が提示されており，次のような式となっている．なお，曲げ強度 f_{bk} は旧示方書[2]のものである．

表 2-7　コンクリートの諸強度に関する試験方法

試験名	圧縮強度試験 [JIS A 1108 ; 2018]	曲げ強度試験 [JIS A 1106 ; 2018]	割裂強度試験 [JIS A 1113 ; 2018]
載荷方法 (予想されるひび割れも示した)	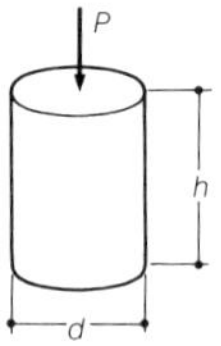	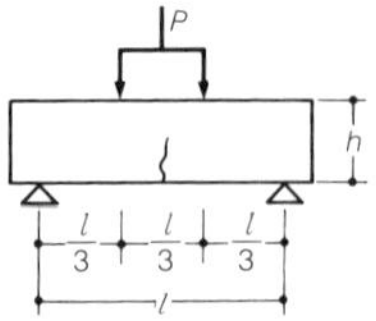	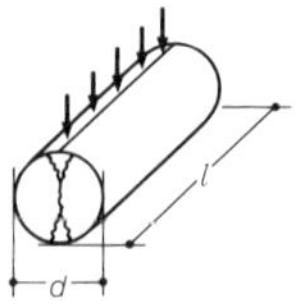
応力分布	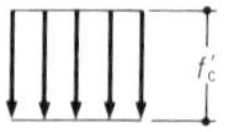	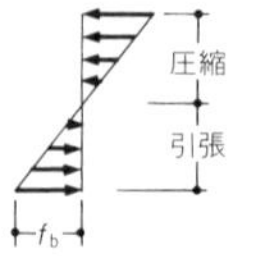	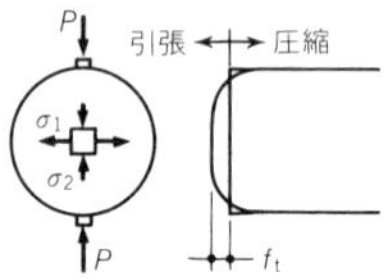
計算式	$f'_c=\dfrac{4P}{\pi d^2}$	$f_b=\dfrac{Pl}{bh^2}$	$f_t=\dfrac{2P}{\pi dl}$
供試体	円柱供試体 $\left(\begin{array}{l}h/d=2\\ d>3G_{max}\end{array}\right)$	梁供試体 $\left(\begin{array}{l}h=l/3\\ h>3G_{max}\end{array}\right)$	円柱供試体 $\left(\begin{array}{l}d<l<2d\\ d>4G_{max},\ 150\text{ mm}\end{array}\right)$

G_{max}：骨材の最大寸法

$$曲げ強度：f_{bk}=0.42f'^{2/3}_{ck}\quad [f_{bk}=0.9f'^{2/3}_{ck}] \tag{2.11}$$

$$引張強度：f_{tk}=0.23f'^{2/3}_{ck}\quad [f_{tk}=0.5f'^{2/3}_{ck}] \tag{2.12}$$

$$付着強度：f_{bok}=0.28f'^{2/3}_{ck}\quad ただし，f_{bok}\leqq 4.2\ \text{N/mm}^2 \tag{2.13}$$

$$[f_{bok}=0.6f'^{2/3}_{ck}\quad ただし，f_{bok}\leqq 43\ \text{kgf/cm}^2]$$

$$支圧強度：f'_{ak}=\eta f'_{ck}\quad ただし，\eta=\sqrt{A/A_a}\leqq 2 \tag{2.14}$$

A：コンクリート面の支圧分布面積

A_a：支圧を受ける面積

上式は，SI 単位（N/mm²）に対して示されており，従来単位＝kgf/cm² については［　］内に示した．図 2-6(a)は上記諸強度を f'_{ck} の関数として示したものである．ここで添字は，c : compressive strength，b : bending strength，t : tensile strength，bo : bond strength，a : area および，k＝特性値（基準強度）であることを付記する．

これら諸強度は圧縮強度に比べて著しく小さく，f'_{ck} に対する比で見ると，例えば $f_{bk}/f'_{ck}=1/5\sim1/8$，$f_{tk}/f'_{ck}=1/10\sim1/15$ 程度になり，高強度になるほどこの強度比は小さくなる（図 2-6(a)参照）．さらに，いずれの強度も圧縮強度に正比例せず，f'_{ck} の 2/3 乗に比例している．すなわち，圧縮強度が増加しても他の強度はそのまま追随せず，高圧縮強度ほど強度増進効果は少なくなる．

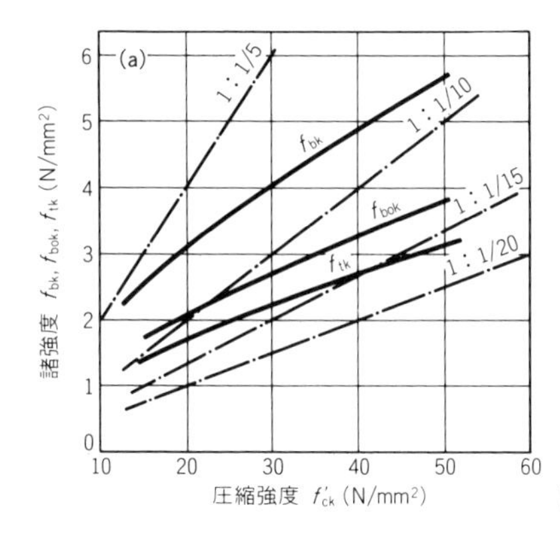

図 2-6　圧縮強度と諸強度との関係

また，破壊力学の研究の知見を活かした，コンクリート自体の物性，環境条件，部材寸法等を勘案した曲げひび割れ強度がある．

$$\text{曲げひび割れ強度}：f_{bck}=k_{0b}k_{1b}f_{tk} \tag{2.15}$$

ここに，

$$k_{0b}=1+\frac{1}{0.85+4.5(h/l_{ch})}$$

$$k_{1b}=0.55/\sqrt[4]{h}\,(\geqq 0.4)$$

k_{0b}：コンクリートの引張軟化特性に起因する引張強度と曲げ強度の関係を表す係数

k_{1b}：乾燥，水和熱，その他の原因による曲げひび割れ強度の低下を表す係数

h：部材の高さ（m）（$\geqq$0.2）

l_{ch}：特性長さ（m）（$=G_F E_c/f_{tk}^2$，G_F：破壊エネルギー（N/m），E_c：ヤング係数（kN/mm^2），f_{tk}：引張強度の特性値（N/mm^2）．ただし，破壊エネルギーおよびヤング係数は，文献[2]本編 5.4.4 および 5.4.5 に従って求める．

上式は，部材高さ h が大きいほど，曲げひび割れ強度 f_{bck} が小さくなることを示し，寸法効果（size effect）と呼ばれる．

コンクリートのヤング係数 E_c は，圧縮強度 f'_{ck} あるいは f'_c の関数として表わすことが多く，標準示方書[1]では，式(2.16)および表 2-8 のように記されている．

表 2-8　コンクリートのヤング係数[1]

f'_{ck}(N/mm^2)		18	24	30	40	50	60	70	80
E_c(kN/mm^2)	普通コンクリート	22	25	28	31	33	35	37	38
	軽量骨材コンクリート*	13	15	16	19	—	—	—	—

＊　骨材の全部を軽量骨材とした場合

$$E_c=\begin{cases}\left(2.2+\dfrac{f'_c-18}{20}\right)\times10^4 & f'_c<30\ \mathrm{N/mm^2}\\ \left(2.8+\dfrac{f'_c-30}{33}\right)\times10^4 & 30\leqq f'_c<40\ \mathrm{N/mm^2}\\ \left(3.1+\dfrac{f'_c-40}{50}\right)\times10^4 & 40\leqq f'_c<70\ \mathrm{N/mm^2}\\ \left(3.7+\dfrac{f'_c-70}{100}\right)\times10^4 & 70\leqq f'_c<80\ \mathrm{N/mm^2}\end{cases} \tag{2.16}$$

《例題 2.2》

全体量（荷重と変形）および単位量（応力とひずみ）の違いに注意して，下記の設問についてその量を答えよ（単位と有効桁数に注意せよ）.

a.　長さ 1 m の鉄筋棒（D25）を 0.5 mm 伸ばしたときのひずみと応力．E_s については，標準示方書の値（図 2-3(b)）を用いること.

b.　径が D19，長さが 500 mm の鉄筋棒を 50 kN で引張ったときの変形量（伸び量）が 0.45 mm であった．このときのヤング係数.

c.　SD345，D19 の異形鉄筋を降伏させるための引張荷重とそのときのひずみ（降伏ひずみ）.

d.　長さが 500 mm および 1 m の 2 つの鉄筋（D13）に引張荷重を与え，伸び量を δ=0.2 mm とするための引張荷重とそのとき発生する応力.

e.　断面が 100 mm×100 mm，長さ 500 mm の無筋コンクリート柱に，500 kN の圧縮力が作用したときの軸応力と変形量（縮み量）．コンクリートのヤング係数を E_c= 30 kN/mm^2 とする.

f.　直径が 100 mm の円柱供試体の圧縮試験を行ったところ，最大荷重 353 kN で破壊した．このときの圧縮強度.

g.　断面が 100 mm×100 mm および 200 mm×200 mm の 2 つのコンクリート柱について，圧縮応力が σ_c=10 N/mm^2 とするための圧縮荷重とそのときのひずみ. E_c=20 kN/mm^2 とする.

【解答】

a.　ひずみ：$\varepsilon=\dfrac{0.5\ \mathrm{mm}}{1000\ \mathrm{mm}}=500\times10^{-6}$

応　力：$\sigma=E_s\cdot\varepsilon=200\ \mathrm{kN/mm^2}\cdot500\times10^{-6}=(2\times10^5)\cdot(500\times10^{-6})\ \mathrm{N/mm^2}$

$=100\ \mathrm{N/mm^2}$　（この場合，鉄筋断面積（D25）は必要としない）

b.　ヤング係数：

$$E_s=\frac{\sigma}{\varepsilon}=\frac{50\ \mathrm{kN}/286.5\ \mathrm{mm^2}}{0.45\ \mathrm{mm}/500\ \mathrm{mm}}=\frac{174.5\times10^{-3}}{0.9\times10^{-3}}\ \mathrm{kN/mm^2}=194\ \mathrm{kN/mm^2}$$

（《例題 2.1》の式⑥を用いてもよい）

c.　SD345　→　降伏強度 $f_y=345\ \mathrm{N/mm^2}$

　D19　→　$A_s=286.5\ \mathrm{mm^2}$（表 2-6 より）

降伏時の引張荷重：$P_y=A_s\cdot f_y=286.5\cdot 345=98.8\ \mathrm{kN}$

降伏時のひずみ　：$\varepsilon_y=\dfrac{f_y}{E_s}=\dfrac{345\ \mathrm{N/mm^2}}{200\ \mathrm{kN/mm^2}}=1725\times 10^{-6}$

d.　結果のみ下表にまとめる．

（同じ伸び量を得るには，長さが短いほど大きな荷重が必要）．

	引張荷重	応　力	ひずみ
$l=500\ \mathrm{mm}$	10.1 kN	$80\ \mathrm{N/mm^2}$	4×10^{-4}
$l=1000\ \mathrm{mm}$	5.1 kN	$40\ \mathrm{N/mm^2}$	2×10^{-4}

e.　応　力：$\sigma=\dfrac{500\ \mathrm{kN}}{100\times 100\ \mathrm{mm^2}}=50\ \mathrm{N/mm^2}$

変形量：$\delta=\varepsilon\cdot l=\dfrac{\sigma}{E_c}l$

$$=\frac{50\ \mathrm{N/mm^2}}{30\times 10^3\ \mathrm{N/mm^2}}\cdot 500\ \mathrm{mm}=0.833\ \mathrm{mm}\quad（縮み量）$$

f.　圧縮強度：

$$f'_c=\frac{353\ \mathrm{kN}}{\pi\cdot 100^2/4\ \mathrm{mm^2}}=44.9\ \mathrm{kN/mm^2}$$

g.　結果のみ下表にまとめる（応力が同じなので，ひずみも同一となる）．

	圧縮荷重	ひずみ
$A_c=100\times 100\ \mathrm{mm^2}$	100 kN	5×10^{-4}
$A_c=200\times 200\ \mathrm{mm^2}$	400 kN	5×10^{-4}

One Point アドバイス

――コンクリート強度のばらつきと品質管理――

コンクリートに限らず材料強度がばらつきをもつことは避け難く，これを極力小さな範囲にとどめようとすることは必要であるが，統計学的な処理に従ってコントロールすることが工学的には重要である．

ここでは，このような例の一つとして，コンクリートの圧縮強度に関する配合強度 f'_{cr} と設計基準強度 f'_{ck} との関係について考えてみよう．コンクリートの設計基準強度 f'_{ck} が規定され，その品質変動が予想されるときは，配合強度 f'_{cr}

（実際に製造するときの配合上の目標強度）は，f'_{ck} より若干大きくとらなければならない．このときの関係は，付図 2-2(a)を参考にして，

$$f'_{ck}=f'_{cr}-t\sigma=f'_{cr}(1-tV) \quad ①$$

のように表せる．ここで圧縮強度のばらつきが正規分布に従うとし，その平均値を f'_{cr}，標準偏差を σ，変動係数を $V=\sigma/f'_{cr}$ としている．したがって f'_{ck} は f'_{cr} から標準偏差 σ の t 倍離れていることを意味し，図中ハッチ部が f'_{ck} を下回る確率 ξ を表している（ここでは，σ は応力ではなく標準偏差であり，後出の α も熱膨張係数ではないので注意されたい）．

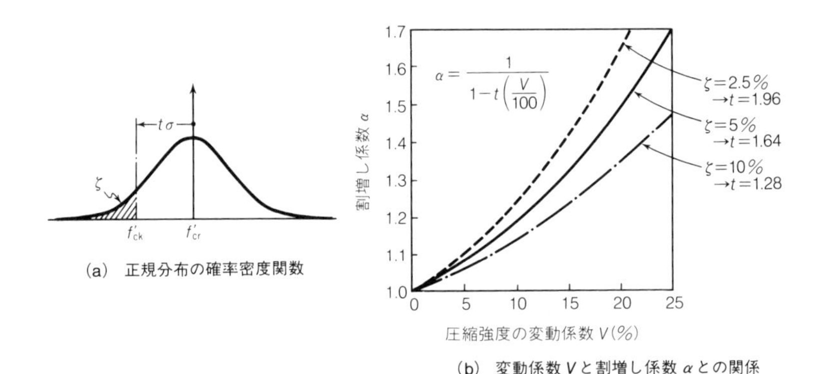

付図 2-2

今度は，f'_{ck} からの割増し係数 α を導入すると，上式は

$$f'_{cr}=\alpha f'_{ck},\ \text{ただし,}\ \alpha=\frac{1}{1-tV} \quad ②$$

のように書き改められる．すなわち，設計基準強度 f'_{ck} が規定されると，配合強度 f'_{cr} は tV の大きさに応じてその α 倍（$\alpha>1$）として与えられる．ここで倍率 t は，図中ハッチ部の面積 ξ によって決定され，正規分布の場合，

$$\xi(t)=\frac{1}{\sqrt{2\pi}}\int_t^{\infty}\exp\left(-\frac{t^2}{2}\right)\mathrm{d}t \quad ③$$

のような関係にある．上式の数値解析はやや面倒な手続きを必要とし，確率統計書に添付された確率数値表を使うと便利である．

試しに $\xi=2.5\,\%$，$5\,\%$，$10\,\%$ を設定すると，上式によって t が与えられ，付図 2-2(b)のように $\alpha-V$ 関係を図示することができる．同図より明らかなように，V が大きいほど（コンクリートのばらつきが大きいほど），ξ を小さく設定するほど（下回る確率を小さくしようとするほど），割増し係数 α は大きくする必要がある．

このような品質管理に際して，コンクリート標準示方書［施工編］[3]では $\zeta=5$ %と規定しており，付図 2-2(b)に実線として表示し，これは

$$\alpha=\frac{1}{1-1.645\left(\frac{V}{100}\right)} \quad (V:\%) \qquad ④$$

のように表される．

このようにしてその品質が保証されたコンクリートに対して，

$$f'_{cd}=f'_{ck}/\gamma_c \qquad ⑤$$

のようにして設計基準強度 f'_{cd} が得られる．ここに γ_c はコンクリートの材料安全係数を表す．

付図 2-3 は異なる標準偏差をもつ A，B，C の生コンプラントの例で，$f'_{ck}=24$ N/mm² が与えられたときの目標強度 f'_{cr} を例示した．

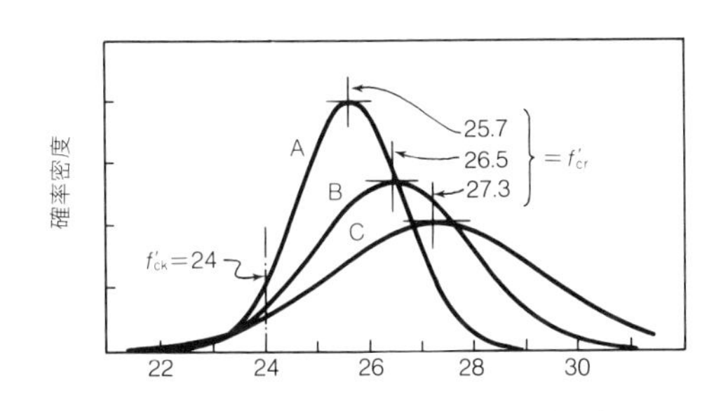

付図 2-3　圧縮強度のばらつきと正規分布

2-3　鉄筋とコンクリートによる複合材料力学

次に，鉄筋とコンクリートが合成された言わば複合材料の材料力学を考える．ここでは鉄筋が埋め込まれて一体となったコンクリート部材の，単軸圧縮挙動や収縮に対する拘束効果を取り扱うものである．

2-3-1　圧縮力を受ける鉄筋コンクリート部材

中心軸圧縮力 P が作用する鉄筋コンクリート部材を考え（図 2-7(a)），このときの鉄筋とコンクリートの応力分担を計算する．そこで，図中の記号を参照して，次の 3 つの基本式を準備する．

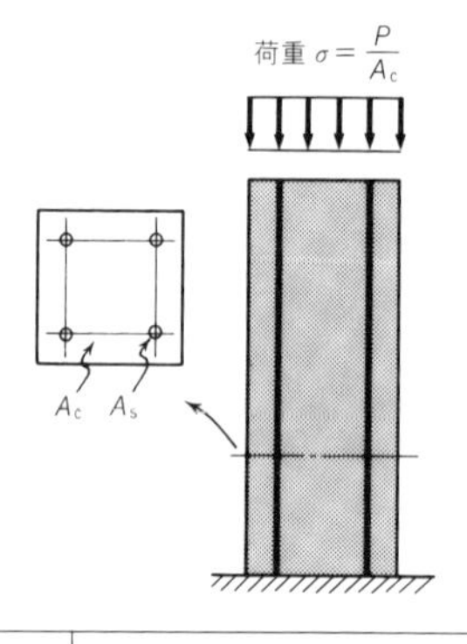

	ひずみ	応力	ヤング係数	断面積	長さ
コンクリート	ε_c	σ_c	E_c	A_c	L
鉄　　筋	ε_s	σ_s	E_s	A_s	L

(a)　問題の設定と記号の定義

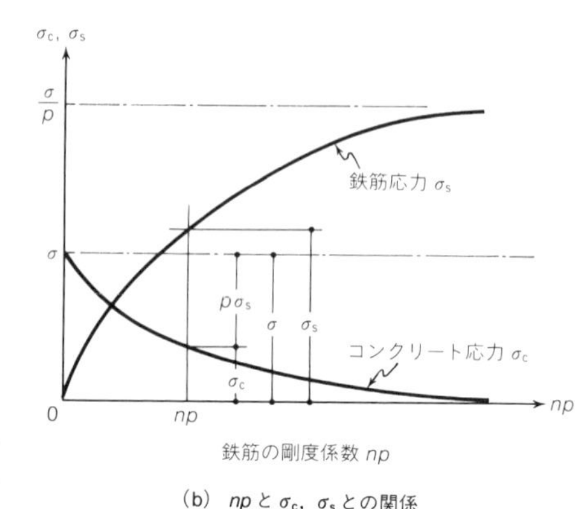

(b)　np と σ_c, σ_s との関係

図 2-7　中心軸圧縮力を受ける鉄筋コンクリート部材の挙動

・力の釣合い条件：　$P=A_c\sigma_c+A_s\sigma_s$　(2.17)

・一体変形の仮定（変形の適合条件）：$\varepsilon=\varepsilon_c=\varepsilon_s$　(2.18)

・材料の応力-ひずみ関係（構成則）：$\sigma_c=E_c\varepsilon_c$,　$\sigma_s=E_s\varepsilon_s$　(2.19)

ここで，鉄筋比 p とヤング係数比 n を，

$$p=\frac{A_s}{A_c},\quad n=\frac{E_s}{E_c}$$

のように定義するとともに，両係数の積 np を剛度係数と呼ぶ．また外的に作用する圧縮力 P の面積当りの平均値を $\sigma=P/A_c$ とすると，式(2.17)～(2.19)から

$$\text{式(2.17)} \div A_c \longrightarrow \sigma=\sigma_c+p\sigma_s \tag{2.20}$$

$$\text{式(2.18)と(2.19)} \longrightarrow \varepsilon=\frac{\sigma_c}{E_c}=\frac{\sigma_s}{E_s} \longrightarrow \sigma_s=n\sigma_c \tag{2.21}$$

のように整理できる．これらを用い，σ_c と σ_s について解くと，

$$\text{コンクリート応力：}\quad \sigma_c=\frac{1}{1+np}\sigma \tag{2.22}$$

$$\text{鉄　筋　応　力：}\quad \sigma_s=\frac{n}{1+np}\sigma=\frac{np}{1+np}\cdot\frac{\sigma}{p} \tag{2.23}$$

が得られる．これらを鉄筋の剛度係数 np の関数として表すと図 2-7(b)が得られ，np が増大するに従って，σ_c → 減少，σ_s → 増加のように応力交換が行われることがわかる（ここでは，荷重 P が圧縮力の場合，内部の応力，ひずみはすべて圧縮量となり，$'$ は省略した）．

ここで，鉄筋コンクリート断面のヤング係数を E_{RC} とし，これを $E_{RC} \equiv \sigma/\varepsilon$ のように定義する．そうするとこれは，

$$E_{RC} = E_c + pE_s = (1+np)E_c \tag{2.24}$$

のように表わすことができ，E_{RC} は鉄筋コンクリート断面を一様材料とみなした見掛け上のヤング係数となり，鉄筋の寄与分が np で反映されている．

以上までの考察は，荷重 P（または σ）が作用したときの瞬間的な弾性応答を示したものであるが，長期的に荷重が持続すると，応力分担が徐々に変化する．すなわち，コンクリートのクリープ作用による非弾性ひずみ（クリープひずみ）が発生し，長期荷重 P（または σ）が一定に継続すると σ_c が減少（応力緩和）し，その分鉄筋応力が増す（このときもまた，釣合い条件式(2.20)が満足されなければならない）．これは計算上，ヤング係数比 $n(=E_s/E_c)$ を割増すことによって処理することができ，通例，設計上は

弾性計算：$n=6\sim10$ 程度

断面計算：$n=15$

のような値が用いられている（4 章の One Point アドバイスを参照されたい）．

One Point アドバイス

――断面の剛度係数 np について――

本章で頻繁に出てくる鉄筋の剛度係数 np を復習してみよう（“剛度係数”という命名は本書のみであることを付記する）．これは，

鉄　筋　比：$p=A_s/A_c$ ……1 よりはるかに小さい

ヤング係数比：$n=E_s/E_c$ ……1 より大きい（7～15 程度）

のように定義される幾何学量 p と力学量 n との積で与えられる（図 2-7 および式(2.17)～(2.24)参照）．このときの重要な帰結として，

$$\sigma \equiv \frac{P}{A} = \sigma_c + p\sigma_s \quad \cdots\cdots \text{鉄筋は } p \text{ 倍しか受け持たない}$$

$$\sigma_s = n\sigma_c \quad \cdots\cdots \text{鉄筋は力学的にコンクリートの } n \text{ 倍働く}$$

ことを再度示したい．

すなわち，付図 2-4 に示すように，鉄筋応力はコンクリートの n 倍働くが，受け持つ領域（断面積）が p しかなく，結果として鉄筋の寄与分は np となることを表している．事実，鉄筋コンクリートという合成断面の見掛け上のヤング係数 E_{RC} は，

$$E_{RC} = E_c + pE_s = (1+np)E_c$$

のように与えられる．これは E_c を基準とすると，鉄筋の効果は剛度係数 np で表されることを示している．

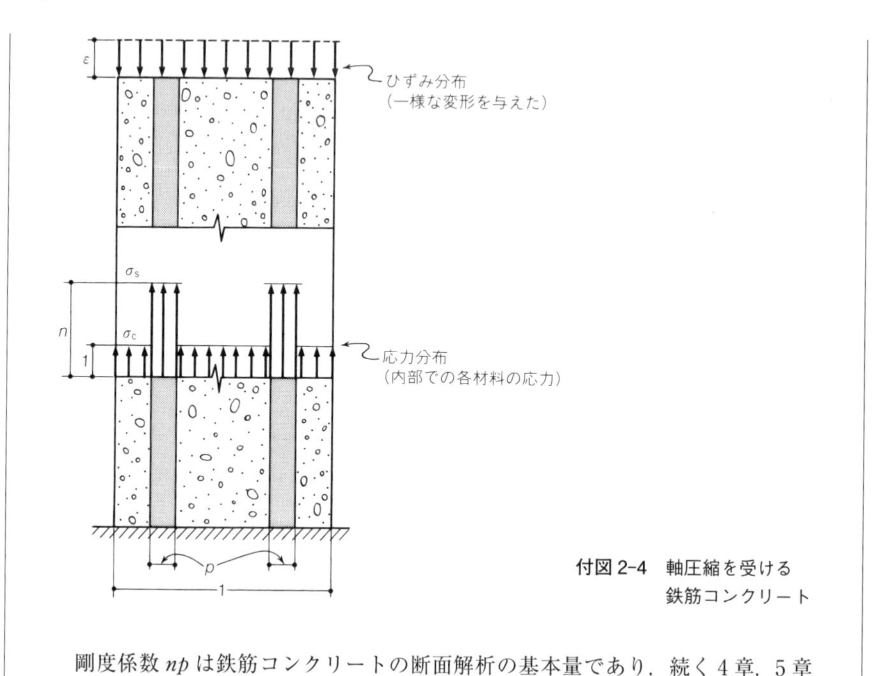

付図 2-4　軸圧縮を受ける鉄筋コンクリート

剛度係数 np は鉄筋コンクリートの断面解析の基本量であり，続く 4 章，5 章でも数多く用いられることになる．

2-3-2　収縮を受ける鉄筋コンクリート部材

鉄筋コンクリートの単軸部材に，コンクリートのみが収縮を受ける場合を考える．これは図 2-8 に示すように，単独であれば収縮ひずみ ε_{sh}（sh＝shrinkage：収縮）だけ収縮しようとするコンクリートと非弾性ひずみのない鉄筋の両者が一体として変形するときの釣合い点 c を求めるものである．

そこでまず，コンクリートはいったん ε_{sh} だけ収縮し，a 点から釣合い点 c に引き戻されるため引張応力が生じ，一方，鉄筋は初期位置 b から c に押し込まれ圧縮応力となることを理解してもらいたい．したがって，コンクリートは引張，鉄筋は圧縮に対して，それぞれ正の符号を与え，以下に基本式を列挙する．

・ひずみの関係式　　　　　：$\varepsilon_{sh}=\varepsilon_c+\varepsilon_s'$　　(2.25)

・コンクリートの全引張力 C　：$C=A_c\sigma_c=A_cE_c\varepsilon_c$　　(2.26)

・鉄筋の全圧縮力 S'　　　：$S'=A_s\sigma_s'=A_sE_s\varepsilon_s'$　　(2.27)

・内部の釣合い条件　　　　：$C=S'$　　(2.28)

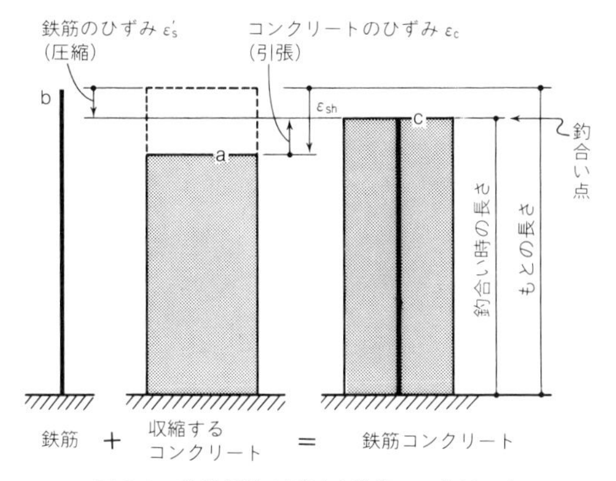

図 2-8　乾燥収縮を受ける鉄筋コンクリート

これは，ε_{sh} が与えられたときの未知量 σ_c，σ'_s を求める問題と考え，剛度係数 np を再度導入すると次式が得られる．

$$\text{ひずみ：}\quad \varepsilon_c = \frac{np}{1+np}\varepsilon_{sh}, \qquad \varepsilon'_s = \frac{1}{1+np}\varepsilon_{sh} \tag{2.29}$$

$$\text{応力：}\quad \sigma_c = \frac{np}{1+np}E_c\varepsilon_{sh}, \quad \sigma'_s = \frac{1}{1+np}E_s\varepsilon_{sh} \tag{2.30}$$

このときの材料の応力または np の関係として表され，図 2-9(a)のように図化される．

ところで，このような収縮による応力はやがてコンクリートのひび割れを引き起こし，典型的なひび割れ原因の一つである．これは $\sigma_c = f_t$ として表され，図 2-9(b)に一例を示した（ここで，f_t はコンクリートの引張強度を表す）．

したがって，ひび割れを発生させる収縮ひずみは，

$$\varepsilon_{sh} = \frac{f_t}{E_c}\cdot\frac{1+np}{np} \tag{2.31}$$

のように計算できる．上式の右辺に適当な数値を代入し，ひび割れを発生させるための ε_{sh} を試算されたい．

また，乾燥収縮によるひずみは，通例図(c)の ε_{sh}-t 関係に示したように時間とともに増加し，やがて頭打ちとなる．例えば図(b)，(c)のような場合，$t=t_1$ では，$p=0.5$ %，$p=1$ % の両部材ともひび割れが生じていないが，$t=t_2$ になると $p=1$ % のものにひび割れが発生することになる．以上をまとめると，np → 大（鉄筋の拘束が大きい），f_t → 小，ε_{sh} → 大となるほど σ_c が大となり，ひび割れが発生しやすくなる．

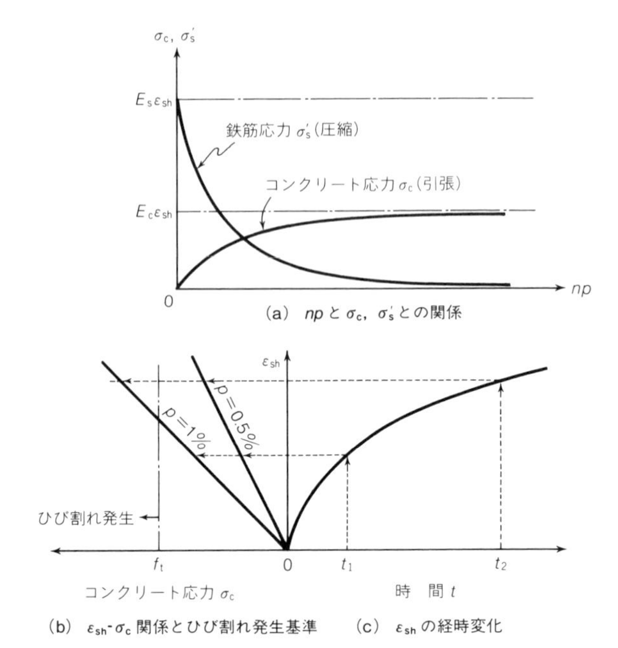

図 2-9　乾燥収縮を受ける鉄筋コンクリート部材

参 考 文 献

[1] 土木学会：2022 年制定 コンクリート標準示方書［設計編］
[2] 土木学会：平成 8 年制定 コンクリート標準示方書［設計編］
[3] 土木学会：2017 年制定 コンクリート標準示方書［施工編］

3

鉄筋コンクリートの設計法

土木構造物は長い期間使用され，かつ公共性の高い構造物であるので，設計段階における合理的かつ十分な検討が重要である．すなわち構造物は，それが構築される目的に合致するとともに所要の安全性を有し，かつ経済的でなければならない．

3章では，設計法の基本的な考え方と適用法について説明するとともに，一部許容応力度設計法についても述べる．

3-1 構造物の設計目的

土木学会コンクリート標準示方書［設計編］[1]による設計の基本をまとめると，次の4点に要約できる．

- 構造物の用途・機能を果たすために要求性能を設定し，これを満たすように構造計画・構造詳細の設定を行い，設計耐用期間を通じて要求性能が満足されていることを照査する．
- 構造計画では，構造特性，材料，施工，維持管理，環境性，経済性等を配慮する．
- 構造詳細では，示方書の構造細目に従って形状，寸法，配筋，およびコンクリートの配合，鋼材など使用材料の特性を設定する．
- 要求性能は，耐久性，安全性，使用性，復旧性とする．設計では，要求性能に対する適切な指標を用い，工学的な価値基準に基づいて評価する．

さらに異なる構造形式，異なる自然環境下，異なる設計者にあっても，所要の構造性能が確保されていることが重要であり，かつそれが科学的（実験的・理論的）に裏付けられたものでなければならない．ここで構造設計の照査に見られる“適度な”，“十分な”とはどういうことであろうか．これはぎりぎりの安全率で，ちょっとした予想外の荷重に対して構造物が崩壊したり，過度な安全率によって不経済（割高）なものとなってはならないことを意味する．

以上のような設計目的を，すべてのエンジニアが共通的に達成できるように準備されたのが示方書（specification），規準（code）あるいはガイドラインの類である．また，実用面・運用面の立場からは，わかりやすさ，一貫性，合理性，実用性なども設計示方書に対しての要求品質である．

3-2　設計の考え方と適用法

3-2-1　許容応力度設計法と限界状態設計法

我国におけるコンクリート構造物の設計手法は，それまで久しく許容応力度設計法(allowable stress design method) が用いられてきたが，1986 年より限界状態設計法(limit state design method)[3]が導入され定着した．

現行示方書[1]は，限界状態設計法を経て，欧米諸国を始め世界の趨勢でもある性能設計法（performance-based design）に移行した．この設計法については 3-2-2 項で述べる．ここで，許容応力度設計法と限界状態設計法の設計手順を比較することは，設計における安全性の考え方を理解する上で重要であるので，以下にその概略を述べる．

図 3-1 は，安全性の照査に至るまでの大まかな流れを示したもので，両設計法の違いがわかる．さらに詳しく見るため，曲げ部材を例にとり図 3-2 のように模式的にまとめてみた．

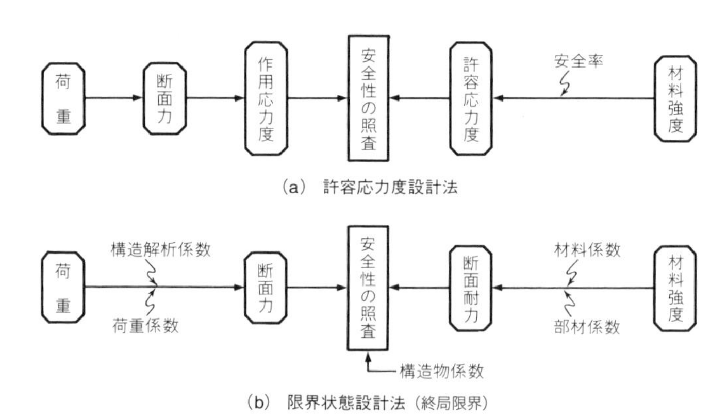

図 3-1　許容応力度設計法と限界状態設計法

（1）　許容応力度設計法

許容応力度設計法では，鉄筋は弾性体，コンクリートは引張に対する抵抗力を無視した弾性体と仮定することから始まる．この仮定のもとに，設計荷重が作用したときの各材料に生じる最大応力が許容応力度以下におさまっているか確かめる方法である．

このときの基本的手順は，図 3-2(a)のように示すことができる．まず，対象とする構造物からは，与えられた作用荷重（外力）F_k に対して，部材の断面力（曲げモーメント，せん断力など）S が求まり，各材料（コンクリート，鉄筋）に生じる応力度 σ が

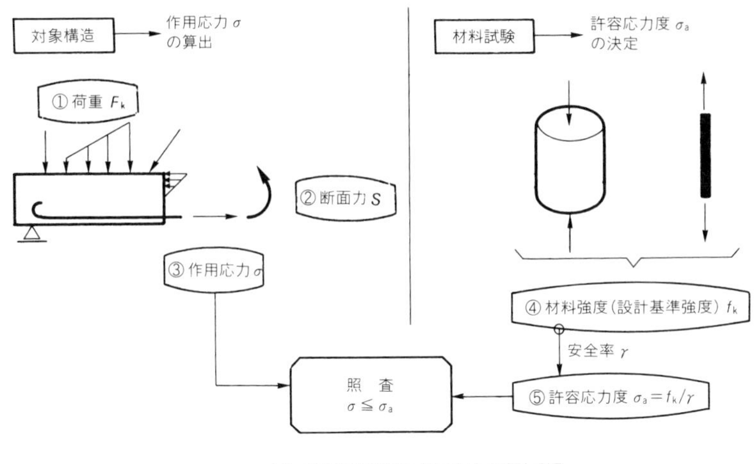

(a)　許容応力度設計法における設計手順

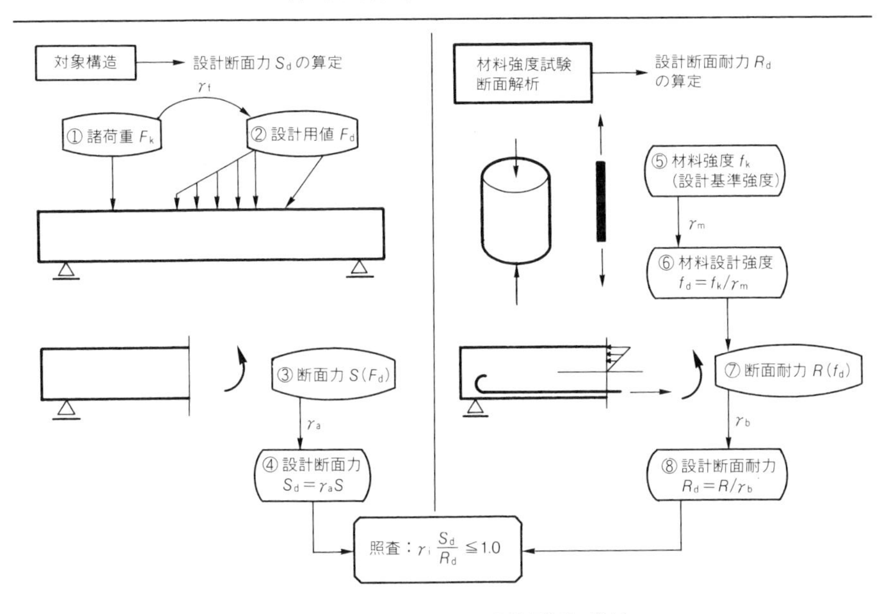

(b) 限界状態設計法における設計手順(終局状態の場合)

図 3-2　曲げ部材における両設計法の手順

得られる．一方，これとは別に使用される材料と同じ品質のものの強度試験からコンクリートの圧縮強度，鉄筋の降伏強度が与えられ，これを設計基準強度（材料強度の特性値）f_k とし，さらに十分な安全性を見込んだ安全率 γ で除することにより，許容応力度 σ_a が得られる．そして，材料応力度 σ が許容応力度を越えないこと，すなわち，次式を確認するものである．

$$\sigma \leqq \sigma_a = f_k/\gamma \tag{3.1}$$

ここで比較されるのは“応力・強度”のレベル（すなわち単位面積当りの力）であるので，曲げ部材，ねじり部材，圧縮部材（柱）などすべての部材形式に共通した概念で取り扱うことができる．このときの安全率は，コンクリートに対して 3，鉄筋については 1.4 程度を採用していたが，これは限界状態設計法や性能設計法の材料係数，部材係数，荷重係数などいくつかの安全係数（例えば表 3-6）と比べると，かなり大きな数値となっていることがわかる（安全率の具体的な値については 7 章：許容応力度設計法を参照されたい）．

許容応力度設計法は，弾性解析であるため比較的簡便であり，誰にでもわかりやすい設計法として長い間用いられてきた．この設計法にはいくつかの欠点のあることが指摘されており，それは次の 2 点に要約できる（例えば，文献[4]）．

① 許容応力度と対比・比較される材料の作用応力度が必ずしも断面力に比例しないので，部材崩壊に対する安全度を合理的にあるいは直接的に表現できない．

② 荷重に対する安全性も含めてすべての安全係数を材料の許容応力度のみによって扱っているが，荷重の変動，材料のばらつき，構造解析上の不確実性は互いに次元の異なるものである．

このような欠点を克服するため終局強度設計法，さらには限界状態設計法や性能設計法が提唱され，多くの国で採用されている．

（2） 限界状態設計法

限界状態設計法は，構造物がその状態に達すると崩壊したり，使用できなくなったりする限界状態を設定し，それに対する安全性を照査するものである．その特徴は，荷重に対する安全係数と材料に対する安全係数を分離して考え，最終的に曲げモーメント，せん断力などの断面力のレベルで対比することにある（図 3-2(b)）．

同図に従って説明すると，まず対象構造系に対して，各種の荷重の特性値 F_k を組み合わせて設計荷重を設定する．この荷重が作用したときの断面力を構造解析によって算出し，さらに安全側に割増したものが設計断面力 S_d となる．一方，耐荷力としては，材料強度 f_k からばらつきを考慮して若干割引いた値が材料の設計強度 f_d であり，これを用いて計算された断面耐力を部材係数 γ_b で除したものが設計断面耐力 R_d となる．そして，設計断面力 S_d に対する設計断面耐力 R_d の比をとり，

$$\gamma_i \frac{S_d}{R_d} \leqq 1.0 \tag{3.2}$$

を満足すればよい．ここで，γ_i は構造物係数と呼ばれ，言わば最終的な安全係数で，その構造物の重要度・社会的影響度を考慮して設定される．構造物係数をいくつに設定したらよいかについては構造物の重要度によって異なるが，ここで大切なのは，その値が1.0でも安全性に対する余裕がある程度確保されていることである．なぜならば，設計断面力 S_d の算出に至るまでに安全をみて"割増して"いるのに対して，設計断面耐力 R_d については少し"控えめ"に計算してあるからである．

[旧示方書[2]の限界状態]

土木学会による旧示方書[2]では，使用限界状態，終局限界状態，疲労限界状態の3つの限界状態が区分されている．設計しようとする構造物がこれらに対して大丈夫（安全）かどうか，個別に（独立に）チェックする．

① 使用限界状態（serviceability limit state）：通常の使用または耐久性に関連する限界状態で，その代表例は表3-1に示すとおりである．

② 終局限界状態（ultimate limit state）：その部材や断面の最大耐荷力に対する限界状態で，表3-2のような例が挙げられる．

表3-1　使用限界状態の例[2]

ひび割れの使用限界状態	ひび割れにより美観を害するか，耐久性または水密性や気密性を損ねるかする状態
変形の使用限界状態	変形が構造物の正常な使用状態に対して過大となる状態
変位の使用限界状態	安定・平衡を失うまでに至らないが，正常な状態で使用するには変位が過大となる状態
損傷の使用限界状態	構造物に各種の原因による損傷が生じ，そのまま使用するのが不適当となる状態
振動の使用限界状態	振動が過大になり，正常な状態で使用できないか，不安の念を抱かせるかする状態
有害振動発生の使用限界状態	地盤などを通じて周辺構造物に有害振動を伝播し，不快感を抱かせる状態

表3-2　終局限界状態の例[2]

断面破壊の終局限界状態	構造物の部材の断面が破壊を生ずる状態
剛体安定の終局限界状態	構造物の全体または一部が，一つの剛体の構造体として転倒その他により安定を失う状態
変位の終局限界状態	構造物に生ずる大変位によって構造物が必要な耐荷能力を失う状態
変形の終局限界状態	塑性変形・クリープ・ひび割れ・不等沈下などの大変形によって構造物が必要な耐荷能力を失う状態
メカニズムの終局限界状態	不静定構造物がメカニズムへ移行の状態

③ 疲労限界状態（fatigue limit state）：多数回の繰返し荷重により，疲労破壊を生じる状態であり，終局限界状態を含めて考える場合もあるが，ここでは別個に取り扱っている．これは，疲労破壊は静的強度以下における応力振幅によって規定されること，またそのため荷重や安全係数のとり方がおのずと異なってくることなどの理由によるものである．

前述の図 3-2(b) は終局限界状態の設計手順を示したもので，断面を決定する最も基本的な限界状態である．

3-2-2 性能設計法

(1) 要求性能・限界状態

性能設計法では通例，まず要求性能を定め，次に限界状態とその照査指標を設定する．

要求性能とは目的・機能に応じて構造物に求められる性能であり，一般に「安全性」「使用性」「復旧性」「耐久性」を定める．

① 安全性：想定されるすべての作用のもとで，構造物が使用者や周辺の人の生命や財産を脅かさないための性能

② 使用性：通常の使用時に想定される作用のもとで，構造物が正常に使用できるための性能

③ 復旧性：地震の影響等の偶発作用等によって低下した構造物の性能を回復させ，継続的な使用を可能にする性能

④ 耐久性：構造物が設計耐用期間にわたり，安全性，使用性および復旧性を保持する性能

限界状態とは，文字通り，構造物が要求性能を満足しなくなる限界の状態である．

表 3-3 要求性能，限界状態，照査指標とその設計作用の例 [1]

要求性能	限界状態	照査指標	考慮する設計作用
安全性	断面破壊	力	全ての作用（最大値）
	疲労破壊	応力度・力	繰返し作用
	変位変形・メカニズム	変形・基礎構造による変形	全ての作用（最大値）・偶発作用
使用性	外観	ひび割れ幅，応力度	比較的しばしば生じる大きさの作用
	騒音・振動	騒音・振動レベル	比較的しばしば生じる大きさの作用
	車両走行の快適性等	変位・変形	比較的しばしば生じる大きさの作用
	水密性	構造体の透水量 ひび割れ幅	比較的しばしば生じる大きさの作用
	損傷（機能の維持）	力・変形等	変動作用等
復旧性	修復性	力・変形等	偶発作用（地震の影響等）

表 3-4　本書における耐久性の限界状態，照査指標 [1]

要求性能	限界状態	照査指標	考慮する設計作用
耐久性	鋼材腐食	ひび割れ幅	（表 3.3 に準ずる）
		中性化と水の浸透に伴う鋼材腐食深さ	環境作用（湿度，水分の供給，各種物質の濃度など）
		鋼材位置における塩化物イオン濃度	環境作用（湿度，水分の供給，各種物質の濃度など）

限界状態設計法と性能設計法を比較すると，前者の終局限界（断面破壊）は，要求性能・限界状態として安全性（断面破壊）を定め，本書では 4 章，5 章，6 章にて具体的に説明している．使用限界は，使用性（外観・ひび割れ幅）や使用性（車両走行の快適性等）に対応し，いずれも 8 章にて記述している．また疲労限界は，安全性（疲労破壊）に対応し，設計指標として応力度・力が用いられる（9 章）．

（2）　特性値と安全係数

作用荷重と材料強度の大きさはある程度のばらつきをもつもので，これは統計学的に言えばそれぞれに平均値および分散をもつことになる（2 章 One Point アドバイスが参考になる）．設計における十分な安全性確保という立場から，荷重などの作用については平均値より大きい値，材料強度については平均値より小さい値をとる必要がある．どの程度“大きめ”または“小さめ”にするかは，それぞれの分散の程度による．そして，このときの平均値が特性値（characteristic value）（F_k：作用の特性値，f_k：材料強度の特性値）であり，分散の程度に応じて安全側にとるための係数が安全係数（safety factor）（γ_f：作用係数，γ_m：材料係数）となる．

したがって，設計作用 F_d および材料の設計強度 f_d は次式にて算出される．

設 計 作 用：$F_d=\gamma_f F_k$　(3.3)

設 計 強 度：$f_d=f_k/\gamma_m$　(3.4)

一例として，式(3.4)をコンクリートの圧縮強度に適用すると，$f'_{cd}=f'_{ck}/\gamma_c$ となる．式(3.4)は 4 章以降，ひんぱんに出てくるのでよく覚えてもらいたい．

作用および材料強度が特性値ではなく，規格値もしくは公称値（f_n および F_n）で与えられる場合がある．これらを特性値（f_k および F_k）に換算する係数を修正係数といい，材料強度に対して ρ_m，作用に対して ρ_f で表される．

以上の安全係数を考慮して得られた設計断面耐力 R_d と設計断面力 S_d の両者の比 R_d/S_d が，構造物係数 γ_i より大きくなること（これは式(3.2)と等価である）を確かめることにより部材の安全性を照査するものである．

したがって，γ_i は作用側か強度（抵抗力）側のいずれかに属していた他の安全係数と

表 3-5　修正係数および安全係数

	設計断面力 S_d の算出	設計断面耐力 R_d の算出
修正係数	作用修正係数　ρ_f	材料修正係数　ρ_m
特 性 値	作用の特性値　F_k	材料の特性値　f_k
安全係数	作用係数　γ_f 構造解析係数　γ_a	材料係数　γ_m （コンクリート：γ_c，鉄筋：γ_s） 部材係数　γ_b
	構造物係数　γ_i	

表 3-6　標準的な安全係数の値 [1]

安全係数 ＼ 要求性能（限界状態）	材料係数 γ_m		部材係数	構造解析係数	作用係数	構造物係数
	コンクリート γ_c	鋼材 γ_s	γ_b	γ_a	γ_f	γ_i
安全性（断面破壊）	1.3	1.0 または 1.05	1.1 〜 1.3	1.0	1.0 〜 1.2	1.0 〜 1.2
安全性（疲労限界）	1.3	1.05	1.0 〜 1.3	1.0	1.0	1.0 〜 1.1
使用性	1.0	1.0	1.0	1.0	1.0	1.0

は異なるもので，その構造物の重要度，限界状態に達したときの社会的・経済的影響を考慮して定められる．これらの修正係数および安全係数をとりまとめると，表 3-5 のように整理することができる．

各々に付いている下添字の記号については，何の略号であるかは必ずしも明示されてないが，f → force（荷重），m → material（材料），d → design（設計用値）であり，残りについては k → characteristic（特性値），a → analysis（解析），b → buzai（部材），i → individual（個々の）とでも覚えておけばよい（目次の後に掲げた「記号の表示について」の表-I 参照）．

これらの修正係数と安全係数については，大きくとれば安全性が向上する反面，不経済となるので，適度な値を用いるのがよい．安全係数については，土木学会標準示方書に標準的な値が示されており，これを表 3-6 に示した．一般に不確実なもの，ばらつきの大きいものに対して，大きめの値が与えられ，構造物係数 γ_i については重要な構造物に大きな値が用いられている．

One Point アドバイス

――断面力と断面耐力…似て非なるもの――

“断面力”と“断面耐力”とは言葉が似ているので混同しがちだが，まるっきり別物であることを覚えておいてもらいたい．ただ，曲げなら曲げを対象としたとき，両者の単位は同じであるのでますますわからなくなる．

断面力とは外的な荷重作用に対して，その断面に生じる力（曲げモーメント，せん断力など）であり，断面耐力とはその断面の諸元（断面の大きさ，鉄筋の量，位置など）で決まる最大耐荷能力，すなわち“どれだけもつ”かということを意味している．たとえて言えば，前者の断面力とは外からの“攻め”であり，後者はこれに対する“守り”ということになり，“守り”の方が勝れば壊れないということである．英語にすればmember force（section force）とultimate capacity of sectionとなり，違うものであることに気がつく．材料の場合では各々“応力”と“強度”に相当し，これら両者は単位は同じだが，意味が全く異なることに対応している．応力は外的な作用に対する内部の応答であり，強度は材料のもっている固有の性質である．

断面力は，その対象がコンクリートであれ鋼構造であれ，構造解析によって求まる（部材剛性に依存する不静定構造は別にして）外回りの話であるのに対して，断面耐力は複鉄筋長方形梁や折曲げ鉄筋といった内輪の話が中心で本書の取り扱う課題でもある．

コンクリート標準示方書や鉄筋コンクリートの工学書では，断面力に対してはほとんど素っ気ないのに，断面耐力については詳しく書いてあるのはこのためである．

ここで，“設計○○○”となった場合，設計断面力は万一を考えて“大きめ”を想定するのに対して，設計断面耐力は材料のばらつきや断面計算の不確かさを心配して“控えめ”にするのは容易に理解できるであろう．この大きめ，控えめが部分安全係数ということになり，全部で6種類ぐらい（材料係数，部材係数，作用係数，……）あり，設計過程における不確実性をその場その場で正しておこうという考え方である（しかし，各過程での部分安全係数を積み上げた総合的な安全度がいたずらに過大となっては不経済であり，全体的な安定度の大きさについては過去の経験とも併せ，調整（キャリブレーション）がなされている）．最終的には，式(3.2)のように分子と分母に攻守が分かれ，対比されることになる．

（3） 照 査 式

設定された要求性能・限界状態に対して適切な安全係数を用いて照査がなされなければならない．各要求性能・限界状態に対する照査式は，総じて以下のように表される．

$$\gamma_i \frac{S_d}{R_d} \leqq 1.0 \tag{3.5}$$

ここに S_d：設計応答値，R_d：設計限界値，γ_i：構造物係数である．

安全性に関して，断面破壊あるいは疲労破壊に至らないことを照査する場合，軸圧縮力や曲げモーメント等の耐荷力による照査を行う．この場合は，設計断面力 S_d，設計断面耐力 R_d とする前述式(3.2)により照査を行う．例えば，4 章においては S_d には曲げ耐力 M_d，R_d には終局曲げ耐力 M_{ud} として用いる．

また，疲労破壊については，いくつかの方法が考えられるが，通例作用する応力振幅 σ_{rd} と対応する疲労強度 f_{rd}，または断面力ベースでの振幅 S_{rd} とその疲労強度 R_{rd} により照査される（次式(3.5a, b)）．

$$\gamma_i \frac{\sigma_{rd}}{f_{rd}/\gamma_b} \leqq 1.0 \quad （応力ベース） \tag{3.5a}$$

$$\gamma_i \frac{S_{rd}}{R_{rd}} \leqq 1.0 \quad （断面力ベース） \tag{3.5b}$$

そのほか，耐久性に関して，鋼材腐食に関する照査においては，鋼材腐食深さ，中性化深さに関する次式等を用いる（12 章）．

$$\gamma_i \frac{s_d}{s_{lim}} \leqq 1.0 \quad （鋼材腐食深さ） \tag{3.5c}$$

$$\gamma_i \frac{y_d}{y_{lim}} \leqq 1.0 \quad （中性化深さ） \tag{3.5d}$$

これらの照査式は，作用係数による増幅された設計作用による設計応答値（分子の量）が，その断面の耐力や設計限界値（分母の量）を下回る（1.0 より小さくなる）ことを，構造物係数 γ_i を乗じても成立することを確認するものである．γ_i は通例 1.0 とするが，重要な構造物や，崩壊した場合に社会的影響の大きい構造物については 1.0 より大きめの値（1.1 または 1.2）が用いられる．後者の場合，分子・分母の違いはより大きくならなければならず，さらに安全となる（ただし，あまり大きすぎても過剰な品質となり，不経済となる）．

ここで，分子（作用から決まるもの）を"攻め"，分母（部材の設計限界値，断面耐力）を"守り"，そして γ_i を"ハンディキャップ"と考えるとわかりやすい（One Point アドバイス参照）．少々のハンディキャップにも屈せず，守りが攻めより優れば（上記照査式が 1.0 より小さければ），その構造物は安全ということになる．

図 3.3 は鉄筋コンクリート梁の荷重–たわみ曲線を例にとって，各限界状態との関係

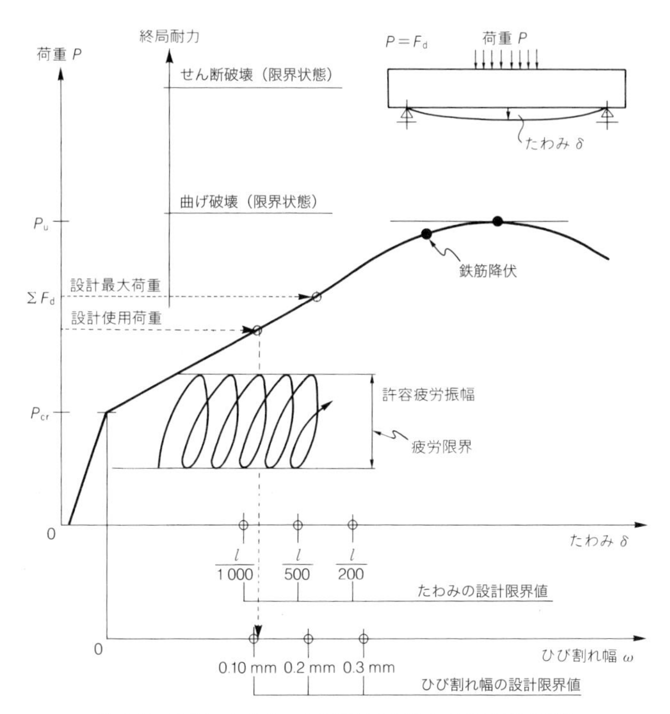

図 3-3　鉄筋コンクリート単純梁を例にした各種限界状態

を模式的に対照させたものである．単調載荷すれば P_{cr} で曲げひび割れを生じ，P_u で最大耐力となる部材に対して，設定された設計荷重（例えば，図中 ΣF_d）が断面破壊，使用性の限界（たわみ，ひび割れ幅），疲労破壊に至らないかどうかをチェックするものである．断面破壊という限界状態に対しては曲げ破壊とせん断破壊が与えられるが，上述のように重畳して得られた設計荷重 ΣF_d に対して，せん断破壊のほうは軽くクリアするが，曲げ破壊についても判定式（3.5）を充足していることを示している．

一方，耐荷力とは独立して，使用性（たわみやひび割れ幅）の照査がなされ，図中では設計使用荷重がたわみの設計限界値として $l/200$ および $l/500$，ひび割れ幅の設計限界値として 0.2 mm までは満足していることを表している．また，疲労破壊に対しては，変動荷重による応力振幅によって照査がなされる．

このように，各要求性能・限界状態に対して独立に照査がなされることになる．実際の設計作業では設計作用は多くの組み合わせがあり，かつ各限界状態に対して異なる設計荷重が用意されるもので，図 3-3 は照査についての実作業を模式化・簡略化したものである．

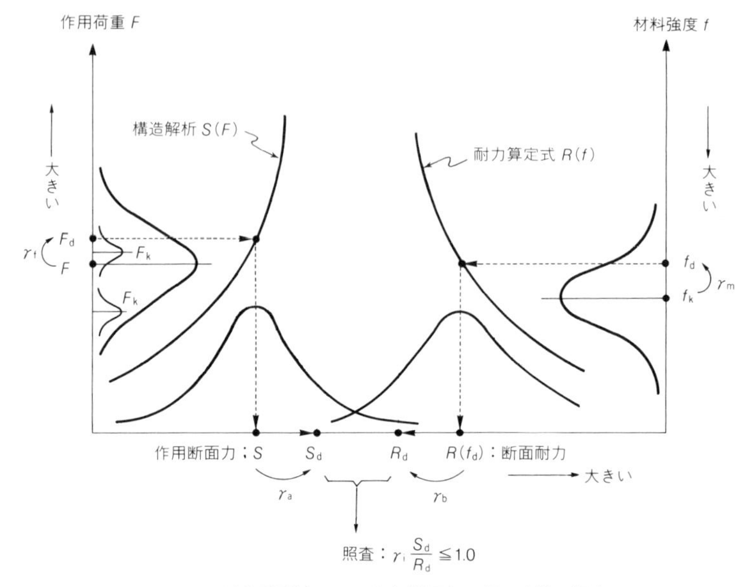

図 3-4　性能設計法による安全性照査：断面破壊の場合

図 3-4 は，以上の設計の流れを 4 つの安全係数（$\gamma_f, \gamma_a, \gamma_m, \gamma_b$）を付して示し，最終的な照査式までの経路をまとめたものである．図中の大きい（または小さい）方向に注意して，性能設計法の流れを整理してもらいたい．

（4）　設計作用

従来の設計荷重（load）に替わり，現行示方書[1]では設計作用（action）と呼ぶ．これは，死荷重，活荷重，土圧のような直接作用に加えて，コンクリートの収縮とクリープ，地震の影響のような間接作用，温度や日射のような環境作用を含むものである．

さらに，設計上主要な荷重については，従前のように次の 3 つに分類できる．

①永続作用：変動が極めて小さく，持続的な作用で，死荷重（自重），プレストレス力，静止土圧などがある．

②変動作用：変動が頻繁に起こり，かつその大きさが平均値に比して無視できない作用．活荷重，温度変化の影響，風荷重などがある．さらに，主たる変動作用と従たる変動作用に分かれる．

③偶発作用：設計耐用期間中に作用する頻度が極めて小さいが，作用するとその影響が非常に大きい作用で，地震荷重や衝突荷重などがある．

このような設計作用の大きさについては，対象とする構造物の種類・用途・建設地域

表 3-7　作用係数[1]

要求性能	限界状態	作用の種類	作用係数 γ_f
耐久性	全ての限界状態	全ての作用	1.0
安全性	断面破壊等	永続作用	1.0～1.2*
		主たる変動作用	1.1～1.2
		従たる変動作用	1.0
		偶発作用	1.0
	疲　労	全ての作用	1.0
使用性	全ての限界状態	全ての作用	1.0
復旧性	全ての限界状態	全ての作用	1.0

* 永続作用が小さい方が不利となる場合には，永続作用に対する作用係数を 0.9～1.0 とするのがよい．

表 3-8　設計作用の組合せ[1]

要求性能	限界状態	作用の種類
耐久性	全ての限界状態	永続作用＋変動作用
安全性	断面破壊等	永続作用＋主たる変動作用＋従たる変動作用
		永続作用＋偶発作用＋従たる変動作用
	疲　労	永続作用＋変動作用
使用性	全ての限界状態	永続作用＋変動作用
復旧性	全ての限界状態	永続作用＋偶発作用＋従たる変動作用

によって個々に決定される．さらに，これらの作用に対しては，限界状態の種類ごとに，表 3-5 のような作用係数 γ_f によって割増し，かつ表 3-6 のような組合せが設定される．これらの組合せ作用により，構造解析（通例，線形解析）によって断面力 S が算定され，最終的に構造解析係数 γ_a を乗じ設計断面力（式(3.5)では S_d）となる．このような流れについては，図 3-2(b)または図 3-4 を見るとわかりやすい．

参 考 文 献

[1]　土木学会：2022 年制定 コンクリート標準示方書［設計編］
[2]　土木学会：平成 8 年制定 コンクリート標準示方書［設計編］
[3]　土木学会：コンクリート構造の限界状態設計法指針（案），コンクリートライブラリー第 52 号（1983.11）．
[4]　土木学会：構造物の安全性・信頼性（1976.10）

4

曲げモーメントを受ける部材

4章で取り扱う曲げモーメントを受ける部材の解析は応用力学の出発点であり，鉄筋コンクリートの場合も曲げによって断面が決定されることが多く，必須学習内容である．

まず，鉄筋コンクリート梁の非線形挙動を説明し，初期の弾性変形後に見られる引張ひび割れの進展および終局時の破壊について考える．断面解析については，引張域のコンクリートを無視した弾性解析および終局耐力を算定するための等価矩形応力ブロックによる塑性解析について詳述する．

前者は，曲げモーメントが与えられたときの材料の応答応力を算出するためのもので，使用性（ひび割れ幅）や安全性（疲労破壊）の照査の際に必要となる．この弾性解析はまた，従来の許容応力度法による断面算定にも応用され，7章で別途取り扱う．

後者は，いわゆる終局強度理論の一つで，圧縮域コンクリートの非線形分布を簡略化し，断面の終局曲げ耐力を求めるものである．これは性能設計法における安全性（断面破壊）の照査に必要となり，標準示方書による設計法についても紹介する．

4-1　曲げ部材の変形挙動

4-1-1　曲げ部材の変形と応力

梁部材が荷重を受けると主として曲げモーメントによって変形し，部材内部には応力とひずみが発生する．例えば鉛直荷重を受ける単純梁の場合，図4-1のような変形/応

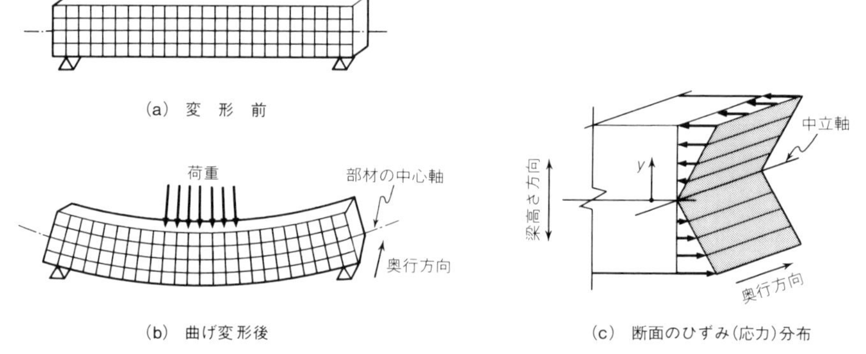

図 4-1　梁部材の曲げ変形とひずみ（応力）分布

力状態となる．変形前に書いた等間隔の格子枠は曲げモーメントによって変形し，横線のみが伸び縮みしていることが類推できよう．すなわち，梁断面の上縁側の格子枠横線が縮み（したがって，圧縮応力を生じ），下縁側が伸び変形（引張応力）となり，図(c)のような梁高さ方向に直線のひずみ（応力）分布となる．

一方，格子の縦線は変形後も直線を維持し，これが奥行方向にも一定となっているので，いわゆる平面保持が成立する．また，上縁の圧縮ひずみから，下縁の伸びひずみの移り変りの途中には伸び縮みしないところがあり，これを奥行方向につなげると中立軸となる．

このような曲げ部材断面の曲げモーメント M に対する変形（曲率 ϕ）と応力 σ については，次の諸式がよく知られている（ここで，ヤング係数を E，断面2次モーメントを I とする）．

$$\text{変　形：}\quad \phi=\frac{M}{EI} \tag{4.1}$$

$$\text{応　力：}\quad \sigma(y)=\frac{M}{I}y \tag{4.2}$$

とくに応力については，中立軸からの距離 y に比例し三角形分布（図(c)参照）となるが，上縁で最大圧縮応力，下縁で最大引張応力となる縁応力（extreme fiber stress）が大切である．これらは，曲げモーメントの増大とともに，やがてはコンクリートのひび割れ，圧縮破壊，鉄筋の引張または圧縮降伏に至る．

4-1-2　鉄筋コンクリート梁の非線形挙動

以上までの弾性応答に対して，今度は鉄筋コンクリート梁の場合について考えると，構成材料（鉄筋とコンクリート）の非線形特性のため複雑ではあるが興味ある非線形挙動を呈する．図4-2は，単鉄筋単純梁の変形応答を模式的に描くとともに，純曲げ区間断面のひずみ分布と応力分布を示したものである（図(a)は，縦軸 → 曲げモーメント，横軸 → 曲率と考えてもよい）．このような単純支持された鉄筋コンクリート梁は，荷重 P を徐々に増加させると，図のような進展をたどるが，これは図(a)に示したA, B, …, Eのような5段階に分けて考えると理解しやすい．

A：純弾性状態（ひび割れ発生前）　荷重が小さい初期の段階では，ひずみ分布，応力分布とも直線的に変化する純弾性状態にあり，中立軸もほぼ断面中心に位置する．この場合，鉄筋とコンクリートの複合性さえ考慮すれば，従来の材料力学の知識がそのまま適用できる．このときの引張鉄筋はほとんど効果を示さず無視しても大差ない（例えば，このときの縁ひずみは，$\pm 100\times10^{-6}$ 以下であり，引張鉄筋の応力は，高々 $(100\times10^{-6})\times(200\ \mathrm{kN/mm^2})\cong 20\ \mathrm{N/mm^2}$ 程度である）．

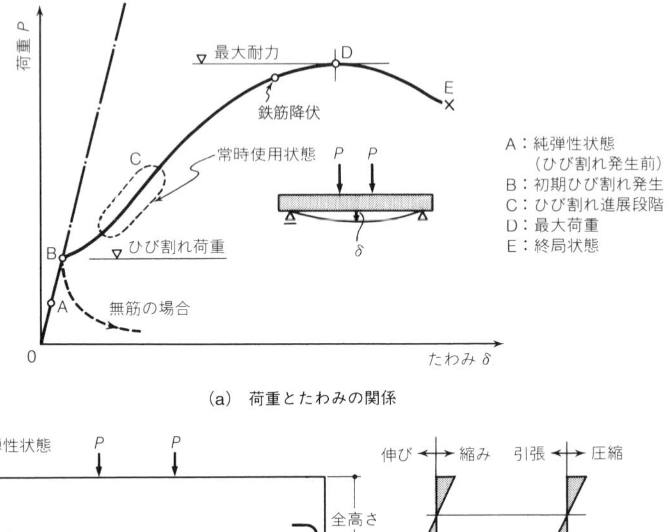

(a) 荷重とたわみの関係

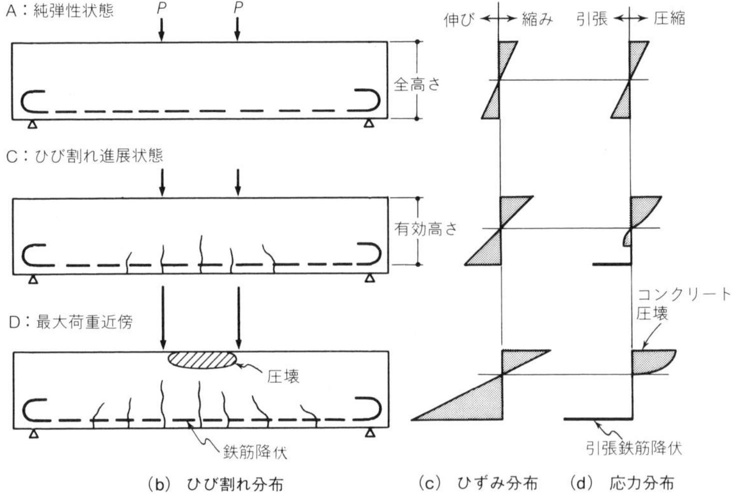

(b) ひび割れ分布　　(c) ひずみ分布　(d) 応力分布

図 4-2　鉄筋コンクリート梁の荷重とたわみの関係，ひび割れ分布および中央断面のひずみ分布，応力分布

B：初期ひび割れ発生　荷重を増大させるとコンクリートの引張応力度（下縁側）も増加し，ついには引張強度を越え，そこからひび割れが生じる．

材料のひずみ限界能力を比較すると，大略

・コンクリートの引張ひずみ限界：$(100\sim200)\times10^{-6}$

・コンクリートの圧縮ひずみ限界：$(3000\sim3500)\times10^{-6}$

・鉄筋の降伏ひずみ　　　　　　：$(1500\sim1800)\times10^{-6}$

となり，コンクリートの引張ひずみ能力が著しく小さいことがわかる．したがって，コンクリートの引張ひび割れがまず最初の非線形性状として現れる由縁であり，図 4-2 (a)の B 点のように，それまでの線形弾性挙動から離れ，たわみも増大する（このようなひび割れは引張応力によって生じるので引張ひび割れと呼ぶが，これが曲げモーメントによるものと考えることもでき，このときは曲げひび割れとなる）．

また，無筋コンクリート梁を考えると，この場合，ただ一本のひび割れが急速に発達し，そのまま部材の破壊に至る．

C：ひび割れ進展段階　さらに荷重を増加させると，ひび割れ本数も増加し，個々のひび割れは中立軸付近まで進行するとともに，下縁側でのひび割れ開口量も増加する．このためコンクリート引張域の抵抗力のほとんどが失われ，これに代わって引張鉄筋が受け持つことになる．中立軸は徐々に上方に移動し，圧縮域の負担応力が増大するとともに，その分布形状は若干曲線形となる．したがって，曲げモーメントに抵抗する有効な断面としては，引張鉄筋と圧縮コンクリートのみと考えてよく，鉄筋コンクリート断面の本来の抵抗メカニズムとなる．

ここで大切なことは，常時の設計作用（例えば，自重＋活荷重）は，この段階を想定していることである．すなわち，使用状態ではひび割れを容認し，むしろひび割れの開口量やたわみ量が問題となる（これについては 8 章「ひび割れと変形：使用限界」で詳述される）．もし，常時の設計作用を A 段階に収まるようにしようとすると，極めて過大な断面が要求され，鉄筋コンクリートのメリットが活かされない．すなわち，無筋コンクリートでは初期ひび割れ発生＝終局状態となるが，鉄筋コンクリートという複合体ではひび割れ発生後に本来の機能が発揮されることになる．

また，部材の高さについては，ひび割れ発生前までは全高さを考えるが，引張応力を考えない場合は上縁から引張鉄筋までが有効となり，通例有効高さ d として表される．

D：最大荷重近傍　さらに荷重を増やすと圧縮コンクリートの塑性化が進行し，その分布が曲線形を呈するとともに，引張鉄筋にも大きな引張力が作用し，やがて両材料の最大負荷能力に近づく．このとき引張鉄筋が適当量配置（under-reinforcement）されていれば，まず引張鉄筋が降伏し，最大荷重点 D を迎える．これに対して，過大な鉄筋量（over-reinforcement）を配すると鉄筋が降伏することなく，コンクリートの圧縮破壊を招き，これは極めて急激な破壊（脆性破壊）を呈し危険である．前者を鉄筋降伏先行型，後者をコンクリート圧壊型と呼び，鉄筋コンクリート断面の曲げ破壊に関する 2 つの基本破壊モードである．部材のねばり強さ（靱性）の確保および経済性から鉄筋降伏先行型が望ましく，そのように設計されるのが普通である．しかし，鉄筋量があまりにも少ないとひび割れ発生後すぐに鉄筋が降伏し（すなわち，B → D の余裕がなくなり），本来の鉄筋コンクリート断面としての出番がない．したがって，引張鉄筋は多からず少なからず配筋されなければならず，その上下限は最大鉄筋比，最小鉄筋比として設計上規定される．

E：終局状態　過鉄筋状態でない場合（under-reinforcement），引張鉄筋降伏後も中立軸の上昇（すなわち偶力間距離の増加）によって荷重が若干増え，D 点を通過し軟化状態となる．ここで大切なことはその後も荷重を減じつつ断面の変形追随能力が残存することで，このことにより靱性が確保され，より安全な部材となる．これは終局耐力のみならず変形能力が要求されるとき重要となり，例えば地震時における早期の崩壊を回避することができる．ただし，D→E に至る終局近傍の挙動は，断面諸元や材料の性質によって異なり，実験的に再現するのは必ずしも容易でない．

4-1-3　断面仮定と解析方法

さて，このような様々な様相を呈する断面をどのように簡略化し，解析すればよいであろうか．これは，作用荷重のレベルと解析目的に応じて，表 4-1 のような 3 段階に分類することができる．まず，I はひび割れ発生以前の純弾性状態を想定したもので，鉄筋とコンクリートの複合性を考慮すれば，材料力学の知識をそのまま適用することができる．II は，ひび割れ断面を簡略し，コンクリートは引張域をすべて無視し，圧縮域を

表 4-1　曲げ荷重を受ける鉄筋コンクリート断面の解析法

	I：弾性解析（全断面有効）	II：弾性解析（RC 断面）	III：塑性解析
断面の応力分布			
コンクリート	圧縮域・引張域とも線形弾性	圧縮域：線形弾性 引張域：考えない	圧縮域：塑性状態 （等価矩形応力ブロックを用いると解析しやすい） 引張域：考えない
鉄　筋	線形弾性 （無視してもよい）	線形弾性	降伏状態
解析目的	純弾性解析 ひび割れ荷重の算定 断面力，不静定力の計算	使用状態における材料の応答応力の算出	最大耐荷力の算定
対応する設計法		許容応力度設計法 性能設計法 安全性（疲労破壊） 使用性（ひび割れ幅，変位・変形）	性能設計法 安全性（断面破壊）

直線分布としたものである．これをこれまでの慣例に従って弾性解析（RC 断面）と呼ぶことにする．Ⅲは，いわゆる終局強度理論で用いられる断面仮定で，圧縮域のコンクリートが塑性状態にあるため放物線分布もしくは矩形分布を考え（引張コンクリートはもちろんあてにできない），引張鉄筋は降伏状態となる．これは under-reinforcement の場合を想定したもので，圧縮縁コンクリートのひずみ限界（例えば，$\varepsilon'_{cu}=3500\times10^{-6}$）を課すことにより，最大耐荷力を算定することができる．

これらは前出の図 4-2(d)の 3 段階の応力分布をそれぞれ簡略化したものである．一方，図 4-2(c)は，いずれも線形ひずみ分布が示されており，ひび割れ発生以降も平面保持の仮定が成立するとしている．これは部材長さ方向の平均値をとると，その変形状態は平面保持がなお維持されていると考えられるもので実験的にも認められている．ただし，これは適量の配筋および鉄筋とこれを囲むコンクリートの付着が十分良好であることを前提としている．このことにより，ひび割れ近傍では引張鉄筋とコンクリートとの間に多少のずれ（bond slip）はあっても，ひび割れとひび割れとの間の平均ひずみで見ると両材料のひずみは同一となり，図 4-2(c)のように直線分布と近似し得る．

したがって，表 4-1 に示すⅠ，Ⅱ，Ⅲのいずれの解析段階も，平面保持の仮定と釣合い条件および材料の応力-ひずみ関係（構成則）の 3 つの条件により，理論的な取扱いが可能となる．本章では，断面解析とその設計法について記し，ひび割れの発生進展に伴う開口幅や変形の検討は，使用性の照査として章を改めて詳述する．また，Ⅰ：弾性解析（全断面有効）については，その換算断面による断面諸量（換算断面積と換算断面 2 次モーメント）を 5 章に示したので参照されたい．

4-2　曲げ部材の弾性解析

ここでは，前述のⅡ：弾性解析（RC 断面）の場合について考え，曲げモーメントが与えられたときの材料の応答応力の算出について述べる．

4-2-1　弾性解析（RC 断面）

（1）　複鉄筋長方形断面に対する計算法

図 4-3 に複鉄筋長方形断面の断面仮定および関連記号を示した（添字については c＝コンクリート，s＝鉄筋，1＝引張鉄筋，2＝圧縮鉄筋とし，圧縮に対して ′ をつけた）．とくに，中立軸位置 x または中立軸比 $k=x/d_1$ が重要となるので着目されたい．

まず，圧縮コンクリートについては，ひずみ，応力ともに直線分布を仮定する．

以下に基本となる支配方程式を示す．

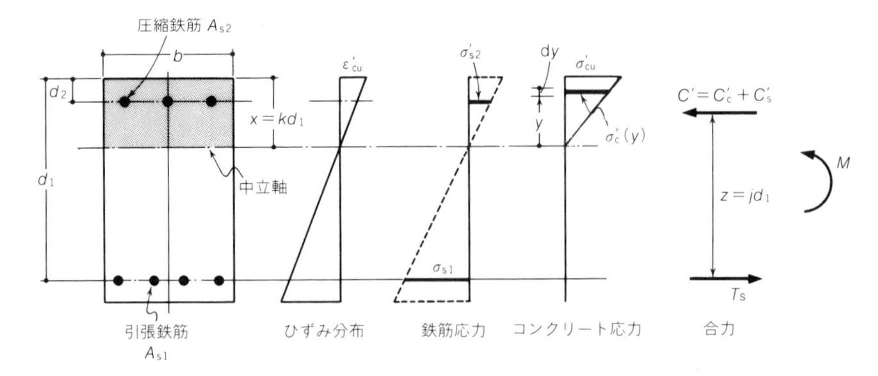

	圧縮コンクリート	圧縮鉄筋	引張鉄筋
ひずみ	ε'_c, ε'_{cu}	ε'_{s2}	ε_{s1}
応　力	σ'_c, σ'_{cu}	σ'_{s2}	σ_{s1}
ヤング係数	E_c	E_s	E_s
断面積	$x \cdot b$	A_{s2}	A_{s1}
位　置	$0 \leqq y \leqq x$	d_2	d_1

圧縮量には ′ をつけ，正として扱う

図 4-3　断面仮定と諸記号の定義　―弾性解析（RC 断面）の場合―

a.　各材料のひずみ ──→"平面保持の仮定"を利用

・引張鉄筋：
$$\varepsilon_{s1}=\frac{d_1-x}{x}\varepsilon'_{cu}=\frac{1-k}{k}\varepsilon'_{cu} \tag{4.3}$$

・圧縮鉄筋：
$$\varepsilon'_{s2}=\frac{x-d_2}{x}\varepsilon'_{cu}=\frac{k-\gamma}{k}\varepsilon'_{cu} \tag{4.4}$$

・コンクリートの圧縮ひずみ：$\varepsilon'_c(y)=\dfrac{y}{x}\varepsilon'_{cu}$　（中立軸からの距離 y に比例）

(4.5)

b.　各材料の応力

・引張鉄筋：
$$\sigma_{s1}=E_s\varepsilon_{s1} \tag{4.6}$$

・圧縮鉄筋：
$$\sigma'_{s2}=E_s\varepsilon'_{s2} \tag{4.7}$$

・コンクリートの圧縮応力：
$$\sigma'_{cu}=E_c\varepsilon'_{cu} \tag{4.8}$$

c.　力の釣合い条件　水平力＝0，モーメント＝M

・水　平　力
$$0=\frac{1}{2}bx\sigma'_{cu}+A_{s2}\sigma'_{s2}-A_{s1}\sigma_{s1} \tag{4.9}$$

・モーメント
$$\underbrace{M}_{\text{外力}}=\underbrace{\left(\frac{1}{2}bx\sigma'_{cu}\right)\times\frac{2}{3}x}_{\text{圧縮コンクリート } C'_c}+\underbrace{A_{s2}\sigma'_{s2}(x-d_2)}_{\text{圧縮鉄筋 } C'_s}+\underbrace{A_{s1}\sigma_{s1}(d_1-x)}_{\text{引張鉄筋 } T_s}\tag{4.10}$$

（符号に注意）

上記の2つの式は，いずれも圧縮コンクリート，圧縮鉄筋，引張鉄筋の3成分が加算された形になっているが，各項の符号に注意されたい．とくに引張鉄筋については，水平力については－，モーメントについては＋になっている．

ここでは，曲げモーメントMおよび断面諸元が与えられたときの解析を行うので，式(4.3)～(4.10)の諸式は，

未知量：$\sigma_{s1}, \sigma'_{s2}, \sigma'_{cu}, \varepsilon_{s1}, \varepsilon'_{s2}, \varepsilon'_{c}, \varepsilon'_{cu}, x \Longrightarrow$ 8個

方程式の数 $\Longrightarrow$ 8個

となり，解き得ることがわかる．

さて，ここでは弾性解析を行うので，圧縮コンクリート，圧縮/引張鉄筋とも弾性範囲とし，両者のヤング係数の比を$n=E_s/E_c$とする．したがって，式(4.3)$\times E_s$，式(4.4)$\times E_s$，式(4.5)$\times E_c$とし，式(4.6)～(4.8)を用いると，各々の材料応力は，

$$\sigma_{s1}=E_s\frac{d_1-x}{x}\varepsilon'_{cu}=\frac{d_1-x}{x}n\sigma'_{cu} \tag{4.11}$$

$$\sigma'_{s2}=E_s\frac{x-d_2}{x}\varepsilon'_{cu}=\frac{x-d_2}{x}n\sigma'_{cu} \tag{4.12}$$

$$\sigma'_{c}(y)=\frac{y}{x}\sigma'_{cu} \tag{4.13}$$

のように表すことができる．これらを式(4.9)に代入し，σ'_{cu}を消去する．すなわち，

$$\frac{1}{2}bx^2+(x-d_2)nA_{s2}-(d_1-x)nA_{s1}=0 \tag{4.14a}$$

両辺を$bd_1{}^2$で除し，係数$k=x/d_1$，$\gamma=d_2/d_1$および鉄筋比$p_1=A_{s1}/bd_1$，$p_2=A_{s2}/bd_1$を用いると，

$$\frac{1}{2}k^2+(k-\gamma)np_2-(1-k)np_1=0 \tag{4.14b}$$

のような無次元量によるkの2次方程式が得られる．したがってこれを解けば，

$$k=-n(p_1+p_2)+\sqrt{n^2(p_1+p_2)^2+2n(p_1+\gamma p_2)} \tag{4.15}$$

のように中立軸比kが得られ，xが必要なときは$x=kd_1$より求めればよい．

上記，式(4.11)～(4.15)の展開は，材料の線形弾性の仮定と水平合力＝0から中立軸位置xを求めたことになる．

次に，モーメントの釣合い式(4.10)を用い，再度式(4.11)～(4.13)を代入すると，下式を得る．

$$M=\frac{1}{3}bx^2\sigma'_{cu}+\frac{(x-d_2)^2}{x}n\sigma'_{cu}A_{s2}+\frac{(d_1-x)^2}{x}n\sigma'_{cu}A_{s1} \tag{4.16}$$

ここで，上式を$bd_1{}^2$で除し，応力の次元で表示すると

$$\frac{M}{bd_1{}^2}=\left\{\frac{1}{3}k^2+\frac{(k-\gamma)^2}{k}np_2+\frac{(1-k)^2}{k}np_1\right\}\sigma'_{cu} \tag{4.17}$$

のように整理することができ，次式に至る．

$$\sigma'_{cu}=\frac{\dfrac{M}{bd_1{}^2}}{\dfrac{1}{3}k^2+\dfrac{(k-\gamma)^2}{k}np_2+\dfrac{(1-k)^2}{k}np_1} \tag{4.18}$$

また，式(4.14b)を利用して，書き換えると

$$\sigma'_{cu}=\frac{\dfrac{M}{bd_1^2}}{\dfrac{1}{2}k\left(1-\dfrac{k}{3}\right)+\dfrac{(k-\gamma)(1-\gamma)}{k}np_2} \tag{4.19}$$

のようにも表せる．

いったん σ'_{cu} が求まれば，鉄筋応力は式(4.11)と(4.12)を用いて，

$$\sigma_{s1}=\frac{1-k}{k}n\sigma'_{cu} \tag{4.20}$$

$$\sigma_{s2}=\frac{k-\gamma}{k}n\sigma'_{cu} \tag{4.21}$$

のように算定することができる．

以上をまとめると，与えられた断面諸元（A_{s1}, d_1, b など）から諸係数（n, p_1, p_2, γ, k など）を求め，曲げモーメント M に対する応力が $\sigma'_{cu} \to \sigma_{s1}, \sigma'_{s2}$ のように順次定まる．また，式(4.17)以降では M/bd_1^2 が応力度の単位［N/mm^2］をもち，$\sigma'_{cu}, \sigma_{s1}, \sigma'_{s2}$ と対応し，それ以外の諸量はすべて無次元量となっていることに留意すると理解しやすい．

《例題 4.1》

以上までの複鉄筋長方形断面に対する計算を，単鉄筋長方形断面に置き換えて再度計算せよ．

ヒント：単鉄筋とは，圧縮鉄筋を省略し，引張鉄筋のみを配置するものである．したがって $A_{s2}=0(p_{s2}=0)$ とし，引張鉄筋については $d_1 \to d$, $A_{s1} \to A_s$, $p_1 \to p(=A_s/bd)$（下添字 1 を省略する）のように表示する．

【解答】

ヒントに従って，式(4.3)～(4.20)までの式展開を繰り返せばよい．

ここでは結果のみを示す．

$$k=-np+\sqrt{(np)^2+2np} \tag{4.15$'$}$$

$$\sigma'_{cu}=\frac{\dfrac{M}{bd^2}}{\dfrac{1}{2}k\left(1-\dfrac{k}{3}\right)} \tag{4.19$'$}$$

$$\sigma_s = \frac{1-k}{k} n\sigma'_{cu} \tag{4.21$'$}$$

ここで，材料力学で勉強した縁応力度の求め方を思い出してもらいたい．長方形断面の場合，断面係数が $bd_1^2/6$ となり，縁応力度は，

$$\sigma = \frac{M}{\frac{1}{6}bd_1^2} \tag{4.22}$$

となる．これを例えば式(4.19)，(4.19)′と比較すると，両者が似かよっていることに気がつく．そして，一様材料の長方形断面での係数 1/6 が，単鉄筋コンクリート断面では $\frac{1}{2}k\left(1-\frac{k}{3}\right)$ に対応し，これは断面内の鉄筋の位置と量に依存していることがわかる．

（2） 換算断面 2 次モーメントによる方法

モーメントの釣合い式の代わりに，換算断面 2 次モーメントによる取扱いも便利であり，以下に紹介する．

コンクリートの引張域を無視したときの鉄筋コンクリート断面の中立軸まわりの換算断面 2 次モーメント I_i は次式で定義される．

$$I_i = \underbrace{\int_0^x by^2\,\mathrm{d}y}_{\text{圧縮コンクリート}} + \underbrace{nA_{s2}(x-d_2)^2}_{\text{圧縮鉄筋}} + \underbrace{nA_{s1}(d_1-x)^2}_{\text{引張鉄筋}} \tag{4.23}$$

上式は再度 3 成分の和として表されているが（両鉄筋については，断面積×距離^2 に n 倍されていることに注意されたい），これは次式のように整理することができる．

$$\begin{aligned} I_i &= \frac{1}{3}bx^3 + nA_{s2}(x-d_2)^2 + nA_{s1}(d_1-x)^2 \\ &= bd_1{}^3\left\{\frac{1}{3}k^3 + np_2(k-\gamma)^2 + np_1(1-k)^2\right\} \end{aligned} \tag{4.24}$$

さて，このように断面 2 次モーメントが求まれば，一般材料力学（前出の式(4.2)）から，

$$\sigma'_{cu} = \frac{M}{I_i}x, \quad \sigma'_{s2} = \frac{nM}{I_i}(x-d_2), \quad \sigma_{s1} = \frac{nM}{I_i}(d_1-x) \tag{4.25}$$

のように各材料の応力を表すことができる（ここでも鉄筋が n 倍されている）．

（3） 長方形断面の慣用計算法

単鉄筋の場合（もしくは，複鉄筋であっても圧縮鉄筋を考えない場合），算定式は簡単な形となり，慣用計算法として多くの教科書に載っているので以下に紹介する．

まず，圧縮合力 $C' = \frac{1}{2}bx\sigma'_{cu}$ と引張合力 $T = \sigma_s A_s$ との距離（アーム長）を $z = jd$ とおく（圧縮鉄筋との区別は必要ないので，$A_{s1} \rightarrow A_s$，$p_1 \rightarrow p$，$d_1 \rightarrow d$ のように添字 1 は省略する）．j は 1 よりやや小さい係数であることは推察できるが（例えば，図 4-3），

コンクリート圧縮域を三角形分布（線形仮定による）とすると，

$$z \equiv jd = d - \frac{1}{3}x = d\left(1 - \frac{k}{3}\right) \longrightarrow j = 1 - \frac{k}{3} \tag{4.26}$$

のように求められる．

したがって，曲げモーメント M に対して，内力の抵抗を $M = C'z$ または $M = Tz$ のように書けるので，コンクリートおよび鉄筋の応力は次のように表すことができる．

$$\sigma'_{cu} = \frac{2M}{bxjd} = \frac{2}{kj} \cdot \frac{M}{bd^2} \tag{4.27}$$

$$\sigma_s = \frac{M}{A_s jd} = \frac{1}{pj} \cdot \frac{M}{bd^2} \tag{4.28}$$

これまでの多くの解説書には，近似値として $j = 7/8 \sim 8/9$ が推奨されているが，これを用いると中立軸位置の計算なしに直ちに鉄筋応力 σ_s を求めることができ便利である．ただし，これは $p \fallingdotseq 0.5 \sim 0.7\,\%$ の範囲（$n = 15$ のとき）であり，これより高配筋のとき，j 値は近似値より小さくなり，σ_s は大きくなるので注意が必要である．

ついでに，複鉄筋断面についても考えると，これはアーム長さについての係数 j を微調整すればよい．やや煩雑な展開が必要となるが，結果のみ示すと次のように表示できる．

$$\sigma'_{cu} = \frac{2}{kj'} \cdot \frac{M}{bd_1{}^2} \qquad \text{ただし，} j' = \frac{k^2\left(1 - \dfrac{k}{3}\right) + 2np_2(k-\gamma)(1-\gamma)}{k^2} \tag{4.29}$$

$$\sigma_{s1} = \frac{1}{p_1 j''} \cdot \frac{M}{bd_1{}^2} \qquad \text{ただし，} j'' = \frac{k^2\left(1 - \dfrac{k}{3}\right) + 2np_2(k-\gamma)(1-\gamma)}{k^2 + 2np_2(k-\gamma)} \tag{4.30}$$

ここでは圧縮・引張鉄筋の区別が必要なので，添字 1 と 2 を復活させた．$p_2 = 0$ とすると前出の単鉄筋の場合に戻るので確認されたい．

以上が従来からの慣用計算法として用いられてきたものである．これらは，$np \to k \to j$（あるいは，$np_1, np_2 \to k \to j', j''$）のように断面寸法や曲げモーメントの大きさとは無関係に計算することができるので，計算表やチャートとしてあらかじめ準備されていることが多い．

以上までの算定結果は「7 章　許容応力度設計法」で，再度用いられる．

One Point アドバイス

——ヤング係数比 n について——

コンクリートのヤング係数 E_c に対する鉄筋のヤング係数 E_s の比をヤング係数比と呼び，$n=E_s/E_c$ のように表される．鉄筋はコンクリートより断然硬いので，n は1より大きく10前後であることをまず知ってもらいたい．

鉄筋とコンクリートが同じ位置にあり，ひずみが同一であれば，両者の応力関係は $\sigma'_s=n\sigma'_c$ のように鉄筋には n 倍大きく応力が発生することになる（これは，もちろん鉄筋が硬いが故にである）．式(4.20)，(4.21) もそのように見るとわかりやすい．

ところで n の大きさであるが，例えば鉄筋は $E_s=200\ \mathrm{kN/mm^2}$ であり，コンクリートについては一般的な $E_c=35\ \mathrm{kN/mm^2}$ 程度を考えると，この場合 $n=5.7$ となる．一方，従来の許容応力度設計法では，$n=15$ が慣用的に使われてきた（7章で必要となる）．何故，このように差が出てくるのか．どのように使い分ければよいか．これは，後者の場合，断面算定の際用いられるので，コンクリートの塑性や時間的な低下（クリープ）を考慮する必要があり，小さく設定しなければならない．一方，通常の弾性解析（厳密にいえば，応力のあまり大きくない範囲での短期荷重）では，コンクリートのヤング係数（普通コンクリートでは $E_c=20\sim40\ \mathrm{kN/mm^2}$）をそのまま使うので，$n=6\sim10$ 程度になる．これは使用状態や疲労荷重時の応力算定にも用いられることになる．

ここで，①弾性解析の場合，②許容応力度法による場合についてのヤング係数比 n を，示方書[1],[2]のコンクリートのヤング係数をもとに要約し，付表 4-1 のように一覧したので確認されたい（鉄筋については，いずれも $E_s=200\ \mathrm{kN/mm^2}$ としている）．

付表 4-1　ヤング係数比 n のまとめ

目　的		①弾性解析（使用状態における応力算定，変形計算）								②許容応力度法による断面算定
コンクリートの特性	f'_{ck} (N/mm²)	18	24	30	40	50	60	70	80	—
	E_c (kN/mm²)	22	25	28	31	33	35	37	38	—
ヤング係数比 n		9.1	8.0	7.1	6.5	6.1	5.7	5.4	5.3	15

疲労設計に必要となる繰返し荷重の計算にも上記①弾性解析の場合の値を用い

ることができるが，現行示方書[1]によれば，このときのヤング係数は初期ヤング係数に近いので，上記 E_c の 10％ 増を推奨している．また，本節における式(4.18)～(4.21)の諸式を用いるとき，n が大きいほど σ'_{cu} が減少，σ_s が増加するので試算して確かめてもらいたい．

《例題 4.2》

① 下図のような複鉄筋長方形断面について，曲げモーメント M を受けたときの中立軸 x（または k），コンクリートの縁圧縮応力 σ'_{cu}，引張鉄筋の応力 σ_{s1}，圧縮鉄筋の応力 σ'_{s2} を求めよ．

② 圧縮鉄筋を省略した単鉄筋断面として，上記の数値を再度求めよ．

ただし，使用する断面諸元と材料強度は付表 4-2 を参考にして，各自選定せよ．

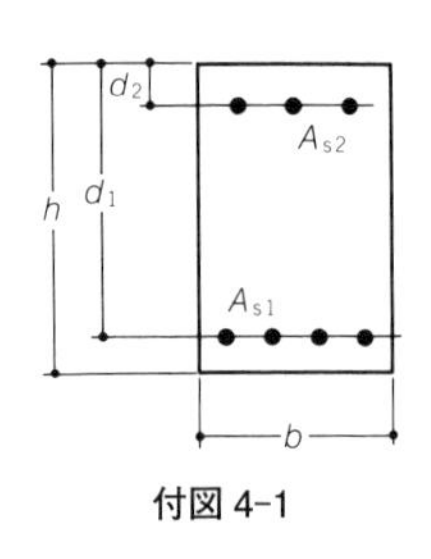

付図 4-1

付表 4-2

曲げモーメント	M	150～200 kN·m
断面寸法	幅 b d_1 d_2	280～320 mm $\}h=700$ mm として，各自で決定せよ
鉄筋量	A_{s1} A_{s2}	5D25，4D25，3D29 など $A_{s1}\times30$ ～60％ 程度
ヤング係数比	n	7，10，15 など
材料強度	f'_c f_y	25～35 N/mm^2 程度 SD295，SD345

ヤング係数比 n については，設計上付表 4-1 のようにするべきであるが，簡単のため上記のようにした．

【解答】

次の数値を採用し，これについての計算を行う．

・曲げモーメント：$M=180$ kNm

・断面諸元　　　：$b=300$ mm，$d_1=600$ mm，$d_2=50$ mm（かぶり＝50 mm とした）

$A_{s1}=$ 5D25，$A_{s2}=$ 3D19

・材料強度：ここではとくに必要としない．

①複鉄筋長方形断面の計算チャート：180 kNm に対する各材料の応答応力を求める（$n=15$ とする）

項　　目	参照箇所	計　　算
断面諸係数：		
引張鉄筋		$A_{s1}=5\cdot\text{D25}=2533\ \text{mm}^2\rightarrow p_1=0.01407,\ np_1=0.2111$
圧縮鉄筋		$A_{s2}=3\cdot\text{D19}=859\ \text{mm}^2\rightarrow p_2=0.00477,\ np_2=0.0716$ $\gamma=500/6000=1/12$
中立軸比	式(4.15)	$k=-(0.2111+0.0716)$ $+\sqrt{(0.2111+0.0716)^2+2(0.2111+0.0716/12)}$ $=-0.2827+\sqrt{0.5140}=0.434$
中立軸位置		$x=0.434\times600=260\ \text{mm}$
材料応力の算定：		
・圧縮コンクリート	式(4.19)	$\sigma'_{cu}=\dfrac{180\ \text{kN}\cdot\text{m}}{0.3\cdot0.6^2\ \text{m}^3}\cdot\dfrac{1}{0.1856+0.0530}$ $=6985\ \text{kN/m}^2=6.98\ \text{N/mm}^2$
・圧縮鉄筋	式(4.21)	$\sigma'_{s2}=\dfrac{0.434-1/12}{0.434}\cdot15\cdot6.98=84.5\ \text{N/mm}^2$
・引張鉄筋	式(4.20)	$\sigma_{s1}=\dfrac{1-0.434}{0.434}\cdot15\cdot6.98=136.3\ \text{N/mm}^2$
[別　解] 換算断面２次モーメント	式(4.24)	$I_i=0.3\cdot0.6^3\left\{\dfrac{1}{3}\cdot0.434^3+0.0716\left(0.434-\dfrac{1}{12}\right)^2+0.211(1-0.434)^2\right\}$ $=0.0648(0.0272+0.0088+0.0676)=6.71\times10^{-3}\ \text{m}^4$
		上記（　）の３項は，それぞれ圧縮コンクリート，圧縮鉄筋，引張鉄筋の I_i に対する寄与分の比率になっている．相対的な大小関係を確認せよ．
材料応力の算定：		
圧縮コンクリート	式(4.25)	$\sigma'_{cu}=\dfrac{180\ \text{kN}\cdot\text{m}}{6.71\times10^{-3}\ \text{m}^4}\cdot0.260\ \text{m}$ $=6970\ \text{kN/m}^2=6.97\ \text{N/mm}^2$
圧縮鉄筋	式(4.25)	$\sigma'_{s2}=\dfrac{15\cdot180\ \text{kN}\cdot\text{m}}{6.71\times10^{-3}\ \text{m}^4}(0.260-0.05)\ \text{m}$ $=84500\ \text{kN/m}^2=84.5\ \text{N/mm}^2$
引張鉄筋	式(4.25)	$\sigma_{s1}=\dfrac{15\cdot180\ \text{kN}\cdot\text{m}}{6.71\times10^{-3}\ \text{m}^4}\times(0.6-0.260)\ \text{m}$ $=136800\ \text{kN/m}^2=136.8\ \text{N/mm}^2$

②単鉄筋長方形断面の計算：$M=180\ \text{kN}\cdot\text{m}$ に対する各材料の応答応力を求める

項　　目	参照箇所	計　　算
断面諸係数：		
鉄 筋 比		$p=0.01407,\ np=0.2111$ 引張鉄筋のみを考える．添字１は用いる必要がない．
中立軸比	式(4.15)′	$k=-0.2111+\sqrt{(0.2111)^2+2\cdot0.2111}=0.4721$
材料応力：		
圧縮コンクリート	式(4.19)′	$\sigma'_{cu}=\dfrac{180\ \text{kN}\cdot\text{m}}{0.3\cdot0.6^2\ \text{m}^3}\cdot\dfrac{1}{\dfrac{0.4721}{2}\left(1-\dfrac{0.4721}{3}\right)}$ $=8379\ \text{kN/m}^2=8379\cdot10^3/10^6\ \text{N/mm}^2=8.38\ \text{N/mm}^2$

引　張　鉄　筋	式(4.21)′ $\sigma_s=\dfrac{1-0.4721}{0.4721}\cdot15\cdot8.38\ \mathrm{N/mm^2}=140.6\ \mathrm{N/mm^2}$ 上述の複鉄筋断面と比べると，圧縮コンクリートの応力 σ'_{cu} は 20％ 程度増加し，引張鉄筋の応力 σ_s については大きな差異はない．

・ヤング係数比を $n=7$ として再度計算し，$n=15$ の場合と比較せよ．

4-3　曲げ部材の終局耐力

曲げ部材の終局時においては，圧縮域のコンクリートは塑性化し，その応力分布は曲線状になるが，4-1-3 項で紹介した塑性解析（表 4-1 のⅢ）である等価矩形応力ブロックによる方法を，主として ACI 規準[3]に基づいて説明する．

4-3-1　単鉄筋長方形断面

（1）　等価矩形応力ブロック

まず，単鉄筋長方形断面について考え，その断面仮定およびひずみ分布と応力分布を図 4-4 に示した（記号については図 4-3 のとおりである）．等価矩形応力ブロックは，実際の放物線状の応力分布を力学的に等価となるように置き換えたもので，図 4-5 に示すとおりである．これは ACI 規準で用いられている方法で，圧縮域のコンクリートブロックに対する次のような 3 係数（β_1, k_2, k_3）によって特徴づけられる[3]．

β_1：コンクリートの最大応力（$k_3f'_c$）に対する平均応力の比．これにより矩形ブロックの面積が実際の放物線状分布の面積と等しくなる．すなわち，等価矩形応力ブロックの高さ a が，$a=\beta_1x$ のように定義される．

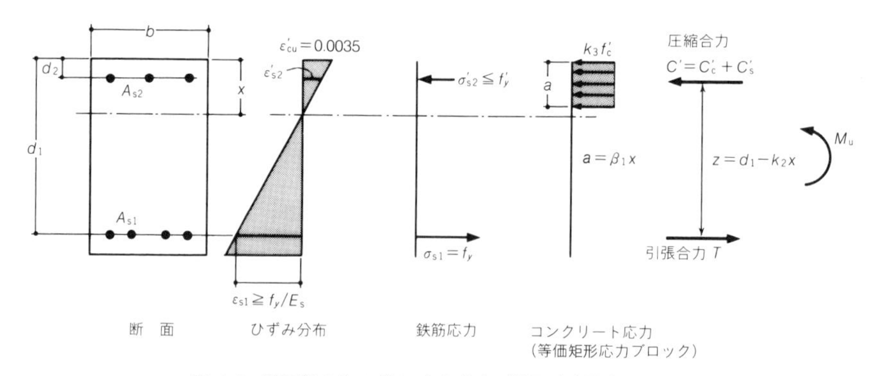

図 4-4　断面仮定とひずみ-応力分布（終局強度算定の場合）

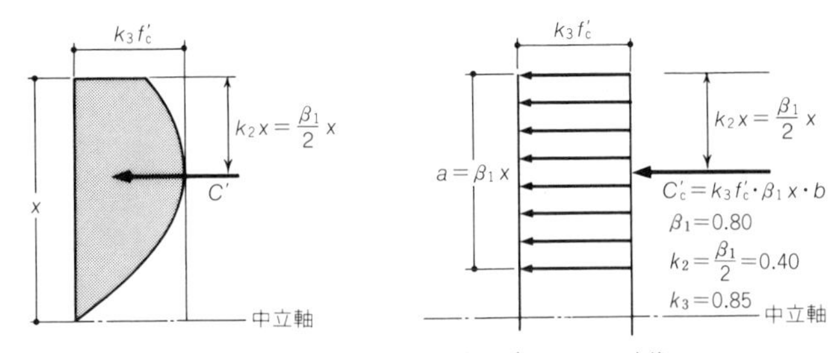

図 4-5　等価矩形応力ブロックの考え方

k_2：上縁から中立軸までの距離 x に対する圧縮合力までの距離の比

k_3：標準供試体の圧縮強度 f'_c に対するコンクリート最大応力の比

以上のような仮定を用いると耐力算定は極めて簡略化され，以下にその算定手順を示す．

（2）　釣合い鉄筋比

終局状態において，コンクリートの圧縮破壊と引張鉄筋の引張降伏が同時に発生して破壊することを釣合い破壊（balanced failure）といい，このときの鉄筋比を釣合い鉄筋比（これを p_b とする）と呼ぶ．これは破壊モードの判定に用いられ，靱性確保の立場から重要な考え方である（ただし，前項で求めた弾性解析で定式化した釣合い断面とは断面仮定が異なるので注意されたい）．

ここで釣合い断面に対する k と p を求めるが，材料の破壊については，コンクリートの圧壊に対して $\varepsilon'_{cu}=0.0025\sim0.0035$，鉄筋降伏は $\varepsilon_s=\varepsilon_y\equiv f_y/E_s$ のように定義される．したがって，釣合い破壊時の中立軸を $x_b=k_b d$ とおくと，ひずみ分布の直線性から下式を得る（図 4-6 参照）．

$$\frac{\varepsilon'_{cu}}{x_b}=\frac{\varepsilon_y}{d-x_b}\longrightarrow k_b\equiv\frac{x_b}{d}=\frac{\varepsilon'_{cu}}{\varepsilon'_{cu}+\varepsilon_y} \tag{4.31}$$

次にコンクリートおよび鉄筋についての合力を，

コンクリートの圧縮合力：　$C'_c=\beta_1 x_b\times b\times k_3 f'_c$　(4.32)

鉄筋の引張合力：　$T=A_s f_y$　(4.33)

のように求め，$C'_c=T$ のように等置させると

$$A_s f_y=\beta_1 k_3 f'_c x_b b=\beta_1 k_3 f'_c k_b d b \tag{4.34}$$

が得られる．このことから，釣合い鉄筋比は次のように表せる．

$$p_b\equiv\frac{A_s}{bd}=\beta_1 k_3\frac{\varepsilon'_{cu}}{\varepsilon'_{cu}+\varepsilon_y}\cdot\frac{f'_c}{f_y} \tag{4.35}$$

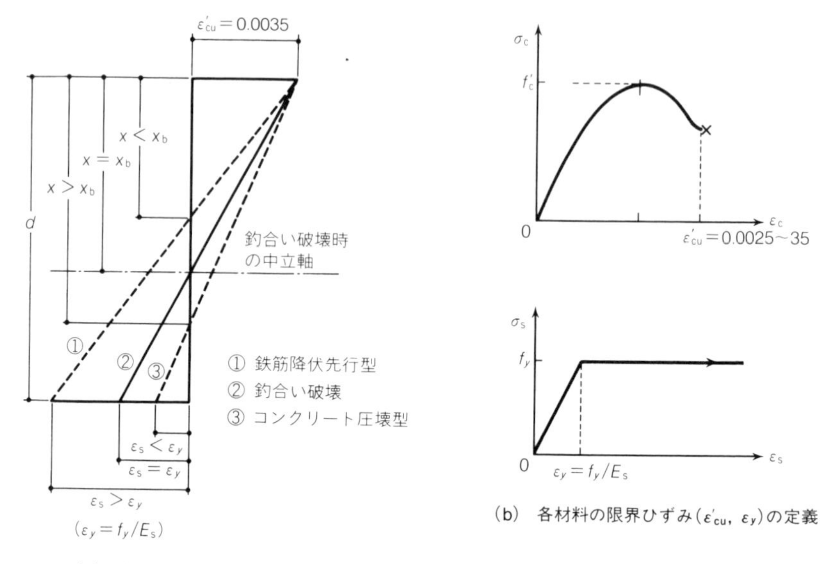

図 4-6　終局時のひずみ分布と材料の限界ひずみ

ここでは，釣合い断面の場合，下添字 b = balance を付している．

現行示方書[1]では $\beta_1 k_3$ を，$\alpha=0.88-0.004f'_c$ なる f'_c の関数として与えられる α に置き換えた式が与えられている．これに従えば，$f'_c=50$ N/mm^2 のとき $\alpha=0.68$，$f'_c=80$ N/mm^2 のとき $\alpha=0.56$ となる．ε'_{cu} は，$\varepsilon'_{cu}=0.0035$ ($f'_c \leqq 50$ kN/mm^2)，$\varepsilon'_{cu}=(155-f'_c)/30\times10^{-3}$ ($f'_c \geqq 50$ kN/mm^2) としている．

したがって，部材の鉄筋比が p_b より小さいときは，鉄筋の降伏がコンクリート圧壊に先行することになり，p_b より大きい場合，コンクリートの圧壊時には鉄筋が降伏ひずみに達しないことになる（これは図 4-6 (a) または後出の例題の付図 4-3 に示したひずみ分布を見るとわかりやすい）．

前者を under-reinforcement と呼び，後者のような過剰な鉄筋が配される場合を over-reinforcement（過鉄筋）と呼ぶ．過鉄筋状態の曲げ部材では，破壊が急速に進行し（脆性破壊），危険であるため，設計上避ける必要があることは前述のとおりである．これに対して通常の配筋状態では鉄筋降伏が先行することにより，十分な変形能を示すとともに安定的な破壊となる．これらをまとめると，

① $p < p_b$（under-reinforcement） ⟶ 鉄筋降伏先行型（設計上好ましい）
② $p = p_b$（balanced reinforcement） ⟶ 釣合い破壊
③ $p > p_b$（over-reinforcement） ⟶ コンクリート圧壊型（脆性破壊）
(4.36)

ここで大切なことは，材料特性で説明したように鉄筋はほぼ完全弾塑性であり，（降伏強度を維持したまま）十分な伸び能力があるのに対して，コンクリートはピーク応力後準脆性的に崩壊し，そのひずみ追随能力が制限される（例えば，$\varepsilon'_{cu} = 3.5 \times 10^{-3}$）（ここで再度図 4-6（b）を参照されたい）．したがって，under-reinforcement の場合，鉄筋の降伏が先行しても，その後曲げ抵抗がそれほど増大しないまでもコンクリートの圧縮破壊を安定的に迎えることができる．一方，over-reinforcement の場合，コンクリートの圧縮破壊が生じると，そのまま断面の崩壊につながり，鉄筋の引張降伏を待つことができない（over-reinforcement に対しては過鉄筋と訳されているが，under-reinforcement には適当な訳語がなく，強いて言えば控えめな鉄筋となろうか）．

（3） 終局曲げ耐力（under-reinforcement の場合）

鉄筋降伏先行型の場合，等価矩形応力ブロックを用いると容易に終局耐力を求めることができる．この場合は引張鉄筋が降伏し（$\sigma_s = f_y$），次いでコンクリートの圧縮縁が圧縮破壊（$\sigma'_{cu} = k_3 f'_c$）するので，このときの圧縮合力 C'_c と引張合力 T は，次のように表せる（図 4-4，4-5 参照）．

$$C'_c = (\beta_1 x \cdot b) \times k_3 f'_c \tag{4.37}$$

$$T = A_s \times f_y \tag{4.38}$$

（両式とも，“力＝面積×強度”の形になっていることを確認せよ．）

水平方向力の釣合い $C'_c = T$ から，

$$x = \frac{p f_y}{\beta_1 k_3 f'_c} d, \quad a \equiv \beta_1 x = 2k_2 x = \frac{k_2}{\beta_1 k_3} \cdot \frac{p f_y}{f'_c} 2d \tag{4.39}$$

したがって，断面の終局耐力は，$M_u = C'_c \times$(アームの長さ z)$= T \times$(アームの長さ z) から

$$M_u = \beta_1 k_3 b x f'_c \times (d - k_2 x) \tag{4.40a}$$

$$M_u = A_s f_y \times (d - k_2 x) = bd^2 \cdot p f_y \left(1 - \frac{a}{2d}\right) \tag{4.40b}$$

のように表されるので，上式いずれかから a を消去すると次式に至る．

$$M_u = bd^2 \cdot p f_y \left(1 - \frac{k_2}{\beta_1 k_3} \cdot \frac{p f_y}{f'_c}\right) \tag{4.41}$$

ここで，力学的鉄筋比（mechanical reinforcement ratio）ϕ を，

$$\phi = \frac{p f_y}{f'_c} \tag{4.42}$$

のように定義し，式(4.41)に代入すると次のような無次元量による終局曲げ耐力式を表すことができる．

$$\frac{M_u}{bd^2 f'_c} = \phi\left(1 - \frac{k_2}{\beta_1 k_3}\phi\right) \tag{4.43}$$

ここで，普通コンクリートの場合，各係数について，示方書での推奨値（$\beta_1=0.80$, $k_2=\beta_1/2=0.40$, $k_3=0.85$）を代入すると，

$$\frac{k_2}{\beta_1 k_3} = \frac{0.40}{0.80 \cdot 0.85} = \frac{1}{1.7}$$

となり，したがって次式のように整理できる．

$$M_u = bd^2 \cdot pf_y\left(1 - \frac{pf_y}{1.7 f'_c}\right) \tag{4.44a}$$

$$\frac{M_u}{bd^2 f'_c} = \phi\left(1 - \frac{\phi}{1.7}\right) \tag{4.44b}$$

上式は，鉄筋強度 pf_y に依存し，その 2 次式で表され，f'_c にはあまり関係しないことがわかる（後出の図 4-7 に説明している）．

（4） 終局曲げ耐力（over-reinforcement の場合）

この場合，引張鉄筋は降伏することなく断面が終局状態となるので，ε'_{cu} はそのままで，鉄筋の引張ひずみを $\varepsilon_s = \sigma_s/E_s (< f_y/E_s)$ のようにして，次式を得る．

$$k \equiv \frac{x}{d} = \frac{\varepsilon'_{cu}}{\varepsilon'_{cu} + \varepsilon_s} = \frac{\varepsilon'_{cu}}{\varepsilon'_{cu} + \dfrac{\sigma_s}{E_s}} \tag{4.45}$$

また，水平方向の釣合いについても，$C'_c = T$ から

$$\beta_1 k_3 x b f'_c = A_s \sigma_s \tag{4.46}$$

を求め，上記 2 式から未知数 σ_s を消去して，中立軸比 k に関する 2 次方程式を得る．すなわち，

$$k^2 + \zeta k - \zeta = 0, \qquad \text{ただし，} \zeta = \frac{pE_s \varepsilon'_{cu}}{\beta_1 k_3 f'_c} \tag{4.47}$$

を解けばよい．終局曲げ耐力については，$M_u = C'_c \times$ アーム長 z を用い，

$$\frac{M_u}{bd^2} = \beta_1 k_3 f'_c k(1 - k_2 k) = 0.68 f'_c k(1 - 0.4k) \tag{4.48}$$

が得られる．

したがって，今度は鉄筋比の増加で多少 k（または x）が変わるもののほとんど影響されず，終局耐力 M_u は主としてコンクリート強度 f'_c によって決まる．

これら両ケースの終局曲げ耐力を比較するため，図 4-7 に数値シミュレーションを示した．いずれも鉄筋比の増大とともに上昇するが，釣合い鉄筋比にて破壊モードが変わ

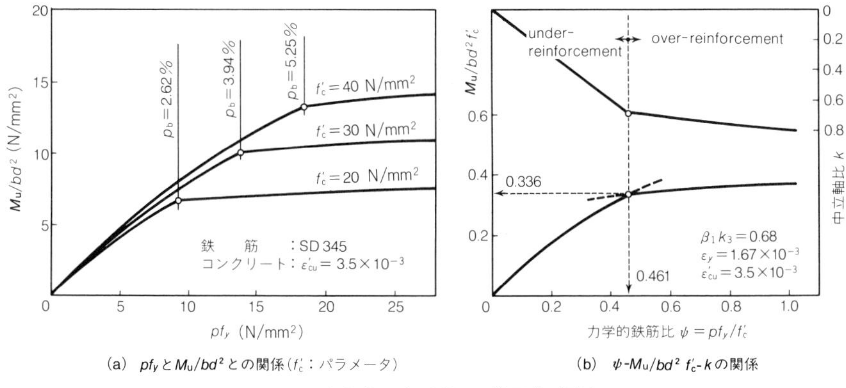

(a)　pf_yとM_u/bd^2との関係（f'_c：パラメータ）　　(b)　ψ-$M_u/bd^2f'_c$-kの関係

図 4-7　単鉄筋長方形断面の終局曲げ耐力

り，頭打ちとなっていることがわかる（ただし，図(a)では縦横両軸とも強度の単位(N/mm²)となっているのに対して，図(b)では無次元表示となっているので確認されたい）.

図(a)は，鉄筋降伏先行型の範囲では，終局曲げ耐力に与えるコンクリート強度の影響はわずかであるが，コンクリート圧壊型で顕著となる．図(b)は，無次元化した終局曲げ耐力と中立軸比 k の変化を示したもので，いずれも釣合い鉄筋比に対応する力学的鉄筋比 $\psi_b=0.461$ を遷移点としている（ただし，$\psi_b=p_bf_y/f'_c$）.

4-3-2　複鉄筋長方形断面

圧縮鉄筋と引張鉄筋の両方を配した複鉄筋断面は，正負の交番曲げモーメントが作用する場合（正曲げで引張鉄筋だったものは，負曲げでは圧縮鉄筋になる），または断面寸法（とくに有効高さ）に制限がある場合などに用いられる．このような設計上の理由のほかに，長期変形（クリープによるたわみの増加）を低減することができ，圧縮鉄筋を用いることの利点となっている.

また，配筋上の理由から圧縮鉄筋をもつ場合も少なくない．例えば，連続梁支点間の引張鉄筋は，そのまま引張区間で定着するよりも，反曲点を越えて延長し圧縮側で定着させることが多い．圧縮鉄筋を採用すると断面諸元（寸法や材料強度）の設計上の自由度は増すが，これにより著しく耐力が増加することはない．鉄筋の主役は引張鉄筋であり，正曲げのみ受ける場合，圧縮鉄筋量は通例，引張鉄筋量の半分程度である．また，引張/圧縮の両鉄筋を配筋する場合，スターラップでこれらを囲み，圧縮鉄筋の座屈を防止する必要がある.

以下，複鉄筋長方形断面の解析法について述べるが，基本的考え方は等価矩形応力ブロックを用いた前項の単鉄筋断面と同じであり，算定諸式を若干修正・追加するだけでよい．

（1） 圧縮鉄筋の降伏判定と釣合い鉄筋比

ここでは，まず中立軸位置を求めるとともに，ひずみの適合条件（ひずみの直線性）を用い，圧縮鉄筋が降伏しているかどうかの判定式を導く．

図 4-4 を参考にして水平方向の合力

$$C'=C'_{\mathrm{c}}+C'_{\mathrm{s}}=(\beta_1 x\cdot b)\times k_3 f'_{\mathrm{c}}+A_{\mathrm{s2}}f'_{\mathrm{y}} \tag{4.49}$$

が得られる．圧縮鉄筋の合力 C'_{s} は，降伏している場合 $C'_{\mathrm{s}}=A_{\mathrm{s2}}f'_{\mathrm{y}}$ で与えられ，そうでないとき $C'_{\mathrm{s}}=A_{\mathrm{s2}}\sigma'_{\mathrm{s2}}(\sigma'_{\mathrm{s2}}<f'_{\mathrm{y}})$ とし，ここではまず降伏しているときを考える．ここでは，添字 1（引張側），添字 2（圧縮）を再度用いる．$C'=T$ から中立軸比 k と等価矩形応力ブロックの高さ a を得る．すなわち，

$$k\equiv\frac{x}{d_1}=\frac{A_{\mathrm{s1}}f_{\mathrm{y}}-A_{\mathrm{s2}}f'_{\mathrm{y}}}{\beta_1 k_3 f'_{\mathrm{c}}bd_1}=\frac{p_1 f_{\mathrm{y}}-p_2 f'_{\mathrm{y}}}{\beta_1 k_3 f'_{\mathrm{c}}} \tag{4.50}$$

$$\frac{a}{d_1}=\beta_1 k=2k_2 k=2\frac{k_2}{\beta_1 k_3}\cdot\frac{p_1 f_{\mathrm{y}}-p_2 f'_{\mathrm{y}}}{f'_{\mathrm{c}}} \tag{4.51}$$

したがって，圧縮鉄筋のひずみ $\varepsilon'_{\mathrm{s2}}$ をひずみ分布の直線性から，

$$\varepsilon'_{\mathrm{s2}}=\frac{\varepsilon'_{\mathrm{cu}}(x-d_2)}{x}=\frac{\varepsilon'_{\mathrm{cu}}(k-\gamma)}{k} \tag{4.52}$$

のように求め，k を代入すると次式に至る．ただし，$\gamma=d_2/d_1$ としていることを再記する．

$$\varepsilon'_{\mathrm{s2}}=\varepsilon'_{\mathrm{cu}}\left(1-\frac{\beta_1 k_3\gamma f'_{\mathrm{c}}}{p_1 f_{\mathrm{y}}-p_2 f'_{\mathrm{y}}}\right) \tag{4.53}$$

これが，鉄筋の降伏ひずみと比べて等しいか大きければ圧縮鉄筋は降伏している．すなわち，$\varepsilon'_{\mathrm{s2}}\geqq f'_{\mathrm{y}}/E_{\mathrm{s}}$ から鉄筋比について整理すると

$$p_1-p_2\frac{f'_{\mathrm{y}}}{f_{\mathrm{y}}}\geqq\frac{\beta_1 k_3\gamma f'_{\mathrm{c}}}{f_{\mathrm{y}}}\cdot\frac{\varepsilon'_{\mathrm{cu}}}{\varepsilon'_{\mathrm{cu}}-f'_{\mathrm{y}}/E_{\mathrm{s}}} \tag{4.54}$$

なる判別式が得られ，これを満足していれば圧縮鉄筋は降伏していることになる．ここで $f'_{\mathrm{y}}=f_{\mathrm{y}}$ とし，諸係数（$\beta_1 k_3=0.80\times0.85$，$\varepsilon'_{\mathrm{cu}}=3.5\times10^{-3}$，$E_{\mathrm{s}}=200\,\mathrm{kN/mm^2}$ など）を代入すると，

$$p_1-p_2\geqq\frac{0.68\gamma f'_{\mathrm{c}}}{f_{\mathrm{y}}}\cdot\frac{700}{700-f_{\mathrm{y}}} \tag{4.55}$$

が得られる．

圧縮鉄筋が降伏しない場合，その圧縮応力 σ'_{s2} を求める必要があり，これは $\sigma'_{\mathrm{s2}}=E_{\mathrm{s}}\varepsilon'_{\mathrm{s2}}$ に式(4.53)を代入すれば求められる．すなわち

$$\sigma'_{s2}=E_s\varepsilon'_{cu}\left(1-\frac{\beta_1k_3\gamma f'_c}{p_1f_y-p_2f'_y}\right) \tag{4.56}$$

厳密には，右辺の f'_y を σ'_{s2} に置き換えるため，繰返し計算が必要である．

ここで，再度各材料の効果を考えると，p_1 が大きいほど，p_2 が小さいほど，f'_c が小さいほど中立軸は下がり，圧縮鉄筋応力は増加し圧縮降伏しやすくなるが，これは上式からも判断できる．

[釣合い鉄筋比 $\bar{p}_b$]

ここで釣合い破壊時の鉄筋比 $\bar{p}_b$（引張鉄筋比）を考えると，次式のように表せる．

$$\bar{p}_b=\frac{\beta_1k_3f'_c}{f_y}\cdot\frac{\varepsilon'_{cu}}{\varepsilon'_{cu}+f_y/E_s}+p_2\frac{f'_y}{f_y}=p_b+p_2\frac{f'_y}{f_y} \tag{4.57}$$

ここで，p_b は単鉄筋断面の釣合い鉄筋比で，式(4.35)で定義したとおりである．また，圧縮鉄筋が降伏していない場合，式(4.57)の代わりに

$$\bar{p}_b=p_b+p_2\frac{\sigma'_{s2}}{f_y} \tag{4.58}$$

となる．これら2式の導出過程は省略したが，複鉄筋断面の諸式は，単鉄筋の場合の pf_y に $p_1f_y-p_2f'_y$ を置き換えればよく，例えば式(4.31)～(4.35)の展開から類推できる．

引張・圧縮両鉄筋の降伏判定についてまとめると，次のように整理できる（ただし，簡単のため $f'_y=f_y$ としている）．

$$p^*<p_1-p_2<p_b \tag{4.59}$$

ただし，$p^*=\dfrac{\beta_1k_3\gamma f'_c}{f_y}\cdot\dfrac{\varepsilon'_{cu}}{\varepsilon'_{cu}-f_y/E_s}=\dfrac{0.68\gamma f'_c}{f_y}\cdot\dfrac{700}{700-f_y}$

$$p_b=\frac{\beta_1k_3f'_c}{f_y}\cdot\frac{\varepsilon'_{cu}}{\varepsilon'_{cu}+f_y/E_s}=\frac{0.68f'_c}{f_y}\cdot\frac{700}{700+f_y}$$

このように，引張鉄筋と圧縮鉄筋の差によって中立軸位置が定まるとともに，両鉄筋の降伏状況が決定し，これは複鉄筋断面の基本的なメカニズムである．例題4.3の解答にわかりやすい図解を示したので参照されたい．ただし，引張鉄筋が降伏する（破壊モードが鉄筋降伏先行型である）ことは必須条件であり，そのように設計されなければならないが，圧縮鉄筋については必ずしも降伏する必要はなく，設計を簡略化し，単鉄筋断面としても大きな違いはない．

（2）　終局曲げ耐力

複鉄筋断面の終局曲げ耐力は，図4-8のように2つの断面に分けて考えるとわかりやすい．すなわち，

断面Ⅰ：圧縮コンクリート C'_c＋引張鉄筋 $T_{s1}=(A_{s1}-A_{s2})f_y$

断面Ⅱ：圧縮鉄筋 $C'_s=A_{s2}f_y$＋引張鉄筋 $T_{s2}=A_{s2}f_y$

ここでは，$f'_y=f_y$ として簡略化する．断面Ⅰは $A_s=A_{s1}-A_{s2}$ の鉄筋量を有する単鉄筋

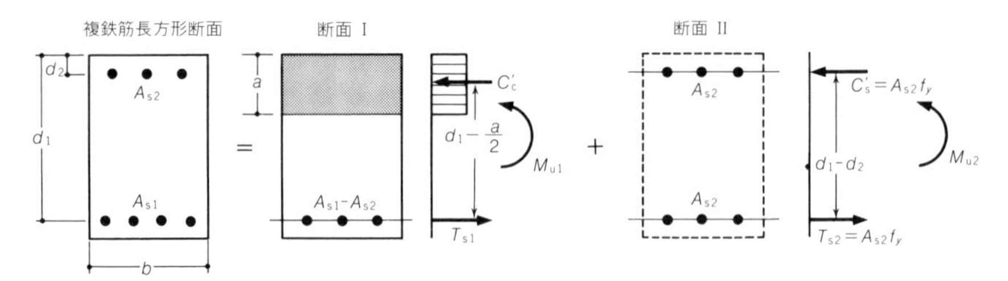

図 4-8　複鉄筋長方形断面の終局曲げ耐力の計算法

断面であり，断面IIは鉄筋のみの断面で，$A_{s2}f_y$ を偶力とする抵抗モーメントとなる．

断面 I の曲げ耐力 M_{u1} は，前項の式(4.40)に対し，$A_s \to A_{s1}-A_{s2}$（厳密には，$A_{s1}-A_{s2}f_y'/f_y$）と置き換えて，

$$M_{u1}=(A_{s1}-A_{s2})f_y\left(d_1-\frac{a}{2}\right) \tag{4.60a}$$

または，

$$\frac{M_{u1}}{bd_1{}^2}=(p_1-p_2)f_y\left(1-\frac{a}{2d_1}\right) \tag{4.60b}$$

ただし，$a=\dfrac{k_2}{\beta_1 k_3}\cdot\dfrac{(p_1-p_2)f_y}{f_c'}2d_1$

のように表せる．一方，断面IIについては，$M_{u2}=C_s'\times$ アーム長さから

$$M_{u2}=A_{s2}f_y(d_1-d_2) \tag{4.61a}$$

または，

$$\frac{M_{u2}}{bd_1{}^2}=p_2f_y(1-\gamma) \tag{4.61b}$$

のように表せる．したがって，終局耐力 M_u は両断面を合算し，次式のようになる．

$$M_u=M_{u1}+M_{u2}=(A_{s1}-A_{s2})f_y\left(d_1-\frac{a}{2}\right)+A_{s2}f_y(d_1-d_2) \tag{4.62a}$$

上式は，また，

$$M_u=A_{s1}f_y\left(d_1-\frac{a}{2}\right)+A_{s2}f_y\left(\frac{a}{2}-d_2\right) \tag{4.62b}$$

のように書き換えることができ，これはコンクリートの圧縮合力点まわりに関する抵抗モーメントの和として表されていることがわかる．

さらに，無次元表示とするため，

$$\psi_1=\frac{p_1f_y}{f_c'},\quad \psi_2=\frac{p_2f_y'}{f_c'},\quad \psi_0=\frac{(p_1-p_2)f_y}{f_c'}=\psi_1-\psi_2 \tag{4.63}$$

のように引張・圧縮の両鉄筋に対する力学的鉄筋比を定義し，式(4.62)を用いると，

$$\frac{M_u}{bd_1{}^2 f'_c} = \phi_1\left(1 - \frac{\phi_0}{1.7}\right) + \phi_2\left(\frac{\phi_0}{1.7} - \gamma\right) \tag{4.64}$$

のように表現でき，式(4.44)に対応している（上式では，再度 $k_2/\beta_1 k_3 = 1/1.7$ を代入している）．

《例題 4.3》

例題 4.2 で設定した断面諸元と材料条件を再度用いて，終局曲げ耐力を算定せよ．

ヒント：まず，破壊モードおよび圧縮鉄筋の降伏判定を行う．終局曲げ耐力は，等価矩形応力ブロックを用いるとよい．

【解答】

終局曲げ耐力の算定チャート：複鉄筋長方形断面の場合		
項　目	参照箇所	計　算
断面諸元の確認：		
鉄 筋 比	例題 4.2	$p_1 = 0.01407$，$p_2 = 0.00477$
材料強度	付表 4-2 より選択	コンクリート：$f'_c = 27\ \text{N/mm}^2$ 鉄筋 SD345 : $f_y = f'_y = 345\ \text{N/mm}^2$ 鉄筋のヤング係数　$E_c = 200\ \text{kN/mm}^2$ （ここでは，ヤング係数比 n を必要としない．）
等価応力ブロックの３係数	図 4-5	$\beta_1 = 0.80$，$k_2 = 0.40$，$k_3 = 0.85 \rightarrow \beta_1 k_3 = 0.68$
釣合い鉄筋比 $\bar{p}_b$ と破壊モード：		
引張鉄筋の降伏判定	式(4.35)	$p_b = \dfrac{0.68 \cdot 27}{345} \times \dfrac{0.0035}{0.0035 + 345/200 \times 10^3} = 0.0356$
	式(4.57)	$\bar{p}_b = p_b + p_2 = 0.0404$　$\therefore p_1 < \bar{p}_b = p_b + p_2$（引張）鉄筋降伏先行型 ちなみに，$k_b = \dfrac{0.0035}{0.0035 + 345/200 \times 10^3}$ $= 0.670 \rightarrow x_b = 0.670 \times 600 = 402\ \text{mm}$
圧縮鉄筋の降伏判定	式(4.59)	$p^* = \dfrac{0.68 \times 1/12 \times 27}{345} \times \dfrac{0.0035}{0.0035 - 345/200 \times 10^3}$ $= 0.00443 \times 1.97 = 0.00874$ $\therefore p_1 - p_2 = 0.01407 - 0.00477 = 0.00930 > p^* = 0.00874$ 圧縮鉄筋降伏
終局曲げ耐力の算定：		
	式(4.60b)	$a = \dfrac{0.00930 \times 345}{0.85 \times 27} \times 600 = 83.88\ \text{mm}$，$\dfrac{a}{d_1} = 0.140$ （$2k_2/\beta_1 k_3 = 1/0.85$ としている）
M_{u1} の計算	式(4.60b)	$\dfrac{M_{u1}}{bd_1^2 f_y} = 0.00930 \times \left(1 - \dfrac{0.140}{2}\right) = 8.65 \times 10^{-3}$
M_{u2} の計算	式(4.61)	$\dfrac{M_{u2}}{bd_1^2 f_y} = 0.00477 \times \left(1 - \dfrac{1}{12}\right) = 4.37 \times 10^{-3}$
$M_u = M_{u1} + M_{u2}$	式(4.62)	$\therefore\ M_u = (0.3 \cdot 0.6^2 \cdot 345 \times 10^6\ \text{N·m})$ $\times (8.65 + 4.37) \times 10^{-3}$ $= 4.85 \times 10^5\ \text{N·m} = 485\ \text{kN·m}$

[別　解]		
・力学的鉄筋比	式(4.63)	$\phi_1=0.01407\cdot345/27=0.1798$ $\phi_2=0.00477\cdot345/27=0.0610$ $\phi_0=\phi_1-\phi_2=0.1189$
・終局曲げ耐力	式(4.64)	$\dfrac{M_u}{bd_1^2f'_c}=0.1798\left(1-\dfrac{0.1189}{1.7}\right)+0.0610\left(\dfrac{0.1189}{1.7}-\dfrac{1}{12}\right)$ $=0.1672+(-0.00082)=0.1664$ $\therefore\ M_u=0.1664\times(0.3\cdot0.6^2\ \mathrm{m^3})\times(27\times10^6\ \mathrm{N/m^2})$ $=4.85\times10^5\ \mathrm{N\cdot m}=485\ \mathrm{kN\cdot m}$

終局曲げ耐力の計算チャート：単鉄筋長方形断面の場合		
項　　目	参照箇所	計　　算
・圧縮鉄筋を無視（$\boldsymbol{p_2=0}$）した場合：		
	式(4.39)	$\dfrac{a}{2d_1}=\dfrac{0.01407\cdot345}{2\cdot0.85\cdot27}=0.1058$
	式(4.40b)	$\therefore\ M_u=0.3\cdot0.6^2\ \mathrm{m^3}\cdot0.01407\cdot345\times10^6\ \mathrm{N/m^2}(1-0.1058)$ $=469\times10^3\ \mathrm{N\cdot m}$ $=469\ \mathrm{kN\cdot m}$
	式(4.42)	$\phi=0.01407\times345/27=0.180$
	式(4.44)	$\therefore\ M_u=(0.3\cdot0.6^2\cdot27\times10^6)\times0.180\left(1-\dfrac{0.180}{1.7}\right)$ $=(2.92\times10^6)\cdot0.161\ \mathrm{N\cdot m}=469\ \mathrm{kN\cdot m}$

複鉄筋断面の耐力（$M_u=485$ kN·m）と圧縮鉄筋を無視した場合の耐力（$M_u=469$ kN·m）との差はわずかであり，これは圧縮鉄筋量があまり多くないことにもよるが，主役は引張鉄筋であることを示唆するものである．

一方，圧縮鉄筋をさらに増加させても，今度は圧縮鉄筋が降伏に至らず，その効果が必ずしも十分に発揮されない（本例題の場合，$p_2=0.01407-0.00874=0.00533\fallingdotseq0.6$ % より多くなると，圧縮鉄筋は降伏しない）．

4-3-3　T 形 断 面

(1)　フランジの有効幅

T 形梁，I 形梁，箱桁梁などの断面は，T 形断面として取り扱う必要がある．これらは腹部（web）に比べて広幅の突縁（flange）を持つことが特徴で，合理的な断面として多用されている．曲げ部材の場合，圧縮突縁がとくに重要となるが，突縁全幅が一様に抵抗することはなく，中心線から離れるに従って圧縮応力は減少する（図 4-9(a)）．設計上は通例，有効幅 b_e（effective flange width）を設定し，b_e 全幅に対して一様に圧縮応力が作用すると仮定し，長方形断面に対して用いた等価矩形応力ブロックを適用している（図 4-9(b)）．

標準示方書[1]（図 4-9(c)）では，次式のような圧縮突縁の有効幅 b_e を与えている．

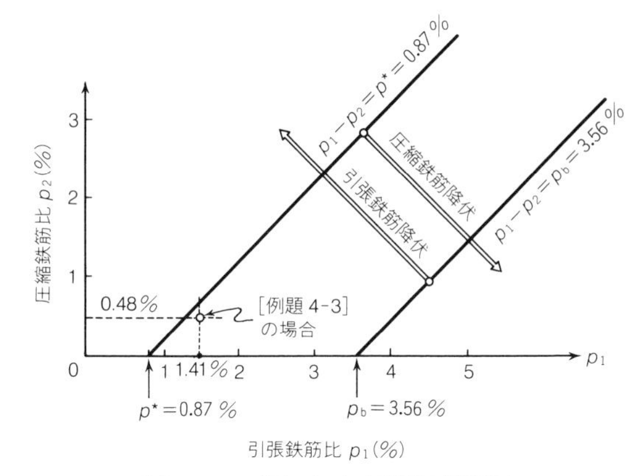

(a) p_1~p_2 グラフ上での両鉄筋の降伏判定

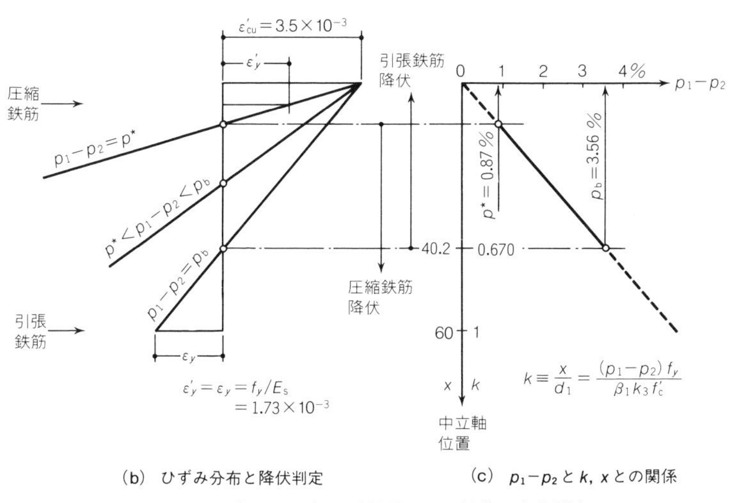

(b) ひずみ分布と降伏判定　　(c) p_1-p_2 と k, x との関係

付図 4-2　[例題 4.3] の計算結果と両鉄筋の降伏判定

(i) 両側にスラブがある場合：

$$b_e=b_w+2\left(b_s+\frac{l}{8}\right) \tag{4.65a}$$

(ただし，b_e は両側のスラブの中心線間の距離 b_0 を超えてはならない)

(ii) 片側にスラブがある場合：

$$b_e=b_1+b_s+\frac{l}{8} \tag{4.65b}$$

(ただし，b_e はスラブの純スパンの 1/2 に b_1 を加えたものを超えてはならない)

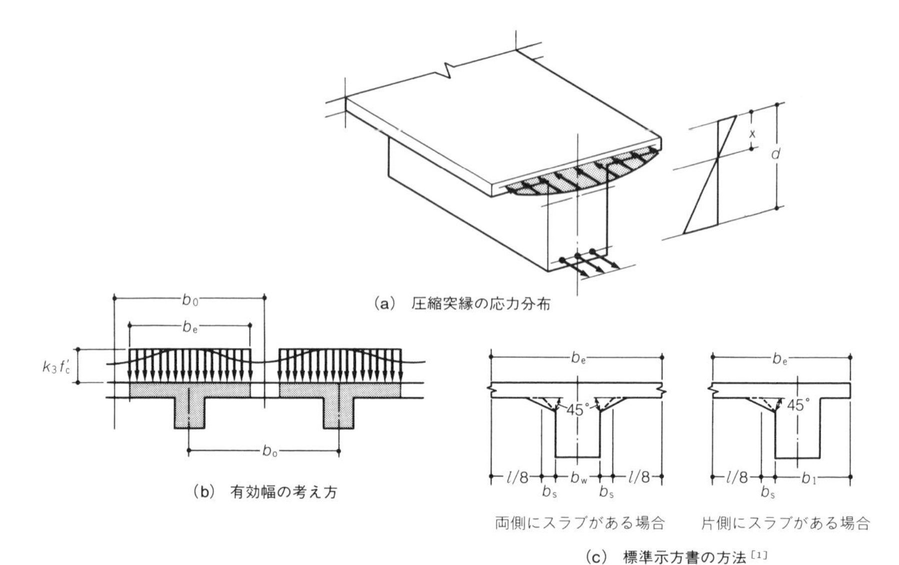

図 4-9　T 形梁圧縮突縁の有効幅

（2）　終局曲げ耐力

まず，中立軸 x（式(4.39)）を算出し，これが突縁の厚さ t より小さければ（図 4-10(a)），これは長方形断面として計算することができ，前出の諸式をそのまま適用できる（なぜならば，中立軸以下のコンクリートは無視するので，その形状は無関係となる）．一方，$x>t$ の場合，これは名実ともに T 形断面となり，通例，以下の計算法が用いられる．

図 4-10(b)のように，断面 I（圧縮突縁の突出部と鉄筋 A_{sf} による抵抗断面）と断面 II（腹部による長方形断面と鉄筋 A_s-A_{sf} による抵抗断面）に分けて考える．A_{sf} は，圧縮域のコンクリート $(b_e-b_w)t$ と釣合うように，

$$A_{sf}f_y=k_3f'_c(b_e-b_w)t \quad \therefore \quad A_{sf}=\frac{k_3f'_c(b_e-b_w)t}{f_y} \tag{4.66}$$

として求めるものとする．したがって断面 I の終局曲げ耐力 M_{u1} は，

$$断面\,\mathrm{I}：\quad M_{u1}=A_{sf}f_y\left(d-\frac{t}{2}\right) \tag{4.67}$$

のように表される．残りの断面 II の終局曲げ耐力 M_{u2} は，

$$断面\,\mathrm{II}：\quad M_{u2}=(A_s-A_{sf})f_y\left(d-\frac{a}{2}\right) \tag{4.68}$$

のように示すことができ，等価矩形応力ブロックの高さ a は，

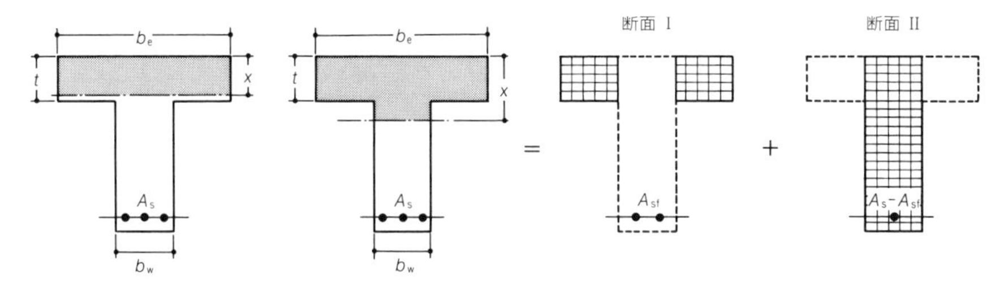

図 4-10　T形断面の考え方と終局曲げ耐力の計算方法

$$a=\frac{(A_s-A_{sf})f_y}{k_3f'_cb_w} \tag{4.69}$$

で与えられる．したがって，全体の終局耐力は，両者を合算して得られる．すなわち，

$$M_u=M_{u1}+M_{u2} \tag{4.70}$$

（3）　釣合い鉄筋比

一方，T形断面の釣合い鉄筋比 p_{Tb} は，前項までと同様の主旨（水平方向の釣合い）によって求めることができ，次式で表される．

$$p_{Tb}=p_b+p_f \tag{4.71}$$

ここで，$p_b=\beta_1k_3\dfrac{\varepsilon'_{cu}}{\varepsilon'_{cu}+\varepsilon_y}\cdot\dfrac{f'_c}{f_y}$（式(4.35)と同じ），$p_f=\dfrac{A_{sf}}{b_wd}$

ただし，T形断面では，鉄筋比＝鉄筋断面積/b_wd のように考える．

4-4　コンクリート標準示方書による設計法

次に，土木学会コンクリート標準示方書[1]に基づく計算法を考える．まず，設計断面耐力の算定仮定は，次のように記されている．

（i）　維ひずみは，断面の中立軸からの距離に比例する．

（ii）　コンクリートの引張応力は無視する．

（iii）　コンクリートの応力-ひずみ曲線は，図 4-11 を原則とする．

（iv）　鋼材の応力-ひずみ曲線は，図 4-12 を原則とする．

また，(iii)の代わりに等価矩形応力ブロックを用いてもよく，普通コンクリートのときの諸係数は $\beta_1=0.8$，$k_3=0.85$ であり，コンクリートの終局ひずみは $\varepsilon'_{cu}=3.5\times10^{-3}$ である．なお，コンクリート強度の低減係数 k_3 については，現行示方書[1]では k_1 が用いられ，$k_1=1-0.003f'_{ck}\leqq0.85$ として与えられている．これは $f'_{ck}\leqq50\ \mathrm{N/mm^2}$ のときは

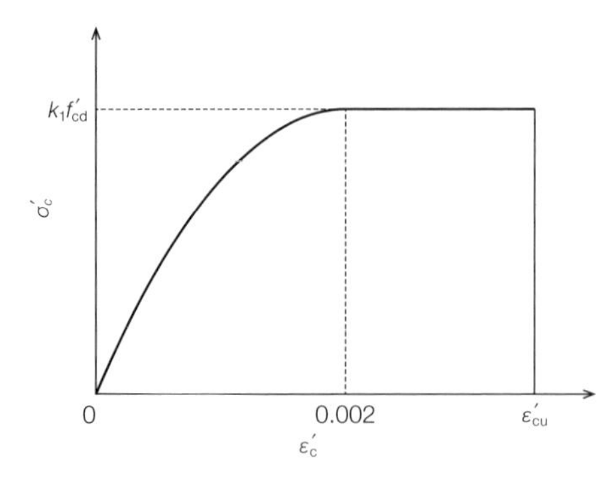

$k_1 = 1 - 0.003 f'_{ck} \leqq 0.85$

$\varepsilon'_{cu} = \dfrac{155 - f'_{ck}}{30 \times 10^3} \qquad 0.0025 \leqq \varepsilon'_{cu} \leqq 0.0035$

ここで，f'_{ck} の単位は $\mathrm{N/mm^2}$

曲線部の応力—ひずみ式

$\sigma'_c = k_1 f'_{cd} \times \dfrac{\varepsilon'_c}{0.002} \times \left(2 - \dfrac{\varepsilon'_c}{0.002}\right)$

図 4.11　コンクリートの応力-ひずみ曲線

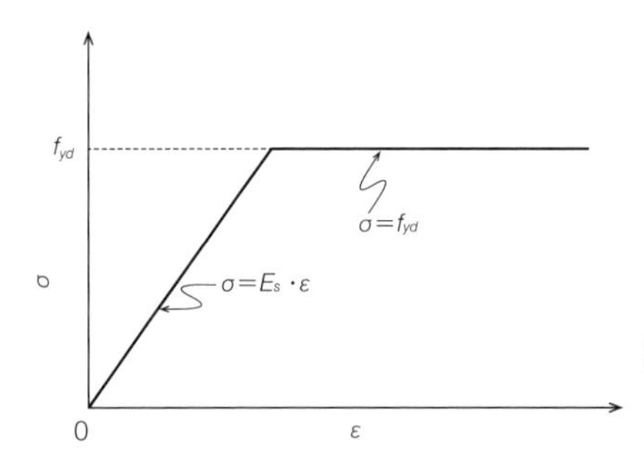

図 4.12　鉄筋および構造用鋼材の応力-ひずみ曲線

$k_1 = 0.85$，$f'_{ck} \geqq 50\ \mathrm{N/mm^2}$ のときは上式で低減することを意味する．ここでは，等価矩形応力ブロックによる方法を用いるので，基本的に前項で学習した算定諸式がそのまま使える．ただし，安全係数を組込む必要があり，ここでは材料係数 γ_c（コンクリート），γ_s（鉄筋），部材係数 γ_b を設定しなければならない．例えば複鉄筋長方形断面の場合（式(4.62)），設計断面耐力 M_{ud} は次のように書き換えられる．

$$M_{ud} = \left\{(A_{s1} - A_{s2}) f_{yd}\left(d_1 - \frac{a}{2}\right) + A_{s2} f_{yd}(d_1 - d_2)\right\} / \gamma_b \tag{4.72a}$$

$$\frac{M_{ud}}{b{d_1}^2} = \left\{(p_1 - p_2) f_{yd}\left(1 - \frac{a}{2d_1}\right) + p_2 f_{yd}(1 - \gamma)\right\} / \gamma_b \tag{4.72b}$$

ただし，材料強度については $f_{yd} = f_{yk}/\gamma_s$，$f'_{cd} = f'_{ck}/\gamma_c$（式(3.4)参照）のように特性値（添字 k）から設計用値（添字 d）に変換されている（前項までの諸式は，公称値もしくは特性値を材料強度として用い，f'_c, f_y のように記していたと理解してもらいたい）．

[最大鉄筋比と最小鉄筋比]

鉄筋コンクリート断面の健全な曲げ破壊を確保するため，鉄筋量に対する最大値（最

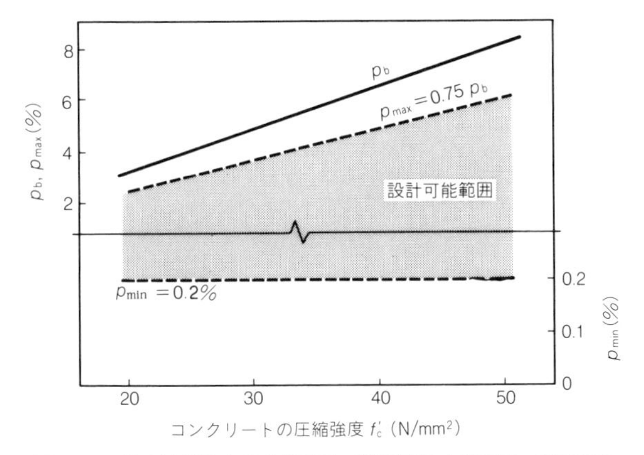

図 4-13　最大鉄筋比と最小鉄筋比（単鉄筋長方形断面，SD295）

大鉄筋比 p_{max}）と最小値（最小鉄筋比 p_{min}）の制限がある．

・**最大鉄筋比**：断面の破壊モードが鉄筋降伏先行型となるようにするには，引張鉄筋比を釣合い鉄筋比 p_b 以下に抑えることである．標準示方書および ACI 規準ではさらに余裕をもたせるため，上限値を p_b の 75％としている．すなわち

$$\left.\begin{array}{l}\cdot\text{単　鉄　筋}: p<0.75p_b \\ \cdot\text{複　鉄　筋}: p_1-p_2<0.75p_b \\ \cdot\text{T 形 断 面}: p_w<0.75(p_b+p_f)\end{array}\right\} \tag{4.73}$$

のように規定される．

・**最小鉄筋比**：鉄筋量があまり少ないと，今度は曲げ引張ひび割れ発生と同時に引張鉄筋が降伏し，鉄筋コンクリート本来の抵抗機構が成立しない．このような観点から最小鉄筋比が規定され，現行標準示方書では長方形断面で 0.2％，T 形断面で 0.3％となっている．

以上のように表される最大鉄筋比と最小鉄筋比を試算してみたい．図 4-13 は，釣合い鉄筋比およびこれらに対応する標準示方書による規定を示したものである．示方書の規定（点線）は，理論的な制限値（実線）より安全側をとっていることがわかる．

《例題 4.4》

例題 4.2，例題 4.3 で用いた断面諸元と材料条件をもとに，適当な安全係数を設定して，設計断面耐力 M_{ud} を計算せよ．また，既に得られた M_u を M_{ud} と比較せよ．

ヒント：各種安全係数については，第 3 章表 3-4 などを参考にして，材料係数 $\gamma_c=1.3$，$\gamma_s=1.05$，部材係数 $\gamma_b=1.15$ を用いることにする．諸条件については，例題 4.3 を参照せよ．

【解答】

設計断面耐力 M_{ud} の算定チャート：安全係数の導入		
項　目	参照箇所	計　算
用いる安全係数の値：	表 3-6	材料係数：$\gamma_c=1.3$,　$\gamma_s=1.05$ 部材係数：$\gamma_b=1.15$
・材料の設計強度の算出：	式(3.4)	$f'_{cd}=27/1.3=20.8\ \mathrm{N/mm^2}$ $f_{yd}=f'_{yd}=345/1.05=329\ \mathrm{N/mm^2}$
・最大鉄筋比と最小鉄筋比のチェック：	式(4.59)	$p_b=\dfrac{0.68\cdot 20.8}{329}\cdot\dfrac{0.0035}{0.0035+329/200\times 10^3}=0.0292\quad(\beta_1 k_3=0.68)$
	式(4.73)	$p_1-p_2=0.00930<0.75p_b=0.0219$　(O.K.) $p_1=0.01407>0.002$　(O.K.)
・設計断面耐力の算出：		$\dfrac{a}{2d_1}=\dfrac{(0.01407-0.00477)\times 329}{1.7\times 20.8}=0.0865$
	式(4.72)	$\dfrac{M_{ud}}{bd_1^2}=\left\{0.00930\cdot 329\cdot(1-0.0865)+0.00477\cdot 329\left(1-\dfrac{1}{12}\right)\right\}\Big/1.15$ $=(2.795+1.438)/1.15=3.68\ \mathrm{N/mm^2}$ $\therefore\ M_{ud}=(3.68\times 10^6\ \mathrm{N/m^2})\times(0.3\cdot 0.6^2\ \mathrm{m^3})$ $=397\ \mathrm{kN\cdot m}$

ここで，例題 4.3 で得られた終局曲げ耐力 M_u と比べると，

$$\frac{M_{ud}}{M_u}=\frac{397}{485}=0.82$$

となり，$\gamma_c, \gamma_s, \gamma_b$ の安全係数によって，終局曲げ耐力が約 20％ 減ぜられ，設計用値となっていることがわかる．

《例題 4.5》　例題 4.1～4.4 で設定した部材（単位重量 24 kN/m^3 とする）を梁部材とする有効スパン長 10 m の単純梁を考える．これに死荷重 w_p および変動作用 $w_r=16$ kN/m が鉛直下向きにかつ等分布に作用するとき，断面破壊に対する安全性の照査を行え．死荷重および変動作用の作用係数は $\gamma_{fp}=1.1$，$\gamma_{fr}=1.15$，照査に関する構造物係数は $\gamma_i=1.1$ とせよ．

ヒント　照査式(3.5)を用いるにあたり，設計断面力 S_d は設計曲げモーメント M_d，設計断面耐力 R_d は先の例題で計算した M_{ud} とする．設計曲げモーメント M_d を求めるさいには，曲げモーメントが最大となるスパン中央におけるものとする．

断面破壊に対する照査の計算チャート

項　目	参照箇所	計　算
(a)　単純梁： 付図 4-1 のとおり	例題 4.2	諸条件： 部材単位重量 $=24\ \mathrm{kN/m^3}$ 部材断面積 $=b\times h=0.3\times0.7=0.21\ \mathrm{m^2}$ スパン長 $L=10$ m $w_r=16$ kN/m　$L=10$ m 付図 4-1
(b)　永続作用＋変動作用 永続作用（死荷重）w_p 設計作用 w		$w_p=$ 部材単位重量 × 部材断面積 $=24\ \mathrm{kN/m^3}\times0.21\ \mathrm{m^2}=5.04\ \mathrm{kN/m}$ $w=\gamma_{fp}w_p+\gamma_{fr}w_r=1.1\times5.04+1.15\times16=23.944\ \mathrm{kN/m}$
(c)　設計曲げモーメント M_d		曲げを受ける部材の照査は，曲げモーメントが最大となる断面で行う．この例題の場合，支点中央部でモーメントが最大となる． $M_d=w\dfrac{L^2}{8}$ $=\dfrac{23.944\times10^2}{8}$ $=299.3\ \mathrm{kN\cdot m}$ w　$L=10$ m　$M_d=w\dfrac{L^2}{8}$ 付図 4-2
(d)　断面破壊の照査	式(3.2)	構造物係数 $\gamma_i=1.1$ $\gamma_i\dfrac{M_d}{M_{ud}}=1.1\times\dfrac{299.3}{397}=0.829\leqq1.0$...OK

参考文献

［1］　土木学会：2022 年制定 コンクリート標準示方書［設計編］

［2］　土木学会：平成 8 年制定 コンクリート標準示方書［設計編］

［3］　ACI Committee 340 : Design Handbook, Vol. 1, Beams, One-Way Slabs, Brackets, Footings, and Pile Caps, in Accordance with the Strength Design Method of ACI 318-89, ACI Publication SP-17 (1991), 361 pp.

5

軸力と曲げを受ける部材

主として，軸方向圧縮力を受け持つ部材を柱（column）といい，ここでは鉄筋コンクリート柱を扱う．

柱は，骨組部材やラーメン構造の鉛直部材として機能し，主として上層の荷重を下方または地盤に伝える重要な役目を持つ．このような柱部材には，一般に偏心した軸方向力が作用するため，その断面には軸力と曲げモーメントが作用し，さらには横方向力によりせん断力も加わることがある．

ここでは，まず中心軸圧縮力を受ける部材の耐荷機構と耐荷力の算定について述べ，とくに横補強筋の役割について考える．次に軸方向力と曲げモーメントの組合せ荷重下における破壊包絡線について詳述する．破壊包絡線は，軸力と曲げ荷重の相互作用図として見ることができ，偏心荷重を受ける部材では最も重要な考え方で，破壊モードについても正しく理解する必要がある．また，等価矩形応力ブロックによる設計断面耐力の計算方法についても述べる．

5-1　中心軸圧縮部材の耐荷力

5-1-1　鉄筋コンクリート柱の耐荷機構

（1）　軸方向筋と横補強筋の役割

鉄筋コンクリート柱は，一般にコンクリート柱体に軸方向筋（主筋）とこれを囲む横補強筋が配される．軸方向圧縮力に対しては，コンクリートと軸方向筋によって分担，支持される．横補強筋（これは帯鉄筋とらせん鉄筋に大別される）は，軸方向筋の座屈を防ぐとともに，コンクリート本体の横変形を拘束し，強度と靱性の向上に間接的に寄与する．

したがって，軸圧縮力 N' の作用に対して，コンクリートおよび軸方向筋の“圧縮応力×断面積”によって対抗する．すなわち，

$$N' = \sigma'_c A_c + \sigma'_s A_s \tag{5.1}$$

のように簡単に表すことができる．このときの変形挙動は，図 5-1 の模式図に示すように，両材料の応力-ひずみ関係にそれぞれの断面積(A_c, A_s)を乗じ，重ね合わせればよい．弾性範囲内における柱部材の応力分担については，すでに 2 章で学習したので再度確認されたい．

また，終局耐荷力は，上式の応力を強度に置き換え，さらに横補強筋による耐荷力増

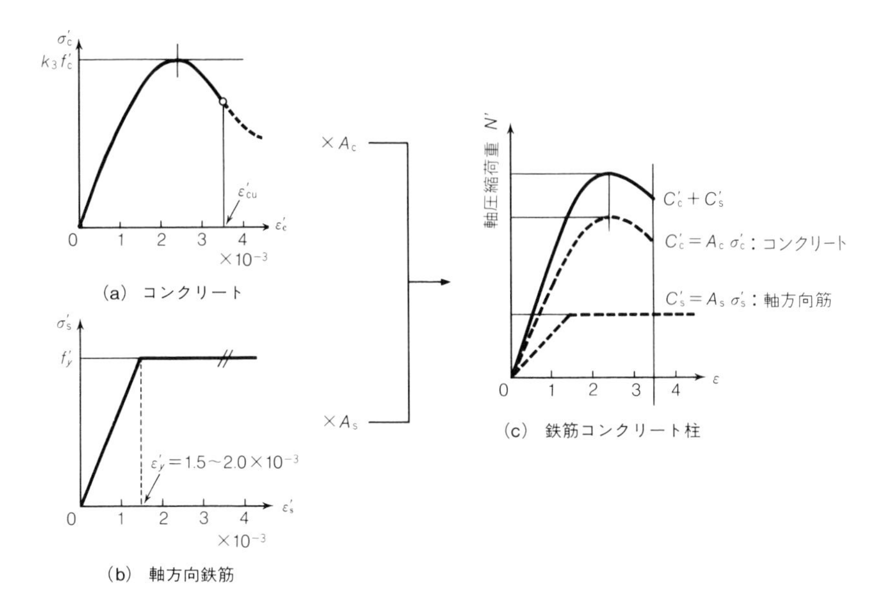

図 5-1　軸圧縮荷重に対する鉄筋コンクリート柱の分担，支持機構

加分を上積みすればよい．すなわち，

$$N'_u = k_3 f'_c A_c + f'_y A_s + (\text{横補強筋の拘束による増加分}) \tag{5.2}$$

ここで重要なことは，鉄筋は初期降伏後，座屈が回避されればほぼ十分な変形能力を維持するのに対して，コンクリートはピーク強度以降軟化し，準脆性的に破壊する（このため，コンクリートの圧縮ひずみに対して $\varepsilon'_c = \varepsilon'_{cu}$，強度に対して $k_3 (<1)$ なる制約が必要となる）．したがって，破壊近傍での変形能の向上や耐力の保持は，横補強筋の出番となる．ただし，横補強筋の効果はその種別と配筋量によって異なり，例えば上式の横補強筋による増加分に対して，通例，らせん鉄筋柱では算入するが帯鉄筋では考えないことが多い．

（2）　横補強筋の種類と効果

柱部材の軸方向を取り囲む横補強筋は，帯鉄筋とらせん鉄筋の 2 種類があり，これらを用いた柱を帯鉄筋柱（tied column）およびらせん鉄筋柱（spiral column）と呼ぶ（図 5-2）．

軸圧縮力を受けるコンクリートは，横方向のふくらみ（ポアソン効果による変形）が横補強筋の拘束力によって押し返されることになる．これは，いわば受働的な圧縮反力ではあるが，これによってコンクリートは 3 次元圧縮応力状態になり，confined concrete（拘束コンクリート）とも呼ばれる．このことによって鉄筋コンクリート柱の強

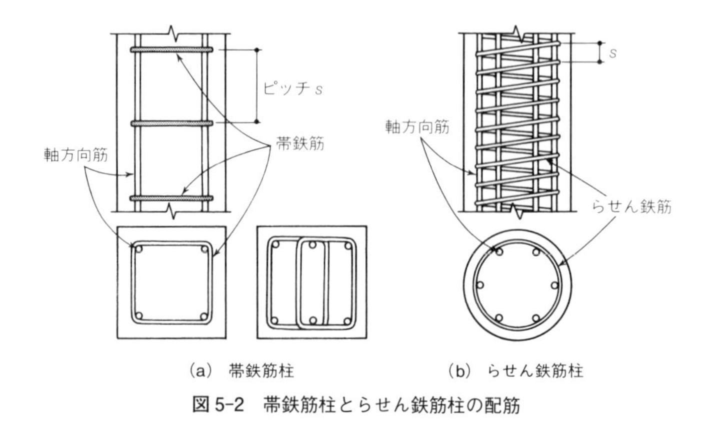

図 5-2　帯鉄筋柱とらせん鉄筋柱の配筋

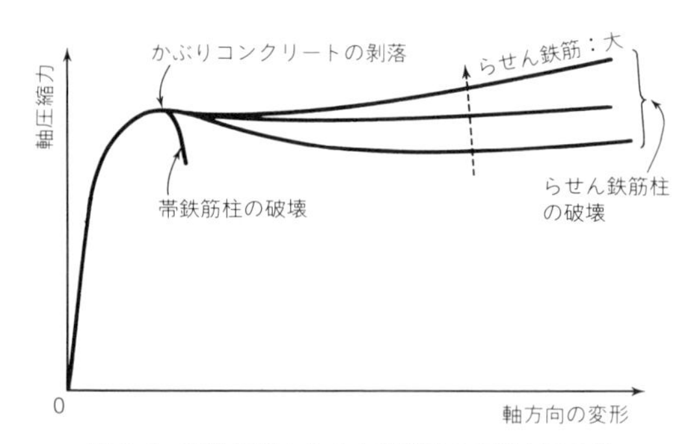

図 5-3　帯鉄筋柱とらせん鉄筋柱の変形と耐力[3]

度および靱性が改善される．これが横補強筋の基本的な役割である．このような拘束効果は，一般にらせん鉄筋の方が帯鉄筋より著しい．また，横補強筋は軸方向筋を保護する役目も果たし，その周囲を取り囲むことにより軸方向筋の座屈の発生を遅らせる．このことは図 5-3 のように鉄筋降伏以降，帯鉄筋柱はそのまま抵抗力が下落していくのに対して，らせん鉄筋は耐力を回復しつつ，非常に大きな変形能をもつことからもわかる．

5-1-2　コンクリート標準示方書による設計法

土木学会「コンクリート標準示方書」による設計断面耐力 N'_{oud} は式(5.2)を用いるが，設計耐力式とするため材料強度 $f'_c \rightarrow f'_{cd}$（普通コンクリートを想定し，$k_3=0.85$ とする），$f'_y \rightarrow f'_{yd}$ とするとともに，部材係数 γ_b を導入する．なお，コンクリート強度の低減係数 k_3 については，4-4 節で述べたとおり，現行示方書[1]では k_1 が用いられ，

$k_1=1-0.003f'_{ck}\leqq 0.85$ として与えられており，$f'_{ck}\leqq 50\ \mathrm{N/mm^2}$ のときは $k_1=0.85$，$f'_{ck}\geqq 50\ \mathrm{N/mm^2}$ のときは上式で低減する．

帯鉄筋柱：

この場合，式(5.2)の第3項は考えず，以下で表される．

$$N'_{oud}=(k_1 f'_{cd} A_c+f'_{yd} A_{st})/\gamma_b \tag{5.3}$$

ここに，A_c：コンクリートの断面積，A_{st}：軸方向鉄筋の全断面積，γ_b：部材係数．

らせん鉄筋柱：

らせん鉄筋による効果については，式(5.2)を用いると，次式を得る．

$$N'_{oud}=(k_1 f'_{cd} A_e+f'_{yd} A_{st}+2.5 f_{pyd} A_{spe})/\gamma_b \tag{5.4}$$

ただし，らせん鉄筋柱の場合，式(5.4)による値と式(5.3)による値の大きいほうとする．ここに，A_e：らせん鉄筋で囲まれたコンクリートの断面積$(=\pi d_{sp}^2/4)$，A_{st}：軸方向鉄筋の全断面積，A_{spe}：らせん鉄筋の換算断面積$(=\pi d_{sp} A_{sp}/s)$（らせん鉄筋のピッチを s，断面積を A_{sp}，らせん鉄筋で囲まれた断面の直径を d_{sp} とする）．ここで，f'_{cd}：コンクリートの設計圧縮強度，f'_{yd}：軸方向鉄筋の設計圧縮降伏強度，f_{pyd}：らせん鉄筋の設計引張降伏強度となっていることに注意されたい．

また，部材係数は，上記2式とも通例 $\gamma_b=1.3$ とする．

《例題 5.1》

コンクリート標準示方書には柱部材に対する構造細目が規定されている．（構造細目は，部材の機能が十分発揮され，所要の耐久性を有するように材料，寸法，配筋などを規定するものである．）標準示方書の記述をもとに，帯鉄筋柱とらせん鉄筋柱の構造細目を整理し，表にまとめよ．

【解答】 解答例を付表5-1に示した．表中の以上と以下の区別についても確認されたい．

付表 5-1　鉄筋コンクリート柱の構造細目（コンクリート標準示方書[1]）

柱の種別	横寸法	f'_{cd}	軸方向筋			横補強筋（帯鉄筋/らせん鉄筋）		
			直径	本数	鉄筋比	直径	配筋間隔	換算断面積
帯鉄筋柱	200 mm 以上	—	13 mm 以上	4本以上	0.8〜6％	6 mm 以上	最小横寸法以下 軸方向筋の直径の12倍以下 帯鉄筋の直径の48倍以下	—
らせん鉄筋柱	有効断面の直径 200 mm 以上	20 N/mm² 以上	13 mm 以上	6本以上	1〜6％ らせん鉄筋の1/3以上	6 mm 以上	有効断面の直径の1/5以下 80 mm 以下	3％以下

《例題 5.2》

① 最大耐力 $N'_{ou}=4.5\ \text{MN}(4.5\times10^6\ \text{N})$ なる正方形断面の帯鉄筋柱を設計せよ．ただし，$f'_{ck}=30\ \text{N/mm}^2$，SD345（$f'_y=345\ \text{N/mm}^2$）とする．材料係数，部材係数を考慮せずに，断面耐力を求める．

② 上記で求めた断面の設計断面耐力 N'_{oud} を求めよ．ただし，$\gamma_c=1.3$，$\gamma_s=1.0$，$\gamma_b=1.3$ とする．

ヒント：鉄筋量 A_{st}，断面幅 $B(A_c=B^2)$ の両方が未知数となるので，$p_{st}=A_{st}/B^2$ を 0.8～6 % の間に仮定する．

【解答】

① まず，$k_1=1-0.003\cdot30=0.91\rightarrow0.85$ とする．

次に $p_{st}=1\ \%$ として，$A_c=B^2$，$A_{st}=p_{st}A_c$ から

$$N'_{ou}=(0.85\times30+345\times p_{st})A_c=4500\ \text{kN}$$

$$\therefore A_c=4.5\times10^6[\text{N}]/(0.85\cdot30+345\cdot0.01[\text{N/mm}^2])=155440[\text{mm}^2],$$

$$\therefore B=394\ \text{mm}\rightarrow400\ \text{mm}\ とする．$$

$$\therefore A_{st}=0.01\times400^2=1600\ \text{mm}^2\rightarrow8\times\text{D16}=1589\ \text{mm}^2\ とする．$$

よって，このときの最大耐力を計算し直すと，

$$N'_{ou}=0.85\cdot30\cdot400^2+345\cdot1589=4.08\times10^6+0.55\times10^6[\text{N}]$$

$$=\underline{4620\ \text{kN}>4500\ \text{kN}}$$

（ここで，コンクリート負担分＝88 %（上式第一項），軸方向筋負担分＝12 %（第二項）となっていることがわかる）

② このようにして決定した断面の設計断面耐力 N'_{oud} は，

$$N'_{oud}=\left(0.85\cdot\frac{30}{1.3}\cdot400^2+\frac{345}{1.0}\cdot1589\right)/1.3$$

$$=(3.14+0.55)\times10^6[\text{N}]/1.3=\underline{2840\ \text{kN}}$$

したがって，γ_c，γ_s，γ_b の安全係数によって，結果的に設計耐力は最大耐力より約 60 % 程度（2.84/4.62＝0.61）低減されていることがわかる．

同様の作業を $p_{st}\cong3.0\ \%$ として実施し，最終結果を次の付表に併せて整理した．

付表 5-2

	$p_{st}=1.0\ \%$ 程度	$p_{st}=3.0\ \%$ 程度
配　筋	8×D16	8×D25
A_{st}，(p_{st})	1589 mm^2(0.99 %)	4050 mm^2(3.31 %)
部材幅 B	400 mm	350 mm
最大耐力 $N'_{ou}>4500$ kN	4620 kN	4520 kN
設計耐力 N'_{oud}	2840 kN	2920 kN
N'_{oud}/N'_{ou}	0.61	0.65

N'_{ou} はいわば真の値（生の値）であり，N'_{oud} は設計上の（十分安全を見込んだ）耐力であり，本例では両者の比が0.6程度になっていることがわかる．N'_{oud}/N'_{ou} は，諸々の安全係数の大小によって決まる数値であるが，大略の値を覚えておくとよい．

5-2　曲げと軸力を受ける部材の弾性解析

5-2-1　偏心軸圧縮

柱部材に作用する軸圧縮力が偏心すると曲げモーメントが付加されることになる．これを矩形断面の柱部材について考えると図5-4のように分類することができる．すなわち，Y 軸方向に e_y だけ偏心すると X 軸まわりの曲げモーメント $M_x = e_y N$ が作用し，X 軸方向に e_x だけ偏心すると曲げモーメント $M_y = e_x N$ が連行され，いずれか1つが作用すると1軸曲げ，両方が同時に作用すると2軸曲げとなる．

一般の柱部材では，外力が中心軸に作用することはむしろまれで，軸力＋曲げモーメントの組合せ荷重下で考えるのが普通である．

ここで，2軸曲げを受ける部材の縁応力を考えてみる．図5-4(c)に示した4点a, b, c, dの応力を $\sigma_a, \sigma_b, \sigma_c, \sigma_d$ とすると，圧縮を＋，引張を－として，これらは式(5.5)のように表せる（軸力 N' の作用点に対して，点aが最も近く，点dが最も遠方にあることに着目せよ）．

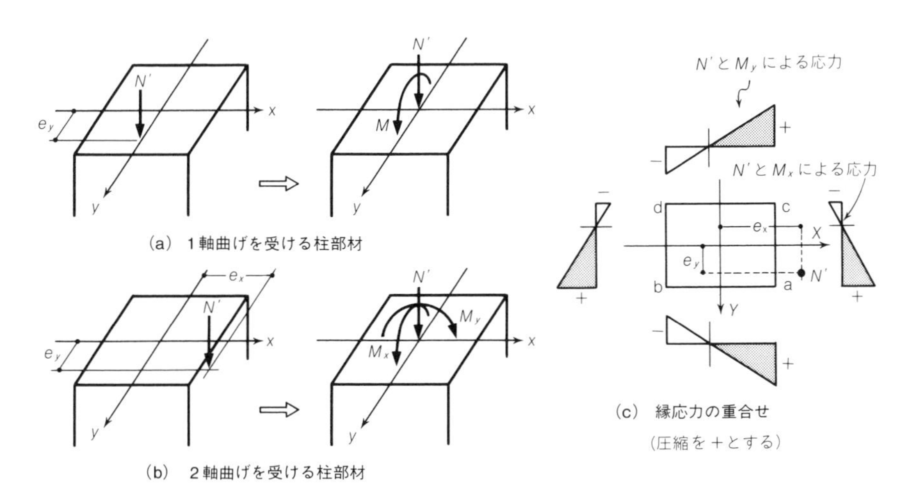

図5-4　偏心荷重を受ける柱部材（1軸曲げと2軸曲げ）

$$\left.\begin{aligned}\sigma_a&=\frac{N'}{A}+\frac{M_Y}{Z_Y}+\frac{M_X}{Z_X}=\left(\frac{1}{A}+\frac{e_x}{Z_Y}+\frac{e_y}{Z_X}\right)N'\\\sigma_b&=\frac{N'}{A}-\frac{M_Y}{Z_Y}+\frac{M_X}{Z_X}=\left(\frac{1}{A}-\frac{e_x}{Z_Y}+\frac{e_y}{Z_X}\right)N'\\\sigma_c&=\frac{N'}{A}+\frac{M_Y}{Z_Y}-\frac{M_X}{Z_X}=\left(\frac{1}{A}+\frac{e_x}{Z_Y}-\frac{e_y}{Z_X}\right)N'\\\sigma_d&=\frac{N'}{A}-\frac{M_Y}{Z_Y}-\frac{M_X}{Z_X}=\left(\frac{1}{A}-\frac{e_x}{Z_Y}-\frac{e_y}{Z_X}\right)N'\end{aligned}\right\}\tag{5.5}$$

ここで，$A=$ 断面積，$Z_X=X$ 軸まわりの断面係数，$Z_Y=Y$ 軸まわりの断面係数を表す．また，e は eccentricity＝偏心を意味し，頻繁に使われるので覚えてもらいたい．

次に，1 軸曲げの場合の全断面有効時と RC 断面時（引張側コンクリートを無視した場合）の弾性解析について考える．このような解析結果は，これまで用いられた許容応力度設計法に加えて，使用状態および疲労状態における材料応力度の算出にも活用される．

5-2-2　断面の弾性解析（全断面有効）

図 5-5 に示した複鉄筋断面の諸記号を参考にして，以下のように全断面有効時における換算断面の断面諸量を求める，添字については，c＝圧縮，t＝引張，1＝引張鉄筋側，2＝圧縮鉄筋側となっていることを思い出してほしい．ここで，偏心軸力 N' の偏心量 e は図心 G から測り，G から上縁および下縁までの距離 y_c, y_t はそれぞれ次式で与えられる．

$$\begin{aligned}y_c&=\frac{\text{換算断面 1 次モーメント}}{\text{換算断面積}}=\frac{bh^2/2+n(A_{s1}d_1+A_{s2}d_2)}{bh+n(A_{s1}+A_{s2})}\\y_t&=h_1-y_c\end{aligned}\tag{5.6}$$

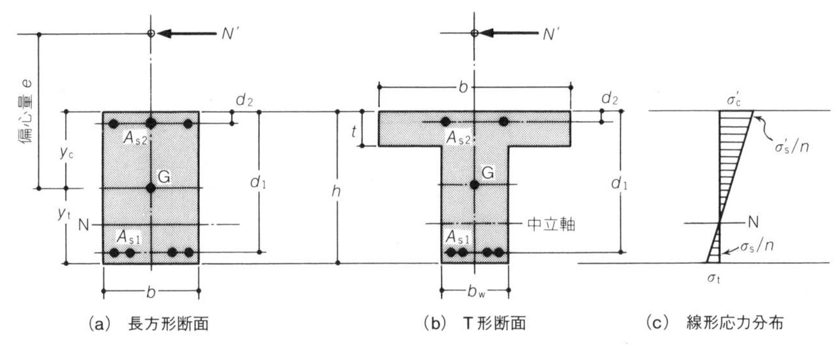

図 5-5　複鉄筋断面の弾性解析（全断面有効）

表 5-2　複鉄筋断面の弾性解析（全断面有効）

		コンクリート縁応力	鉄　筋　応　力
材料応力		圧縮縁：$\sigma'_c=\dfrac{N'}{A_g}+\dfrac{N'e}{I_g}y_c$ 引張縁：$\sigma_t=\dfrac{N'}{A_g}-\dfrac{N'e}{I_g}y_t$	圧縮鉄筋：$\sigma'_s=n\left\{\sigma'_c-\dfrac{d_2}{h}(\sigma'_c-\sigma_t)\right\}$ 引張鉄筋：$\sigma_s=n\left\{\sigma'_c-\dfrac{d_1}{h}(\sigma'_c-\sigma_t)\right\}$ 〔圧縮＋ 引張－〕
換算断面の断面諸量	長方形断面	$A_g=bh+n(A_{s1}+A_{s2})$ $=bh\{1+n(p_1+p_2)\}$ $I_g=\dfrac{1}{3}b(y_c^3+y_t^3)$ $+n\{A_{s1}(d_1-y_c)^2+A_{s2}(y_c-d_2)^2\}$ （対称断面：$I_g=\dfrac{bh^3}{12}+\dfrac{nA_s}{2}(d_1-d_2)^2$）	$y_c=\dfrac{\frac{1}{2}bh^2+n(A_{s1}d_1+A_{s2}d_2)}{bh+n(A_{s1}+A_{s2})}$ $y_t=h-y_c$
	T 形断面	$A_g=bt+b_w(h-t)+n(A_{s1}+A_{s2})$ $I_g=\dfrac{1}{3}\{by_c^3-(b-b_w)(y_c-t)^3+b_wy_t^3\}$ $+n\{A_{s1}(d_1-y_c)^2+A_{s2}(y_c-d_2)^2\}$	$y_c=\dfrac{\frac{1}{2}bt^2+\frac{1}{2}b_w(h^2-t^2)+n(A_{s1}d_1+A_{s2}d_2)}{bt+b_w(h-t)+n(A_{s1}+A_{s2})}$ $y_t=h-y_c$

または無次元化して，$\gamma=d_2/d_1$ とすると，

$$\frac{y_c}{d_1}=\frac{(h/d_1)^2/2+n(p_1+\gamma p_2)}{h/d_1+n(p_1+p_2)},\quad \frac{y_t}{d_1}=\frac{h}{d_1}-\frac{y_c}{d_1} \tag{5.7}$$

のように表すことができる．また，単鉄筋の場合（$p_2=0$）を考え，$h/d_1\fallingdotseq 1$ とすると，

$$\frac{y_c}{d_1}=\frac{1/2+np_1}{1+np_1},\quad \frac{y_t}{d_1}=\frac{1/2}{1+np_1} \tag{5.8}$$

と簡単になり，図心 G は，$np_1=0$ で $y_c=y_t=0.5d_1$，以降 np_1 の増加とともに引張鉄筋側に下がることがわかる．

長方形断面の場合，換算断面積 A_g と換算断面 2 次モーメント I_g は両鉄筋とコンクリートとの重ね合わせで表すことができ，表 5-2 に示すとおりである．ここで，とくに対称断面（$A_{s1}=A_{s2}=A_s$，$y_c=y_t$）を考えると，

$$A_g=bh+2nA_s \tag{5.9}$$

$$I_g=\frac{bh^3}{12}+2nA_s\left(\frac{d_1-d_2}{2}\right)^2 \tag{5.10}$$

となり，コンクリート全断面分（$A=bh$，$I=bh^3/12$）に，鉄筋の効果が n 倍されて累加されていることがわかる．

このようにして求められた換算断面量により，コンクリートの縁応力 σ'_c,σ_t および両鉄筋応力 σ'_s,σ_s を求めることができ，これらを表 5-2 に一覧している．表中には，長方形断面と T 形断面を併記した（T 形断面に対する A_g と I_g に対して，ウェブ幅 $b_w\rightarrow b$ もしくはフランジ厚 $t\rightarrow h$ を置き換えると，長方形断面の場合に帰着するので，確認さ

れたい).

また，断面内に引張力を生じない範囲を核（コア）と呼ぶが，これは y_c 側を k_c，y_t 側を k_t とすると

$$k_c=\frac{I_g}{A_g y_t},\quad k_t=\frac{I_g}{A_g y_c} \tag{5.11}$$

のように与えられる.

以上の諸式は，偏心軸圧縮 N' の作用点が核内にある場合 $(e\leqq k_c)$，もしくは核外であってもひび割れ発生以前（$|\sigma_t|<f_t, f_t$：コンクリートの引張強度）のときに用いられる.

5-2-3　断面の弾性解析（RC 断面）

次に図 5-6 を参考にして，引張側コンクリートを考えない RC 断面の場合について考える．まず，応力の線形分布（図(c)）を利用して，各材料の応力を求める.

$$\left.\begin{aligned}
&\text{圧縮コンクリート：}\quad \sigma'_c(y)=\frac{y}{x}\sigma'_c\quad (0\leqq y\leqq x)\\
&\text{圧縮鉄筋：}\quad \sigma'_{s2}=n\sigma'_c\frac{x-d_2}{x}\\
&\text{引張鉄筋：}\quad \sigma_{s1}=n\sigma'_c\frac{d_1-x}{x}
\end{aligned}\right\} \tag{5.12}$$

ここで，$\sigma'_c(y)$ は断面分布を示し，σ'_c は縁応力 $\sigma'_c=\sigma'_c(y=x)$ を表す．したがって，各材料の合力は次式のように表される.

$$\left.\begin{aligned}
&C'_c=\int_0^x b(y)\sigma'_c(y)\,\mathrm{d}y\\
&C'_s=A_{s2}\sigma'_{s2}\\
&T_s=A_{s1}\sigma_{s1}
\end{aligned}\right\} \tag{5.13}$$

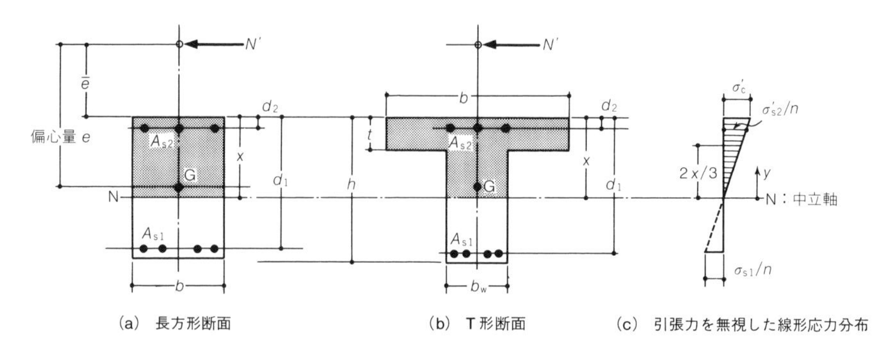

図 5-6　複鉄筋断面の弾性解析（RC 断面）

上式では，大文字に対して C= compression，T= tension とし，圧縮には′をつけ，下添字については c＝concrete，s＝steel としていることを再記する．また，幅 b については長方形断面の場合一定となるが，y 方向に変断面となる場合（円形断面，T 形断面），$b=b(y)$ となる．

ここで，水平方向とモーメントの釣合いを考えると，次のように与えられる．

$$N'=\int_0^x b(y)\sigma_c'(y)\,\mathrm{d}y+A_{s2}\sigma_{s2}'-A_{s1}\sigma_{s1} \tag{5.14}$$

$$M=\int_0^x yb(y)\sigma_c'(y)\,\mathrm{d}y+A_{s2}\sigma_{s2}'(x-d_2)+A_{s1}\sigma_{s1}(d_1-x)-N'(x-y_c) \tag{5.15}$$

ここで，$M=N'\cdot e$ を用いると，中立軸位置 x が得られ，さらに式(5.12)に代入することにより，材料応力 $\sigma_c', \sigma_{s2}', \sigma_{s1}$ を求めることができる．

長方形断面および T 形断面における算定結果を 7 章の表 7-4 に示しているので，参考にされたい（ここで，T 形断面のウェブ幅を $b_w\to b$ とするか，もしくはフランジ厚を $t\to x$ とすると，長方形断面の場合に合致することを確認されたい）．

5-3　軸力と曲げを受ける部材の終局耐力

5-3-1　相互作用図の考え方

まず，鉄筋補強の全くない簡単な例を取り上げ，その軸力と曲げモーメントの相互作用図について考えてみることにしよう．図 5-7 は 1 辺が 300 mm の正方形断面について M-N 相互作用図を試算したもので，次の 2 式で表すことができる（圧縮を正としている）．

$$\begin{aligned}&\text{圧　縮　縁：}\quad \sigma_c'=\frac{N'}{A}+\frac{M}{Z}=\left(\frac{1}{A}+\frac{e}{Z}\right)N'\\&\text{引　張　縁：}\quad \sigma_t=\frac{N'}{A}-\frac{M}{Z}=\left(\frac{1}{A}-\frac{e}{Z}\right)N'\end{aligned} \tag{5.16}$$

上式に断面積 $A=90\times10^3\ \mathrm{mm}^2$，断面係数 $Z=4500\times10^3\ \mathrm{mm}^3$ を代入し，$\sigma_c'\to f_c'$（圧縮強度），$\sigma_t\to -f_t$（引張強度）と置き換えると，終局状態に関する軸方向力と曲げモーメントの相互作用図（M_u-N_u'）を求めることができ，これを図 5-7 に示した．

ここで，圧縮強度を $f_c'=20\ \mathrm{N/mm^2}$ とし，一方，引張強度については(a) $f_t=f_c'$，(b) $f_t=0.25f_c'$，(c) $f_t=0$ の 3 例とした．(a)，(b)については，コンクリートの場合考えにくいが，比較のために示した．いずれもダイヤモンド型の相互作用図となり，線分 a-b が圧縮破壊，b-c が引張破壊を表している．$f_c'=f_t$ のとき，破壊包絡線は M_u 軸に対し

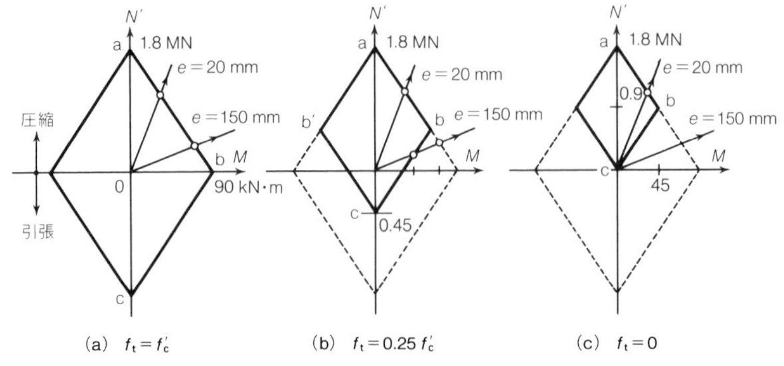

図 5-7　相互作用図の簡単な例（f'_c＝20 N/mm² とする）

て対称となり，引張強度 f_t の減少とともに引張側が欠落していくことがわかる．

ここで，偏心量 e＝150 mm で単調に圧縮載荷させた場合を考えよう（この場合は，コアが 300÷6＝50 mm であることに注意する）．これは，$N'=M=0$ から出発し，e＝150 mm の線上を移動し，破壊包絡線に達したところで終局状態となるものである．このとき例えば(b)の場合，耐力 N'_u は上式に代入して，

$$\left(\frac{1}{90\times10^3\ \mathrm{mm}^2}\pm\frac{150\ \mathrm{mm}}{4500\times10^3\ \mathrm{mm}^3}\right)N'_u=\begin{Bmatrix}20\ \mathrm{N/mm}^2\\-5\ \mathrm{N/mm}^2\end{Bmatrix}$$

$$\longrightarrow\quad N'_u=\begin{Bmatrix}450\ \mathrm{kN}\\225\ \mathrm{kN}\end{Bmatrix}\tag{5.17}$$

のように解けばよい．すなわち，耐力として N'_u＝450 kN（圧縮破壊），N'_u＝225 kN（引張破壊）が得られ，もちろん小さい方をとる（再度，図(b)参照）．すなわち，(a)では圧縮破壊となるのに対し，(b)では引張破壊となり，(a)の方が大きな耐力を示し，異なる破壊形式になることがわかる．一方，(c)は無引張材なので耐荷力はゼロとなる．ところが e<50 mm で載荷した場合（例えば，図中の e＝20 mm のとき），3 つの例はいずれも圧縮破壊となり，全く同じ耐荷力(N'_u＝1290 kN)をもつことになる．

鉄筋コンクリート部材の耐荷力算定に際しては，コンクリートの引張負担を考えず(同図(c)に相当)，その分を引張鉄筋で補充するのが基本的考えである．これについては次章で詳述する．

5-3-2　M_u-N'_u 破壊包絡線

次に，鉄筋コンクリート柱部材の終局状態を考えるが，これは図 5-8 のような立体的にひろがるひずみ分布・応力分布と図 5-9 のようなモデル化および諸記号の定義を理解することが必要である．図 5-8 の(a)，(b)，(c)が，各々図 5-9 の(a)，(b)，(c)に対

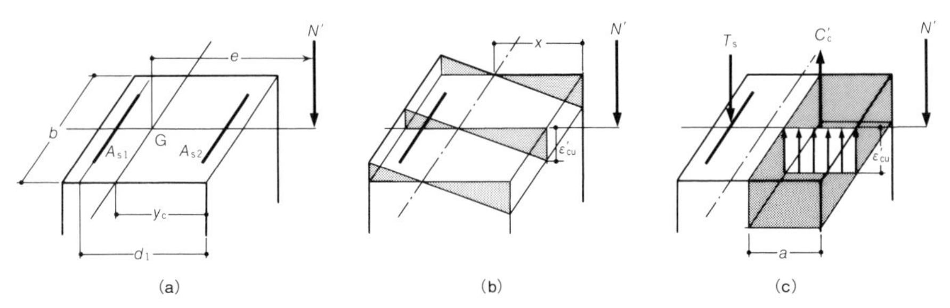

図 5-8　(a) 偏心荷重 N'_u を受ける柱部材の(b)ひずみ分布と(c)応力分布と合力の釣合い（(b)と(c)では，圧縮鉄筋を省略している）

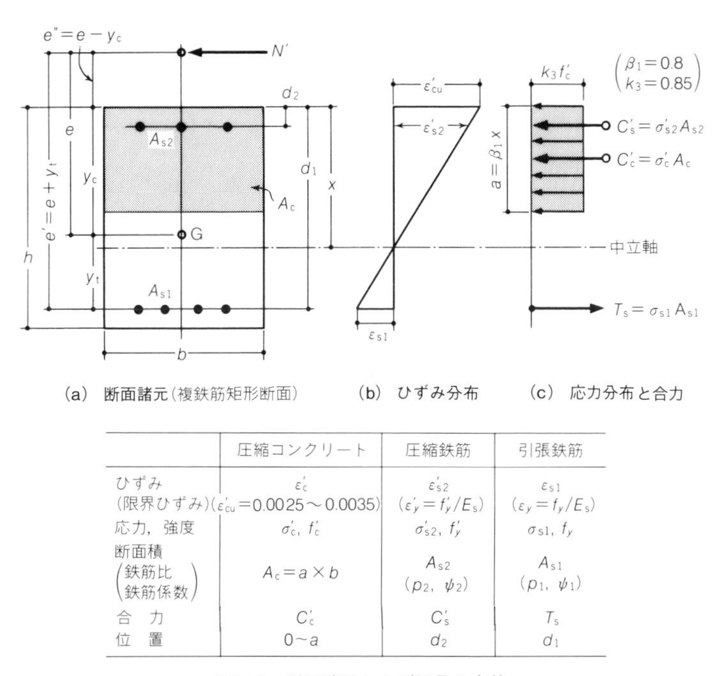

(a)　断面諸元(複鉄筋矩形断面)　　(b)　ひずみ分布　　(c)　応力分布と合力

	圧縮コンクリート	圧縮鉄筋	引張鉄筋
ひずみ (限界ひずみ)	ε'_c ($\varepsilon'_{cu}=0.0025\sim0.0035$)	ε'_{s2} ($\varepsilon'_y=f'_y/E_s$)	ε_{s1} ($\varepsilon_y=f_y/E_s$)
応力，強度	σ'_c, f'_c	σ'_{s2}, f'_y	σ_{s1}, f_y
断面積 (鉄筋比 鉄筋係数)	$A_c=a\times b$	A_{s2} (p_2, ψ_2)	A_{s1} (p_1, ψ_1)
合　力	C'_c	C'_s	T_s
位　置	$0\sim a$	d_2	d_1

図 5-9　断面諸元および記号の定義

応していることをまず確認されたい（図 5-8 の各図を左まわりに 90° ほど回転すると図 5-9 に対応する）．ここで取り扱う 1 軸曲げでは，幅方向（長さ b の方向）に一様な変形状態となり（図 5-8），ひずみは直線分布，コンクリートの応力については等価矩形ブロックを仮定する（添字については，コンクリート→c，引張鉄筋→1，圧縮鉄筋→2 としている．圧縮については ′ をつけ正として取り扱っている）．

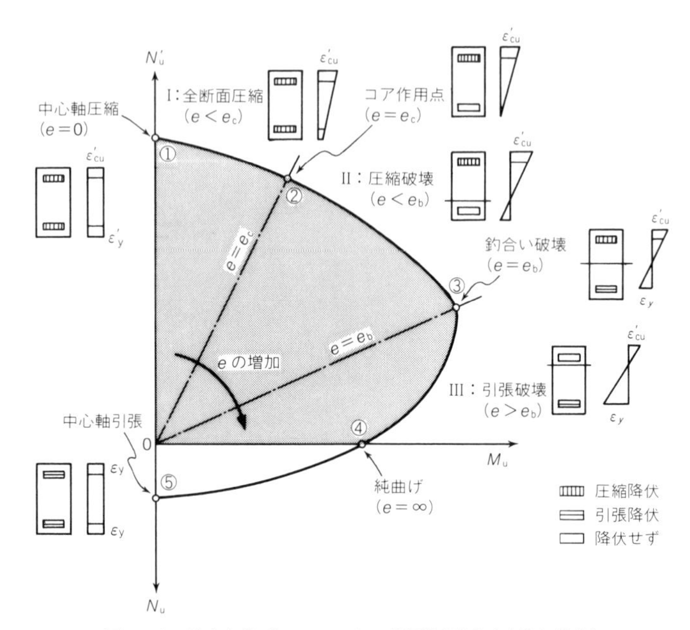

図 5-10　軸力と曲げモーメントの相互作用図（破壊包絡線）

偏心軸圧縮が作用したときの柱部材の終局状態は，作用する曲げモーメントと軸方向力の比率（これは，偏心量 $e=M/N'$ そのもの）によって異なり，鉄筋コンクリートの場合，図 5-10 のような破壊包絡線を形成する．これは，①中心軸圧縮($e=0$)，②コア作用点($e=e_c$)，③釣合い偏心状態($e=e_b$)，④純曲げ状態($e=\infty$)，⑤中心軸引張($e=0$)で構成され，e をパラメータとしてみると $e=0$ から出発して，①→②→③→④→⑤のような M_u-N'_u 相互作用図となる．

ここで大切なことは，いずれの場合もコンクリートの圧縮縁ひずみ ε'_c が限界値 ε'_{cu} に達するとき($\varepsilon'_c=\varepsilon'_{cu}$)をもって終局状態とするが，偏心量 e によって破壊モードが異なることである．このため，まず③の釣合い偏心状態に注目するとわかりやすい．釣合い偏心状態とは，その断面のひずみ分布に対して，圧縮縁ひずみが圧壊状態($\varepsilon'_c=\varepsilon'_{cu}$)，引張鉄筋が降伏状態($\varepsilon_s=\varepsilon_y$)となる状態をさし，このときの中立軸を x_b，偏心量を e_b とする．すなわち，$e=e_b$ で載荷すると，コンクリートの圧縮破壊と鉄筋の引張降伏が同時に発生する．

さらに，図 5-11 に示した断面内のひずみ分布から判断されるように，$e>e_b$ ($x< x_b$) とし，釣合い破壊に比べて曲げ成分が増加されると，コンクリート圧壊以前に鉄筋が降伏することになり（鉄筋降伏先行型），$e<e_b$ ($x>x_b$) のように軸方向力成分が増加する

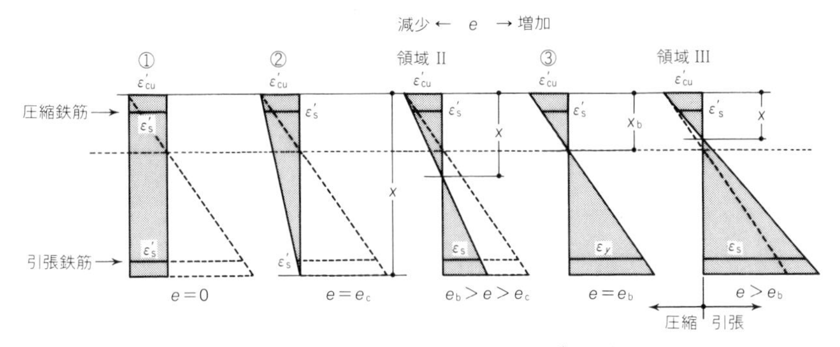

図 5-11　種々の偏心量における断面のひずみ分布
(点線は釣合い破壊時のひずみ分布を示す)

表 5-4　破壊包絡線上の破壊モードの分類と対応する耐荷力

領　　域	状　　態	$N'_u=C'_c+C'_s+T_s$	A_c	σ'_{s2}	σ_{s1}
I．全断面圧縮	①中心軸圧縮 ($0\leqq e\leqq e_c$) ②コア作用点	中心軸圧縮破壊 $N'_u=0.85f'_c bh+f'_yA_{s2}+f'_yA_{s1}$	bh	f'_y	f'_y
II．圧縮破壊領域	曲げ圧縮 ($e_c<e<e_b$)	曲げ圧縮破壊 $N'_u=0.85f'_c ba+f'_yA_{s2}-\sigma_{s1}A_{s1}$	ba	f'_y	$-\sigma_{s1}$
	③釣合い偏心状態 ($e=e_b$)	釣合い偏心状態 $N'_u=0.85f'_c ba_b+f'_yA_{s2}-f_yA_{s1}$	ba_b	f'_y	$-f_y$
III．引張破壊領域	曲げ引張 ($e>e_b$)	圧縮鉄筋降伏後，曲げ引張破壊　Ⅲ$_1$ $N'_u=0.85f'_c ba+f'_yA_{s2}-f_yA_{s1}$	ba	f'_y	$-f_y$
		圧縮鉄筋降伏前，曲げ引張破壊　Ⅲ$_2$ $N'_u=0.85f'_c ba+\sigma'_sA_{s2}-f_yA_{s1}$		σ'_{s2}	
	④純曲げ				
IV．全断面引張	⑤中心軸引張	$N_u=f_yA_{s2}+f_yA_{s1}$（引張力）	—	f_y	f_y

＊　ここでは圧縮側（本文では′がついたもの）を正とし，f_y：引張降伏強度，f'_y：圧縮降伏強度としている．

と，今度は鉄筋が降伏することなく，コンクリートが圧壊してしまう（コンクリート圧壊型）．図 5-11 は，破壊包絡線の主要点および領域Ⅱ，Ⅲのひずみ分布を示したもので，比較のため釣合い破壊時の分布を点線で付している．また，いずれの場合も圧縮縁コンクリートの圧壊($\varepsilon'_c=\varepsilon'_{cu}$)を終局状態としていることを再度確認されたい（$e$ に対する添字は，b = balance，c = core と覚える）．

表 5-4 は，このような破壊モードと領域の分類，対応する耐力式をまとめたもので，

次節で再度参照される．

以上まとめると，①〜②〜③（領域Ⅰ，Ⅱ）がコンクリート圧壊型の破壊モードとなり，③〜④〜⑤が鉄筋降伏先行型となる．さらに，鉄筋降伏先行型に対して，圧縮鉄筋の分類によりⅢ$_1$，Ⅲ$_2$，Ⅳのように分かれる（表5-4参照）．

One Point アドバイス

——破壊包絡線の縦軸と横軸を入れ換える——

ここで，M_u-N'_u 包絡線の縦軸と横軸を入れ換えて，付図5-1のように見ると面白いことを発見する．すなわち，釣合い破壊の点は，曲げ耐力として最も大きい値が得られる点であることに気がつく．いま，この点を $(N'_u, M_u)=(100\,\text{kN}, 20\,\text{kN·m})$ と仮定して，この柱部材にまず $N'=100$ kN 載荷し，次に曲げモーメントを徐々に $M=19$ kN·m まで増加させ，図中の点aで止めたとしよう．点aは，破壊包絡線の内側であるので破壊しないが，ぎりぎりの所にあるのは間違いない．ここで軸方向力 N' を増加させたり，減少させたりしてみよう．そうすると，点aはピーク点のすぐ内側にいるので，どちらの場合（点bもしくは点c）も破壊包絡線外となり，破壊してしまう．軸方向力は，いまちょうどいい位置にいるので，これが増えても減っても壊れることになる．力を増すと破壊するのはわかるが，力を減じても破壊するのは面白い．a点においては，コンクリートの圧縮縁ひずみが ε'_{cu} のすぐ近くに，引張鉄筋のひずみが ε_y に肉迫しているのであ

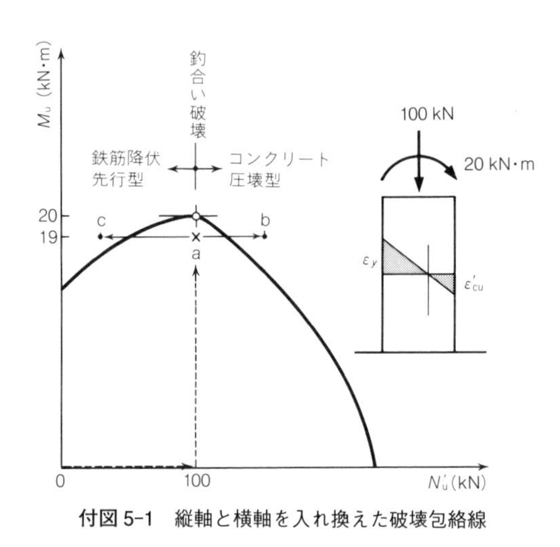

付図5-1　縦軸と横軸を入れ換えた破壊包絡線

る．したがって，軸方向力を増やせば，コンクリートが圧壊し(a → b)，減らせば引張鉄筋を引張降伏させる(a → c)ことになる．

釣合い破壊とは，まさしく balance された破壊であり，曲げ耐力としてはその断面の最大値となる．このときの軸力は，ちょうどプレストレスと考えてもよく，適度なプレストレスを与えると，大きな曲げ耐力が得られることになる．

5-3-3　終局断面耐力($\boldsymbol{M}_{\mathrm{u}}, \boldsymbol{N}'_{\mathrm{u}}$)の算出方法

ここで，いよいよ断面の終局耐力 $M_{\mathrm{u}}, N'_{\mathrm{u}}$ を具体的に算出するが，これは以下のような原則に基づいて定式化される．

① 与えられた偏心量 e に対する終局耐力を求めるが，軸方向力とモーメントの釣合いが基本式となる．

② ひずみ分布は断面内で線形分布と仮定し，コンクリートの応力については引張側を無視し，圧縮側は等価応力ブロックを採用する．したがって，終局曲げ耐力のときに用いた 3 係数 $\beta_1=0.8$，$k_2=0.5\beta_1$，$k_3=0.85$ が再度適用される．

③ 圧縮鉄筋および引張鉄筋については，降伏もしくはそれ以下の作用応力が用いられ，これは判別式によって識別される．

したがって，図 5-9 の諸記号を再度確認して，軸力と曲げモーメントに対する釣合い式(5.14)，(5.15)を再記する．すなわち，

$$N'=\int_0^x b\sigma'_{\mathrm{c}}\,\mathrm{d}y + A_{\mathrm{s2}}\sigma'_{\mathrm{s2}} - A_{\mathrm{s1}}\sigma_{\mathrm{s1}} \tag{5.18}$$

（$-A_{\mathrm{s1}}\sigma_{\mathrm{s1}}$ の符号に注記：符号注意!）

$$M=N'e=\underbrace{\int_0^x y\times b\sigma'_{\mathrm{c}}\,\mathrm{d}y}_{\text{圧縮コンクリート } C'_{\mathrm{c}}} + \underbrace{A_{\mathrm{s2}}\sigma'_{\mathrm{s2}}(x-d_2)}_{\text{圧縮鉄筋 } C'_{\mathrm{s}}} + \underbrace{A_{\mathrm{s1}}\sigma_{\mathrm{s1}}(d_1-x)}_{\text{引張鉄筋 } T_{\mathrm{s}}} - \underbrace{N'(x-y_{\mathrm{c}})}_{\text{軸力の寄与}} \tag{5.19}$$

のような 2 式が書ける．

これらは，図 5-9 に示したように圧縮コンクリート C'_{c}，圧縮鉄筋 C'_{s}，引張鉄筋 T_{s} の 3 成分および軸力の寄与の合算となる（ただし，上式で引張鉄筋による寄与分は，軸力の釣合いで—，モーメントの釣合いで＋となっていることを図 5-8，5-9 から確認せよ）．

ここで，終局耐力を算定するため，鉄筋応力を降伏強度に，コンクリート応力を等価矩形ブロックに置き換える．

鉄　筋　応　力：　$\sigma'_{\mathrm{s2}} \to f'_{\mathrm{y}}, \quad \sigma_{\mathrm{s1}} \to f_{\mathrm{y}}$ (5.20)

コンクリート応力：　$\int_0^x b\sigma'_{\mathrm{c}}\,\mathrm{d}y = k_3 f'_{\mathrm{c}} b \cdot \beta_1 x = k_3 f'_{\mathrm{c}} ba$ (5.21)

このようにして，式(5.18)と(5.19)を終局耐力式として書き換えると次式に至る．

$$N'_{\mathrm{u}} = k_3 f'_{\mathrm{c}} ba + A_{\mathrm{s2}} f'_{\mathrm{y}} - A_{\mathrm{s1}} f_{\mathrm{y}} \tag{5.22}$$

$$M_{\mathrm{u}} = k_3 f'_{\mathrm{c}} ba\left(d_1 - \frac{a}{2}\right) + A_{\mathrm{s2}} f'_{\mathrm{y}}(d_1 - d_2) - N'_{\mathrm{u}}(e' - e) \tag{5.23}$$

式(5.23)については，引張鉄筋まわりの釣合いについて考えたが，さらに $M_{\mathrm{u}} = N'_{\mathrm{u}} e$ を利用して，

$$N'_{\mathrm{u}} \cdot e' = k_3 f'_{\mathrm{c}} ba\left(d_1 - \frac{a}{2}\right) + A_{\mathrm{s2}} f'_{\mathrm{y}}(d_1 - d_2) \tag{5.24}$$

のようにも表せる．また，これらを無次元表示($\bar{N}'_{\mathrm{u}}, \bar{M}_{\mathrm{u}}$)すると，

$$\bar{N}'_{\mathrm{u}} \equiv \frac{N_{\mathrm{u}}}{k_3 f'_{\mathrm{c}} bd_1} = \frac{a}{d_1} + \phi_2 - \phi_1 \tag{5.25}$$

$$\bar{M}_{\mathrm{u}} \equiv \frac{M_{\mathrm{u}}}{k_3 f'_{\mathrm{c}} b{d_1}^2} = \frac{a}{d_1}\left(1 - \frac{a}{2d_1}\right) + \phi_2\left(1 - \frac{d_2}{d_1}\right) - \bar{N}'_{\mathrm{u}} \frac{e' - e}{d_1} \tag{5.26}$$

のように記述できる．ここで，

$$e' = e + y_{\mathrm{t}}, \quad e'' = e - y_{\mathrm{c}} \tag{5.27}$$

$$\phi_1 = \frac{A_{\mathrm{s1}} f_{\mathrm{y}}}{k_3 f'_{\mathrm{c}} bd_1} = \frac{p_1 f_{\mathrm{y}}}{k_3 f'_{\mathrm{c}}}, \quad \phi_2 = \frac{p_2 f'_{\mathrm{y}}}{k_3 f'_{\mathrm{c}}} \tag{5.28}$$

のような記号を導入しており，ϕ_1, ϕ_2 は曲げ耐力の算定で用いた力学的鉄筋比なる無次元量である．いずれの場合も等価矩形応力ブロックの高さ a（または a/d_1）が未知数となり，破壊モードごとに与えられる．また，両鉄筋のいずれかが，必ずしも降伏に至らない場合もあり，以下の判別式が必要となる．

引 張 鉄 筋：　$\sigma_{\mathrm{s1}} = E_{\mathrm{s}}\varepsilon_{\mathrm{s1}} = E_{\mathrm{s}}\varepsilon'_{\mathrm{cu}} \dfrac{d_1 - x}{x} \leqq f_{\mathrm{y}}$ (5.29)

圧 縮 鉄 筋：　$\sigma'_{\mathrm{s2}} = E_{\mathrm{s}}\varepsilon'_{\mathrm{s2}} = E_{\mathrm{s}}\varepsilon'_{\mathrm{cu}} \dfrac{x - d_2}{x} \leqq f'_{\mathrm{y}}$ (5.30)

さらには，中心軸圧縮近傍では両鉄筋が圧縮降伏となるなど，やや煩雑な取扱いが必要となるが，表 5-4 に一覧化するとともに図 5-10 の断面図に模式化▥，▤，□したので確認されたい．

（1）　釣合い偏心状態の断面耐力

引張鉄筋が降伏すると同時にコンクリートの圧縮が進行する場合で，このときの中立軸 x_{b} は相似関係から次式で表せる．

$$\frac{x_{\mathrm{b}}}{d_1} = \frac{\varepsilon'_{\mathrm{cu}}}{\varepsilon'_{\mathrm{cu}} + \varepsilon_{\mathrm{y}}} \tag{5.31}$$

これは，例えば $\varepsilon'_{cu}=0.0035$，$f_y=345\ \mathrm{N/mm^2}$ の場合を考えると，

$$\frac{x_b}{d_1}=\frac{0.0035}{0.0035+345/2\times10^5}=0.670 \tag{5.32}$$

となり，純曲げの場合に比べて，かなり下方に下がることがわかる．

式(5.31)から，等価矩形応力ブロックの長さ a_b は，

$$\frac{a_b}{d_1}=\beta_1\frac{x_b}{d_1}=\frac{\beta_1\varepsilon'_{cu}}{\varepsilon'_{cu}+f_y/E_s} \tag{5.33}$$

となる（添字 b は，b＝balance：釣合いを意味する）．

したがって，このときの断面耐力(M_{ub}, N'_{ub})は，式(5.22)，(5.23)に添字 b を付ければよい（圧縮鉄筋についても，圧縮降伏していると考えてよい）．すなわち，

$$N'_{ub}=k_3f'_{cd}ba_b+A_{s2}f'_y-A_{s1}f_y \tag{5.34}$$

$$M_{ub}=k_3f'_cba_b\left(d_1-\frac{a_b}{2}\right)+A_{s2}f'_y(d_1-d_2)-N'_{ub}(e'-e_b) \tag{5.35}$$

$$e_b=M_{ub}/N'_{ub} \tag{5.36}$$

上式で，$e'-e_b=y_t$（図 5-9(a)参照）を用いるとよい．

（2）　鉄筋降伏先行型($\boldsymbol{e>e_b, N'_u<N'_{ub}}$)の場合

次に，領域Ⅲを考えるが，この場合，引張鉄筋の降伏が先行し($\varepsilon_s\geqq f_y/E_s$)，コンクリートが圧縮破壊に至る($\varepsilon'_c=\varepsilon'_{cu}$)．このとき中立軸は，釣合い破壊の場合に比べて上昇することになる($x<x_b$)．

未知量 a については，式(5.22)と式(5.24)から，N'_u を消去し，

$$\left(\frac{a}{d_1}\right)^2+\frac{2e''}{d_1}\cdot\frac{a}{d_1}-2\left\{\left(1-\frac{d_2}{d_1}\right)\psi_2+\frac{e'}{d_1}(\psi_1-\psi_2)\right\}=0 \tag{5.37}$$

なる 2 次式が得られ，下式のように算出できる．

$$\frac{a}{d_1}=-\frac{e''}{d_1}+\sqrt{\left(\frac{e''}{d_1}\right)^2+2\left\{\left(1-\frac{d_2}{d_1}\right)\psi_2+\frac{e'}{d_1}(\psi_1-\psi_2)\right\}} \tag{5.38}$$

（3）　コンクリート圧壊型($\boldsymbol{e<e_b, N'_u>N'_{ub}}$)の場合

これは，引張鉄筋が降伏することなく，コンクリートが圧縮破壊に至る場合で，図 5-10 の領域Ⅰ，Ⅱに相当する．このとき中立軸は下方に下がり($x>x_b$)，圧縮鉄筋は降伏しているが，引張鉄筋は降伏前である($\sigma_{s1}<f_y$)ので，式(5.22)，(5.24)は次式のようになる．

$$N'_u=k_3f'_cba+A_{s2}f'_y-A_{s1}\sigma_{s1} \tag{5.39}$$

$$N'_ue'=k_3f'_cba\left(d_1-\frac{a}{2}\right)+A_{s2}f'_y(d_1-d_2) \tag{5.40}$$

引張鉄筋の応力 σ_{s1} は，式(5.29)から

$$\sigma_{s1}=E_s\varepsilon_{s1}=\frac{d_1-x}{x}\cdot\varepsilon'_{cu}E_s=\left(\frac{\beta_1 d_1}{a}-1\right)\varepsilon'_{cu}E_s\leqq f_y \tag{5.41}$$

以上の3式から N'_u, σ_{s1} を消去すると，次のような3次式を導くことができる．

$$\left(\frac{a}{d_1}\right)^3+2\frac{e''}{d_1}\left(\frac{a}{d_1}\right)^2+2\left\{\left(\frac{\varepsilon'_{cu}}{\varepsilon_y}\phi_1+\phi_2\right)\frac{e'}{d_1}-\left(1-\frac{d_2}{d_1}\right)\phi_2\right\}\frac{a}{d_1}-\frac{2\beta_1 e'}{d_1}\cdot\frac{\varepsilon'_{cu}}{\varepsilon_y}\phi_1=0 \tag{5.42}$$

上式を適当な方法で解くことにより，$a\rightarrow\sigma_{s1}\rightarrow N'_u\rightarrow M_u$ のような順序で断面耐力を算定することができる．

ここで，材料の限界ひずみおよびコンクリートの等価矩形応力ブロックの諸係数を再記するが，これらは「4-3 曲げ部材の終局耐力」の場合と同じである．

・コンクリートの終局ひずみ $\varepsilon'_{cu}=\begin{cases}0.0035:f'_c\leqq 50\ \mathrm{N/mm^2}\\ \dfrac{155-f'_c}{30}\times 10^{-3}:50\ \mathrm{N/mm^2}\leqq f'_c\leqq 80\ \mathrm{N/mm^2}\end{cases}$

・鉄筋の降伏ひずみ $\varepsilon_y=f_y/E_s$ （$E_s=200\ \mathrm{kN/mm^2}$）

・等価矩形応力ブロックの諸係数

$$\beta_1=0.52+80\ \varepsilon'_{cu}$$

$$k_2=0.5\beta_1$$

$$k_3=0.85$$

上式に従うと，$f'_c\leqq 50\ \mathrm{N/mm^2}$ のとき $\varepsilon'_{cu}=3.5\times10^{-3}$，$\beta_1=0.8$，$f'_c=80\ \mathrm{N/mm^2}$ のとき $\varepsilon'_{cu}=2.5\times10^{-3}$，$\beta_1=0.72$ となる．

以上のように軸力と曲げを受ける部材の耐力算定は面倒な算定式が多いが，システマチックに要領よく記述したつもりである．このような問題については文献[3]が詳しく，本章の参考としている．

さて，与えられた断面に対して，偏心量 e を変化させ，破壊モードに従って各算定式を適用することにより，M_u-N'_u による破壊包絡線は完成する．ただし，2次方程式や3次方程式の解法など煩雑な計算を行う必要があり，コンピュータによる系統的な演算が得策で，その一例を図5-12に示した．これは，圧縮鉄筋と引張鉄筋の合計量を一定（$p_1+p_2=1.5\,\%$）とした3例の断面A，B，Cの破壊包絡線を求めたものである（ただし，軸力，曲げモーメントはともに無次元量として $\overline{N}'_u=N'_u/bd_1f'_c, \overline{M}_u=M_u/bd_1^2f'_c$ のように処理している）．

図5-12は，偏心量 e を0 mmより順次増加（10 mm程度のきざみ）させ，コンピュータによって計算・作画したものである．

また，圧縮鉄筋と引張鉄筋の割合によって包絡線の形状が変化することを図中から読み取り，A，B，Cの違いを考えてもらいたい．さらに，$\overline{N}'_u=0.8$ および $\overline{N}'_u=0.2$ におけるA，B，C断面の $\overline{M}_u$ の大小関係を図示したが，破壊モード（コンクリート圧壊型

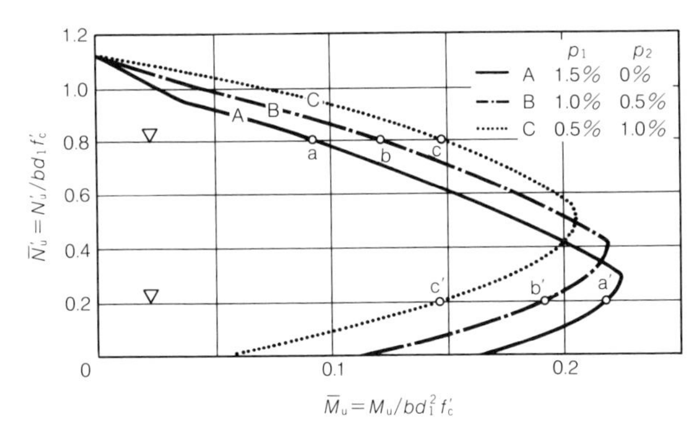

図 5-12　$\bar{M}_u$-$\bar{N}'_u$ 破壊包絡線の計算例（$p_1+p_2=1.5$ %：一定）

と鉄筋降伏先行型）によって異なることがわかる．

《例題 5.3》

鉄筋比が $p=0.5$，1，2 % のときの単鉄筋長方形断面について，その破壊包絡線を簡易法によって描け．また，無鉄筋の場合も併記せよ．材料強度については，$f'_c=24$ N/mm^2，$f'_y=350$ N/mm^2 とし，安全率は考えない．包絡線の作図では，$N'_u/bd \sim M_u/bd^2$ のように強度単位（N/mm^2）にするとわかりやすい．

ヒント：N'_u-M_u 相互作用図は，一般におにぎり型の非線形曲線で囲まれるが，例えば図 5-10 の主要点（①③④）のみを求め，これらを直線で結び簡易解としてよい（これは，一般に安全側の解を与える）．

【解答例】

与えられた鉄筋比に対して，①中心軸圧縮，③釣合い破壊点，④純曲げ状態における断面耐力を求め，これらを直線で結べばよい．これは，付図 5-2 に示したとおり，無筋状態から，鉄筋量の増大とともに破壊包絡線は拡大し，釣合い偏心量 e_b が増加していることがわかる．

図中の釣合い破壊点を連ねた一点破線は，やがて鉄筋量の増大とともに横軸と交差し，それ以降は純曲げ状態での過鉄筋（over-reinforcement）状態（4-3 節参照）となる．

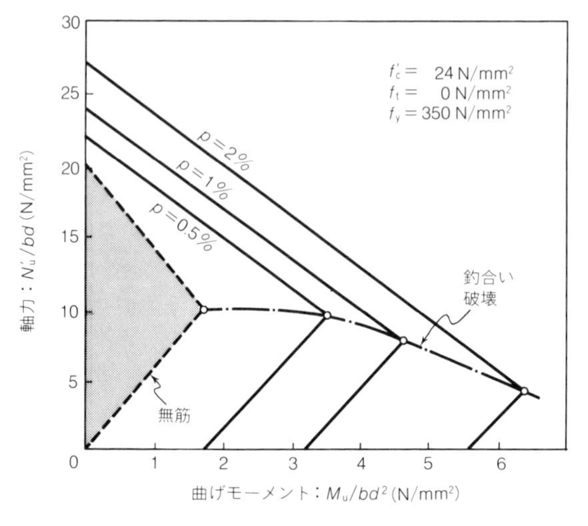

	無筋(弾性解)		$p=1\%$		$p=2\%$	
	$\overline{M_u}$	$\overline{N'_u}$	$\overline{M_u}$	$\overline{N'_u}$	$\overline{M_u}$	$\overline{N'_u}$
① 中心軸圧縮	0	20.4	0	23.9	0	27.4
③ 釣合い破壊	1.7	10.2	4.62	7.56	6.37	4.06
④ 純曲げ	0	0	3.2	0	5.8	0

付図 5-2　簡易法による M_u-N'_u 破壊包絡線

5-3-4　設計断面耐力の算定

前項で定式化した終局断面耐力式に対して，諸安全係数を用いることにより設計断面耐力式(M_{ud}, N'_{ud})となる．まず，材料安全係数 γ_c, γ_s を用い材料強度に対して，

$$f'_c \longrightarrow f'_{cd}=f'_c/\gamma_c,\quad f'_y \longrightarrow f'_{yd}=f'_y/\gamma_s,\quad f_y \longrightarrow f_{yd}=f_y/\gamma_s \tag{5.43}$$

のように置き換え，このようにして得られた断面耐力に対して，

$$M_{ud}=M_u/\gamma_b,\quad N'_{ud}=N'_u/\gamma_b \tag{5.44}$$

のように部材係数 γ_b で減じることにより，設計断面耐力が求まる．

したがって，設計断面耐力式として，例えば式(5.22)，(5.23)を用いると，次のように書き改められる．

$$N'_{ud}=\{k_3 f'_{cd}ba+A_{s2}f'_{yd}-A_{s1}f_{yd}\}/\gamma_b \tag{5.45}$$

$$M_{ud}=\left\{k_3 f'_{cd}ba\left(d_1-\frac{a}{2}\right)+A_{s2}f'_{yd}(d_1-d_2)-N'_{ud}(e'-e)\right\}/\gamma_b \tag{5.46}$$

そして，与えられた設計断面力(M_d, N'_d)に対して，以下の 2 式によって終局状態についての安全照査がなされる（γ_i は構造物係数を表す）．

$$\gamma_i \frac{M_d}{M_{ud}} \leqq 1.0, \quad \gamma_i \frac{N_d}{N'_{ud}} \leqq 1.0 \tag{5.47}$$

参考文献

［1］ 土木学会：2022 制定 コンクリート標準示方書［設計編］
［2］ 土木学会：平成 8 年制定 コンクリート標準示方書［設計編］
［3］ Nilson, A.H. and Winter, G : Design of Concrete Structures（11th, ed.）, MacGraw-Hill, Inc.（1991）
［4］ 岡田・伊藤・不破・平澤：土木教程選書，鉄筋コンクリート工学，鹿島出版（1987.12）

6

せん断力を受ける部材

梁部材には，断面力として曲げモーメントとせん断力が生じ，外荷重に抵抗している．鉄筋コンクリート梁は，通例，曲げモーメントに十分に抵抗するように，断面寸法および軸方向筋が決定されるが，いわゆるせん断破壊（shear failure）に対する設計も同時に重要である．

せん断破壊は，梁の腹部に斜め方向に発達するひび割れが先行し，急激な崩壊を助長することが多い．すなわち，斜めひび割れ発生後，破壊に至るまであまり変形することなく耐力が低下し，曲げ部材に比べて，危険な様相を呈する．このため，せん断耐力が曲げ耐力より上回るように設計することが重要である．

このようなせん断破壊に至る梁の耐荷機構は極めて複雑であるが，トラスモデルによる近似を行うと，整然とした理論的な取扱いが可能となる．

本章では，梁部材に作用する断面力（曲げモーメント＋せん断力）による応力分布および主応力の流れに対する検討から始まり，斜めひび割れの発生について考える．次に耐荷機構のメカニズムと塑性トラス理論について考察し，せん断耐荷式の基本式を誘導する．また，スラブの押抜きせん断も加えて，コンクリート標準示方書による設計せん断耐力式の解説も行う．

6-1　梁に作用する応力と耐荷機構

6-1-1　梁部材に作用する断面力

単純梁および片持ち梁に作用する曲げモーメント M とせん断力 V の分布は，集中荷重の場合図 6-1 のように示すことができる．図中から，曲げモーメント M とせん断力 V の比率は，部材長手方向の部位によって異なるとともに，梁部材の寸法にも影響を受けることがわかる．ここで，a は載荷点と支点を結ぶ距離を表し，この区間では一般に曲げモーメントよりせん断力が卓越することから，せん断スパン（shear span）と呼ばれる．せん断スパンは，せん断解析において最も重要な寸法の 1 つであり，通例，有効高さ d によって除したせん断スパン比 a/d によって表される．ここで重要なことは，せん断スパン比 a/d が大きいときは曲げモーメントの比率が大きくなり，a/d が小さい範囲ではせん断力の度合いが相対的に大きくなるということである．これは M と V の比をとると，$M/V=a$ となることからもわかる．

一般に，前者を細長い梁（slender beam）と呼ぶのに対して，後者のようなずんぐりした梁を背の高い梁（deep beam）と呼ぶ．したがって，細長い梁は曲げ破壊，背の高い梁はせん断破壊となることが多い．

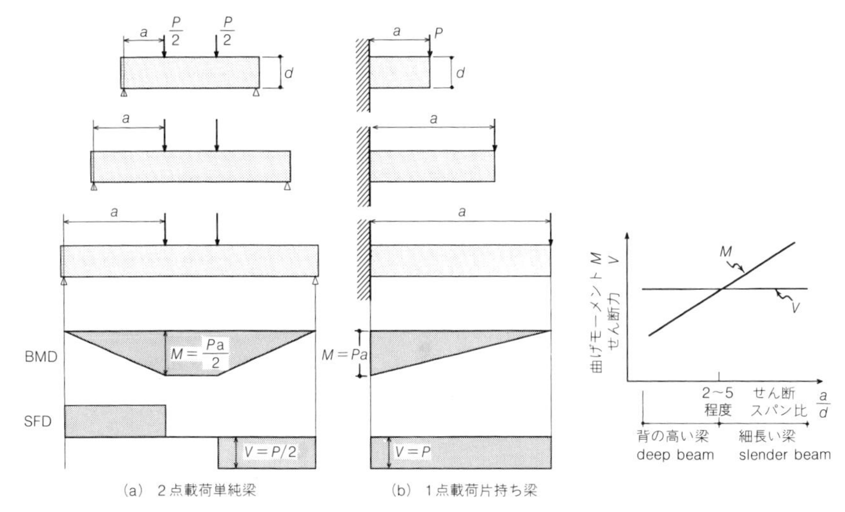

図 6-1　せん断と曲げを受ける部材の断面力

6-1-2　梁部材の応力分布とひび割れ

梁部材に展開する応力分布の様子を再度単純梁を例にとり考えてみたい（図 6-2 参照）．載荷点間の純曲げ区間は，圧縮応力（上縁側）σ_{comp} もしくは引張応力（下縁側）σ_{tens} の直応力のみであるが，せん断スパンは，これらに加えてせん断応力 τ が作用する．また，断面内における直応力とせん断応力の分布は図中に示したとおりで，例えば，せん断応力は部材中央（中立軸位置）で最大 $\tau_{\max}$ となる．このときのそれぞれの最大応力は，よく知られた梁理論から，

$$\sigma_{\mathrm{comp}} = \frac{M}{Z_1}, \qquad \sigma_{\mathrm{tens}} = \frac{M}{Z_2} \tag{6.1}$$

$$\tau_{\max} = \frac{VG}{bI} \tag{6.2}$$

のように表すことができる（ここで，Z_1, Z_2 は上縁側，下縁側の断面係数，b, G, I はそれぞれ部材幅，断面 1 次モーメント，断面 2 次モーメントを表す）．

加えて，断面力は梁部材の長手方向でも連続的に変化し，平面内での応力分布の様子は主応力線図から判断することができる．

コンクリートは圧縮強度に比べて引張強度が著しく小さいため，鉄筋コンクリート部材の場合，引張ひび割れが最初の変化として現れる．図 6-2(c)は，このような梁部材によく見られるひび割れパターンを図示したものである．一般にひび割れは，主引張応

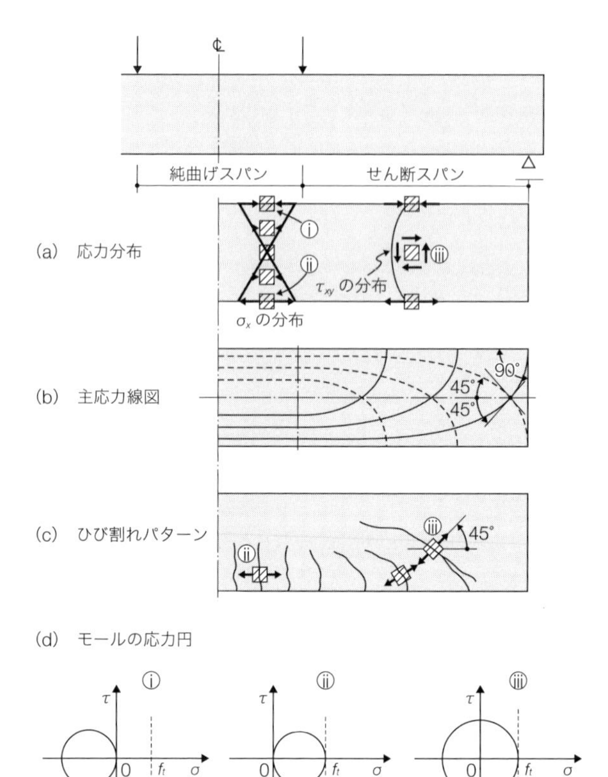

図 6-2　梁部材の応力分布とひび割れパターン

力（もしくは主引張ひずみ）によって発生すると考えられ，その直交方向にひび割れは展開する．したがって，主引張応力の作用方向に着目すると，このようなひび割れパターンを容易に理解することができる．

すなわち，曲げ区間では下縁側の主引張応力（水平方向）によってひび割れが最下縁から垂直方向に発達する（図中ⓘⓘ）．これに対して，曲げ＋せん断の混在する区間では斜め方向にひび割れを展開させる結果となり，とくに中立軸上では純せん断応力状態（pure shear）となり，そこでのひび割れ方向は 45° になるはずである（図中ⓘⓘⓘ）．

このように応力（とくに主応力方向）の流れを勘案して，ひび割れの発生パターンを正しく認識することが，鉄筋コンクリートの力学において重要な出発点となる．

《例題 6.1》 下図のような鉄筋コンクリート連続梁のひび割れパターンを図示せよ．

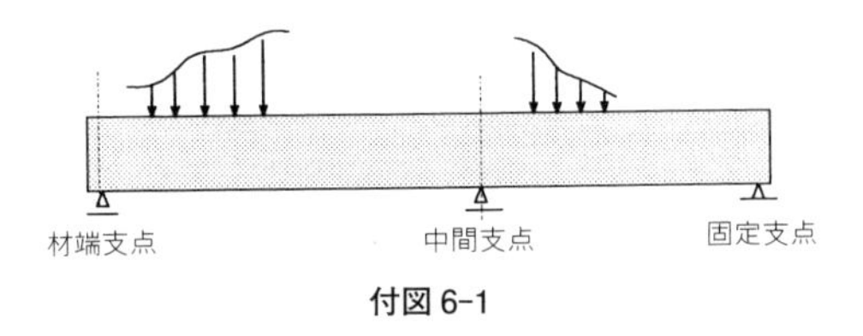

付図 6-1

【解答】 概略，付図 6-2 のようにまとめることができる．両支点間では，前例のとおりであるが，中間支点付近におけるせん断力と負の曲げモーメントに注意し，これによるせん断ひび割れと曲げひび割れを追加すればよい．

例えば，後述の図 6-3(a)に示した曲げひび割れとせん断ひび割れを参照して，断面力 M，V と対応するひび割れの発生方向を確認せよ．

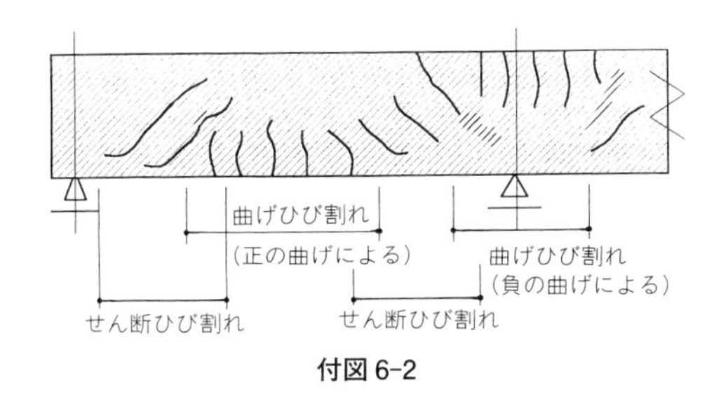

付図 6-2

6-1-3 曲げ補強とせん断補強

このような直応力およびせん断応力の組合せにより，梁部材にはひび割れが発生するが，その基本的パターンは図 6-3(a)のように理解することができよう．作用断面力として曲げモーメントとせん断力に分離して考えると，前者は下縁側から発達する垂直方向のひび割れを，後者は部材中腹にほぼ 45° 方向に発生する斜めひび割れを誘起する．

両者の作用下では曲げせん断ひび割れとして発生し，その方向と発達の様子およびひび割れ開口幅は，M と V の比率，断面形状，鉄筋の補強方向で異なり，梁部材の耐荷機構を知る上で最も重要なポイントとなる．

このようなひび割れの発達を制御し，脆性的な破壊を防止するには適切な配筋が要求される．梁部材の場合，通例，軸方向筋（主鉄筋）とせん断補強筋によって補強されるが，軸方向筋は曲げ引張ひび割れを，せん断補強筋は斜めひび割れを制御する．さら

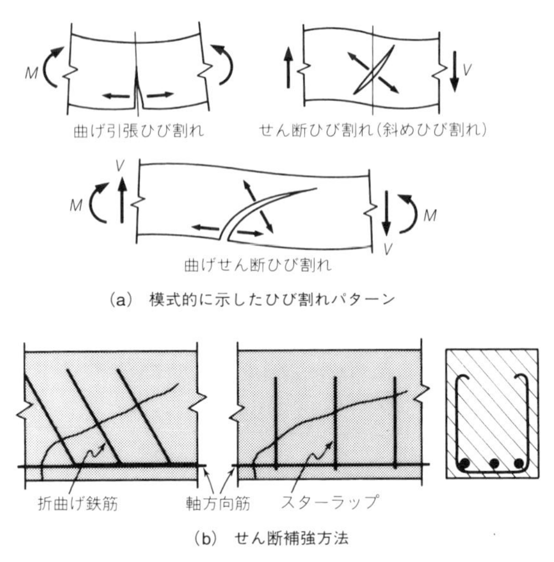

図 6-3　曲げとせん断を受ける梁部材のひび割れ補強

に，せん断補強筋は腹鉄筋（web reinforcement）とも呼ばれ，折曲げ鉄筋（bent-up reinforcement）とスターラップ（stirrup）に分類され，ともに斜めひび割れ発生後の急激な耐力低下を防止する（図 6-3(b)）．

ところで，鉄筋コンクリート部材における補強筋は，ひび割れと直交またはそれに近い方向に配することが基本であり，ひび割れ開口幅の制御に最も効果的である．言い換えると，主引張応力方向（図 6-2(b)の実線）に沿うように配筋することが肝要である．上記に示した軸方向鉄筋と腹鉄筋は，そのように配置されていることが判断されよう．また，加えるのであれば，いずれの補強筋もひび割れの発生を防ぐことはできず，発生後の過度なひび割れ開口と脆性的な崩壊を制御していると理解すべきである．

6-2　梁部材のせん断破壊と耐荷機構

6-2-1　せん断破壊の形式

本項ではまず，梁部材に関するいくつかの異なる破壊モードについて考え，これを 6-1-1 項で説明したせん断スパン比 a/d によって分類する．ここでは基本的な破壊モードとして，(1) 曲げ破壊，(2) 斜め引張破壊，(3) せん断圧縮破壊の 3 つを取り上げるが，その破壊形式の特徴は以下に示すとおりである．これらはまた，せん断スパン比に

表 6-1　せん断スパン比と破壊モードの関係[3]

梁部材の分類	破壊モード	せん断スパン比による細長さの分類	
		集中荷重の場合（a/d）	分布荷重の場合（l_c/d）
細長い梁	曲げ破壊	5.5 以上	16 以上
（両者の中間）	斜め引張破壊	2.5〜5.5	11〜16
ディープビーム	せん断圧縮破壊	1.0〜2.5	1.0〜5.0

せん断スパン　a：集中荷重，l_c：分布荷重

よって分類することができ，一般に a/d が小さくなるにつれて，(1)→(2)→(3) のように移行する．a/d による破壊モードの分類はいくつかの異なる解釈があるが，ここでは文献[3]を参考にして表 6-1 のようにまとめた．

（1）　曲げ破壊（flexural failure）

これは，十分に細長い通常の RC 梁に見られる破壊モードで，第 4 章で記述したとおりである．これらは鉛直方向に発達した曲げ引張ひび割れが契機となり，やがて引張鉄筋の降伏に至り，曲げ引張破壊となる（過鉄筋の場合，圧縮側コンクリートの圧縮破壊が先行し曲げ圧縮破壊となる）．ここで大切なことは，せん断スパン比が十分に大きいため，せん断力 V の比率が小さく，したがって斜めひび割れ（せん断ひび割れ）の発生以前に破壊が完了することである．

（2）　斜め引張破壊（diagonal tension failure）

せん断スパン比が小さく，せん断耐力が曲げ耐力より小さいとき，せん断破壊となる（集中荷重の場合，$a/d=2.5$〜5.5 程度）．ここでは曲げ引張ひび割れが発生するが，梁腹部から発達する数本の斜めひび割れにより，急激に耐力を失う．

この場合，斜めひび割れが引張鉄筋にまで及び，支持鉄筋付近において付着力を破壊する付着破壊を伴うことが多い．せん断補強筋がない場合，また，あっても少量ですぐに降伏してしまう場合に多い．

（3）　せん断圧縮破壊（shear compression failure）

さらにせん断スパン比が小さい場合，せん断圧縮破壊となる．この場合も，斜めひび割れ（せん断ひび割れ）の発生が契機となるが，梁上縁部の圧縮コンクリートの圧縮破壊を主因とする破壊形式である．

(2) と (3) を総称してせん断破壊と呼ぶが，実際は (1) の曲げ破壊も含めていくつかの破壊形式が複合して，部材の終局状態に至ることが多い．また，これらの破壊形式は，せん断スパン比のほかに，せん断補強筋量，主鉄筋量，軸方向力，断面形式，荷重形式などの影響を受ける．表 6-1 は，せん断補強筋のない場合について示したものである．

なお，せん断設計では若干のコンクリート自身による抵抗力を考え，不足分について

せん断補強筋を配することが多い．しかし，せん断補強筋を多量に用いると，腹部コンクリートの斜め圧縮破壊が先行する危険性があり，別途，斜め圧縮破壊を検討する必要がある．このときの腹部コンクリート（圧縮ストラット）の圧縮強度は，標準供試体から得られる圧縮強度より相当量小さい値（40～60％）を見込むことになる．

6-2-2 せん断補強筋のある場合の耐荷機構

せん断補強筋（スターラップ）を持つ梁部材は，外的に作用するせん断力に対して，コンクリートと鉄筋が分担する内力によって抗すると考えられる（図 6-4）．

そこで図 6-4(a)のように，斜めひび割れに添った自由物体を考えるとわかりやすい[2]．これらのうち鉛直荷重であるせん断力 V に対抗するものとして，コンクリートの負担分 V_{cz}，ひび割れ面に沿ったせん断伝達力の鉛直成分 V_{ay}，スターラップ負担分 V_s および主鉄筋のダウエル力 V_d があげられ，総和として

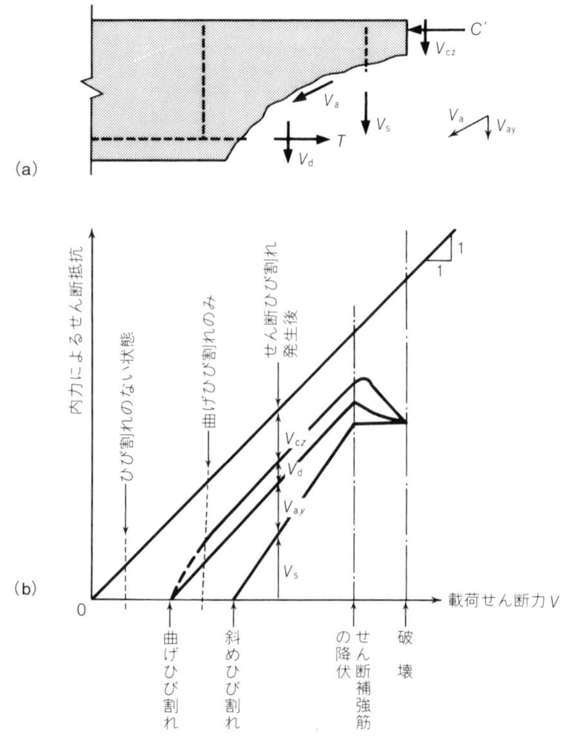

図 6-4 載荷せん断力に対する内力の抵抗せん断力の分担割合（文献[2]に加筆）

$$V = V_{cz} + V_{ay} + V_s + V_d$$
$$= V_c + V_s + V_d \quad (ただし，V_c = V_{cz} + V_{ay}) \tag{6.3}$$

が成立する（V_c はコンクリート寄与分としてまとめたものである）．この中で V_a は骨材のかみ合い（aggregate interlock）によるせん断伝達力を表し，V_d は主鉄筋を横切る長手直交方向の抵抗力（dowel action）である．

これら 4 成分の大小を載荷履歴に従って考えると興味深い．図 6-4(b)はこれを模式的に示したものであるが，内力 4 成分は載荷過程（横軸はせん断荷重）における部材断面の変化によってその寄与分の比率が変化していることがわかる．例えば，曲げひび割れ発生後，ダウエル力とせん断伝達の鉛直成分による寄与分が現れるが，せん断破壊時には消失している．また，せん断補強筋の抵抗分は斜めひび割れ発生以降，せん断加力に対して比例的（あるいはそれ以上に）増加していることがわかり，終局時まで減少しない．

したがって，終局耐力としては，$V = V_c + V_s$ として考えるのが妥当である．さらに，コンクリートの寄与分 V_c は，せん断補強筋のない場合の斜めひび割れ強度が用いられ，せん断補強筋がある場合でもそのまま加算されると考えるものである．これは ACI 規準の基本的考え方[2]で現在我国でも採用されており，6-3 節で記述する．

6-2-3　トラスモデルによるせん断耐荷力の算定

（1）　基本算定式

斜めひび割れを有する鉄筋コンクリート梁は，トラスモデルに置き換えると，その耐荷機構を明瞭に説明することができ，せん断問題の古典理論としてよく知られている．これは図 6-5(c)のように，コンクリートの圧縮ストラット（斜めひび割れに沿った圧縮材）と腹鉄筋による斜材（スターラップの場合は鉛直材となる）に上弦材および下弦材を組み合わせたトラスモデルに近似する（truss analogy）ことから出発する．すなわち，斜めひび割れの発生した腹部コンクリートは圧縮主応力方向（ひび割れ方向）に，内力として抵抗すると考えるものである．ここで圧縮ストラットの角度を θ，腹鉄筋の角度を α とする．また，せん断力は腹鉄筋の鉛直成分 V_s のみを考えるとともに，これが塑性状態であると仮定する（plastic truss model）．

以下にそのモデル化と解析法を示す．

まず下弦材の長さ l を求める．これは，せん断解析での有効高さを z とすれば，

$$l = z(\cot\theta + \cot\alpha) \tag{6.4}$$

のように表され，$z = jd$ ($j = 7/8$) として与えられる．腹鉄筋を代表とする斜材の軸引張力 T_w および上弦材，下弦材の軸引張力 N（等分に分担するものとする）は，図中に示した釣合い条件から，

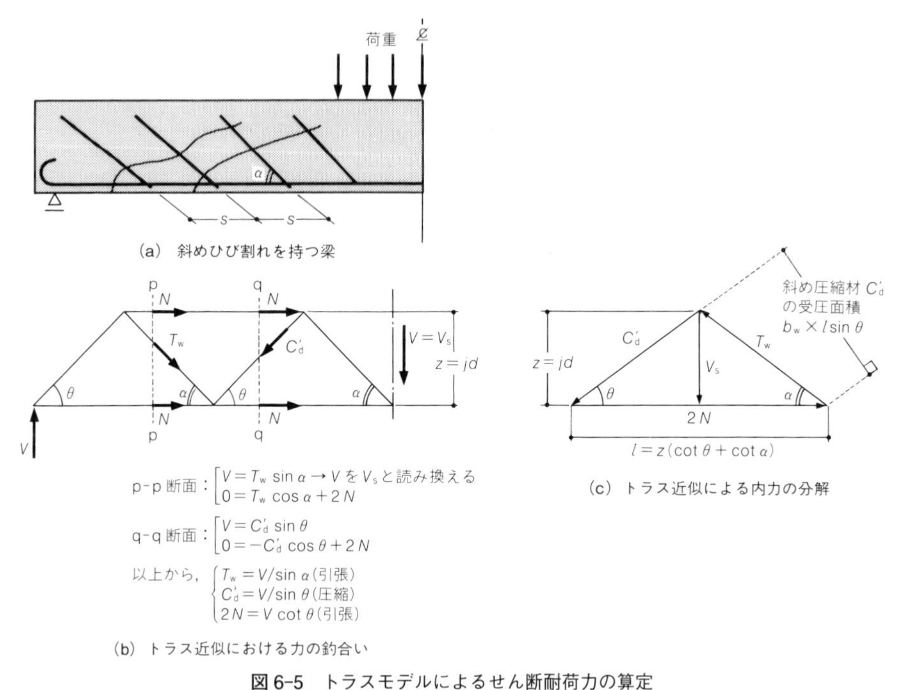

図 6-5　トラスモデルによるせん断耐荷力の算定

$$V_s = T_w \sin\alpha \quad ：腹鉄筋の分担せん断力 \tag{6.5}$$

$$2N = V_s \cot\theta \quad ：上・下弦材の付加軸力 \tag{6.6}$$

のように容易に求めることができる．ここで斜材の軸力 T_w は，区間 l を通過する腹鉄筋が集合したものと考えるので，その引張軸力の合計量 T_w は，

$$T_w = A_w f_{wy} \times (区間\ l\ を通過する本数)$$

$$= \frac{A_w f_{wy} z(\cot\theta + \cot\alpha)}{s} \tag{6.7}$$

のように表す．ここで，s は腹鉄筋の間隔を示す．

上式の中で，A_w は区間 s にある腹鉄筋の総断面積で，f_{wy} はその降伏強度を表す（添字は w＝web：腹部，y＝yield：降伏を表している）．

以上からせん断力 V_s は，式(6.5)と(6.7)から，

$$V_s = \frac{A_w f_{wy} z(\cot\theta + \cot\alpha)\sin\alpha}{s} \tag{6.8}$$

のように表すことができる．

上式(6.8)がせん断耐荷力に対するせん断補強筋の寄与分であり，塑性トラスモデルによって導出された．これには前述のとおり，コンクリートの寄与分が含まれていない．

また，せん断耐力を耐荷面積 $b_w \cdot d$ で除し，$\tau_s \equiv V_s / b_w d$ のように平均的なせん断強度（強度表示：N/mm^2）

$$\tau_s \equiv \frac{V_s}{b_w d} = j p_w f_{wy} (\cot\theta + \cot\alpha)\sin\alpha \tag{6.9}$$

に書き直すこともできる．ここで，p_w はせん断補強筋の鉄筋比を表し，$p_w = A_w / b_w s$ で与えられる．さらに，これをコンクリート圧縮強度 f'_c で除し，正規化したせん断強度として表すこともある．すなわち，

$$\frac{\tau_s}{f'_c} = j\phi_w (\cot\theta + \cot\alpha)\sin\alpha \tag{6.10}$$

ここで，ϕ_w は力学的せん断補強筋比（mechanical web reinforcement ratio）と呼ばれ，$\phi_w = p_w f_{wy} / f'_c$ として定義される．

通例，圧縮ストラット（腹部コンクリートの斜め圧縮材）は，簡単に $\theta = 45°$ として用いられることが多く，この場合は，

$$V_s = \begin{cases} \dfrac{A_w f_{wy} z}{s}(\sin\alpha + \cos\alpha) & \text{（折曲げ鉄筋の場合）} \quad (6.11a) \\ \dfrac{A_w f_{wy} z}{s} & \text{（鉛直スターラップの場合）} \quad (6.11b) \end{cases}$$

あるいは，強度表示（応力換算）を用いて（上式 $\div b_w d$ として），

$$\tau_s = \begin{cases} j p_w f_{wy} (\sin\alpha + \cos\alpha) & \text{（折曲げ鉄筋の場合）} \quad (6.12a) \\ j p_w f_{wy} & \text{（鉛直スターラップの場合）} \quad (6.12b) \end{cases}$$

のように表される．ただし，式(6.11)，(6.12)の第2式は $\alpha = 90°$（鉛直スターラップ）の場合を示している．

以上の結果を，せん断補強筋による負担分 V_s，τ_s について整理し，表6-2に示す．

表6-2　せん断補強および腹部コンクリートによるせん断耐力

種　別	一　般　式	$\alpha = 90°$（鉛直スターラップ）	$\theta = 45°$（45° トラスモデル）
せん断耐力 V_s	$V_s = \dfrac{A_w f_{wy} z (\cot\theta + \cot\alpha)\sin\alpha}{s}$	$V_s = \dfrac{A_w f_{wy} z \cot\theta}{s}$	$V_s = \dfrac{A_w f_{wy} z (\sin\alpha + \cos\alpha)}{s}$
せん断強度 τ_s	$\tau_s = j p_w f_{wy} (\cot\theta + \cot\alpha)\sin\alpha$	$\tau_s = j p_w f_{wy} \cot\theta$	$\tau_s = j p_w f_{wy} (\sin\alpha + \cos\alpha)$
腹部コンクリートの圧壊によるせん断耐力	$V_{wc} = f'_{wc} b_w z (\cot\theta + \cot\alpha)\sin^2\theta$	$V_{wc} = f'_{wc} b_w z \sin\theta\cos\theta$	$V_{wc} = \dfrac{f'_{wc} b_w z (1 + \cot\alpha)}{2}$
	$\tau_{wc} = j f'_{wc} (\cot\theta + \cot\alpha)\sin^2\theta$	$\tau_{wc} = j f'_{wc} \sin\theta\cos\theta$	$\tau_{wc} = \dfrac{j f'_{wc} (1 + \cot\alpha)}{2}$

ここでは，$V=$ 力：N，$\tau=$ 強度：$\mathrm{N/mm^2}$，および式(6.10)のような無次元の3段階の表示方法があることを知ってもらいたい．

（2） 斜め圧縮材の耐荷限界

引張斜材の引張耐力 T_w に対して，コンクリート圧縮斜材の圧縮耐荷限界について考える．このときのせん断耐力を V_{wc} とすると，これは圧縮ストラットの軸圧縮耐力 C'_d を

$$\begin{aligned} C'_d &= f'_{wc} \times \text{受圧面積} \\ &= f'_{wc} \times b_w z(\cot\theta + \cot\alpha)\sin\theta \end{aligned} \tag{6.13}$$

のように求め（図6-5(c)），その鉛直方向成分を考えればよい．すなわち，

$$\begin{aligned} V_{wc} &= C'_d \sin\theta \\ &= f'_{wc} b_w z(\cot\theta + \cot\alpha)\sin^2\theta \end{aligned} \tag{6.14}$$

として与えられる．ここで，f'_{wc} は斜め圧縮材の圧縮強度を表し，これは一般に標準供試体から得られる圧縮強度 f'_c より小さい値となることが知られている（添字 wc は web concrete＝腹部コンクリートを表す）．

式(6.14)によるせん断耐力は，鉛直スターラップ（$\alpha=90°$）を用いると，

$$V_{wc} = f'_{wc} b_w z \sin\theta\cos\theta \tag{6.15}$$

となり，さらに，$\theta=45°$ を仮定すると，

$$V_{wc} = \begin{cases} \dfrac{f'_{wc} b_w z(1+\cot\alpha)}{2} & \text{（折曲げ鉄筋）} \quad (6.16a) \\[2ex] \dfrac{f'_{wc} b_w z}{2} & \text{（鉛直スターラップ）} \quad (6.16b) \end{cases}$$

のように簡略化される．また，前述と同じ道筋で，このせん断耐力 V_{wc} を受圧面積で除すと，

$$\tau_{wc} \equiv \frac{V_{wc}}{b_w d} = j f'_{wc}(\cot\theta + \cot\alpha)\sin^2\theta \tag{6.17}$$

が得られ，応力換算（単位面積当りの力）したことになる．ここで，再度 $z=jd$ を用いている．これらの算定結果を表6-2に加えた．

また，ここで大切なことは，圧縮斜材 C'_d の圧壊が，引張斜材 T_w の降伏より先行してはならないということである．すなわち，

$$V_s < V_{wc} \quad \text{または} \quad \tau_s < \tau_{wc} \tag{6.18}$$

となることを確認する必要がある．これは靱性の確保から，急激な破壊につながるコンクリートの圧壊を未然に防ぐためであり，曲げ部材と同様の考え方が成立する．このことからせん断補強筋の最大値を規定することになり，式(6.18)から直ちに次式を得る．

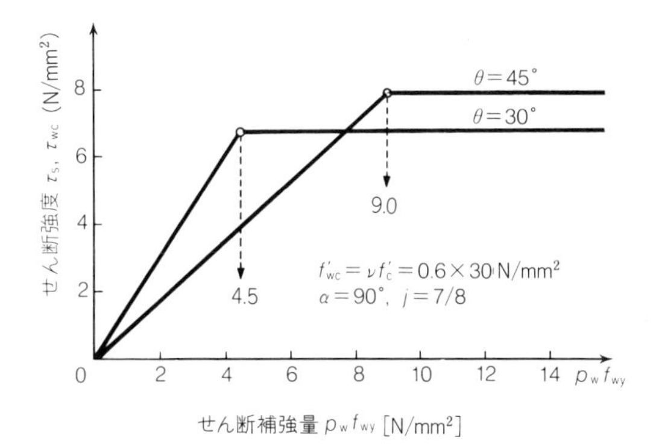

図 6-6　せん断強度 τ_s, τ_{wc} に関する計算例—塑性トラス理論
（鉛直スターラップ，f'_c=30 N/mm² の場合）

$$p_w < \frac{f'_{wc}\sin^2\theta}{f_{wy}\sin\alpha} \tag{6.19}$$

図 6-6 は，せん断強度 τ（τ_s および τ_{wc}）とせん断補強度 $p_w f_{wy}$ との関係についてのシミュレーションを行ったものである．圧縮ストラットの角度を $\theta=30°$ と $\theta=45°$ について検討した．いずれの場合も，せん断補強度 $p_w f_{wy}$ の増加とともにせん断強度は上昇するが，やがて破壊モードの変化（式(6.19)で与えられる）により頭打ちとなることがわかる．

（3）　モーメントシフト

次に，前述のトラス理論における上・下弦材の軸力 N について考える．これは上弦材（圧縮材）についてはその軸力を減ずることになるが，下限材（引張材）には新たな軸引張力として付加されることに注意する必要がある．すなわち，トラス機構を保持するため，主鉄筋には相分の引張力を考慮する必要がある．したがって，主鉄筋の引張力 T は曲げモーメントによる M/jd，およびトラス機構から換算される $0.5V\cot\theta$（式(6.6)）の和で与えられる．すなわち，

$$T=\frac{M}{jd}+\frac{1}{2}V\cot\theta \tag{6.20}$$

(図 6-5(b)に示した，$2N=V\cot\theta$（引張）を再度確認せよ)．
ここで，例えば荷重 $2P$ を受ける対称荷重下の単純梁を考えると，このときのせん断スパンにおける断面力は $M=Px$，$V=P$ となり，これを上式に代入する．すなわち，

$$T=\frac{P}{jd}\left(x+\frac{1}{2}jd\cot\theta\right) \tag{6.21}$$

ここで，$T=M_0/jd$ を満足する設計用曲げモーメントを M_0 とおくと，これは，

$$M_0=P\left(x+\frac{1}{2}jd\cot\theta\right)<P(x+d) \tag{6.22}$$

と表すことができる．よって，支点より x だけ離れた断面における設計用曲げモーメントは，$x+0.5jd\cot\theta$ における曲げモーメントを用いることを示し，これはモーメントシフトと呼ばれる．また，実際の設計では簡便化を図るため，上式第3項が示すように大略 d だけシフトすれば十分安全である．

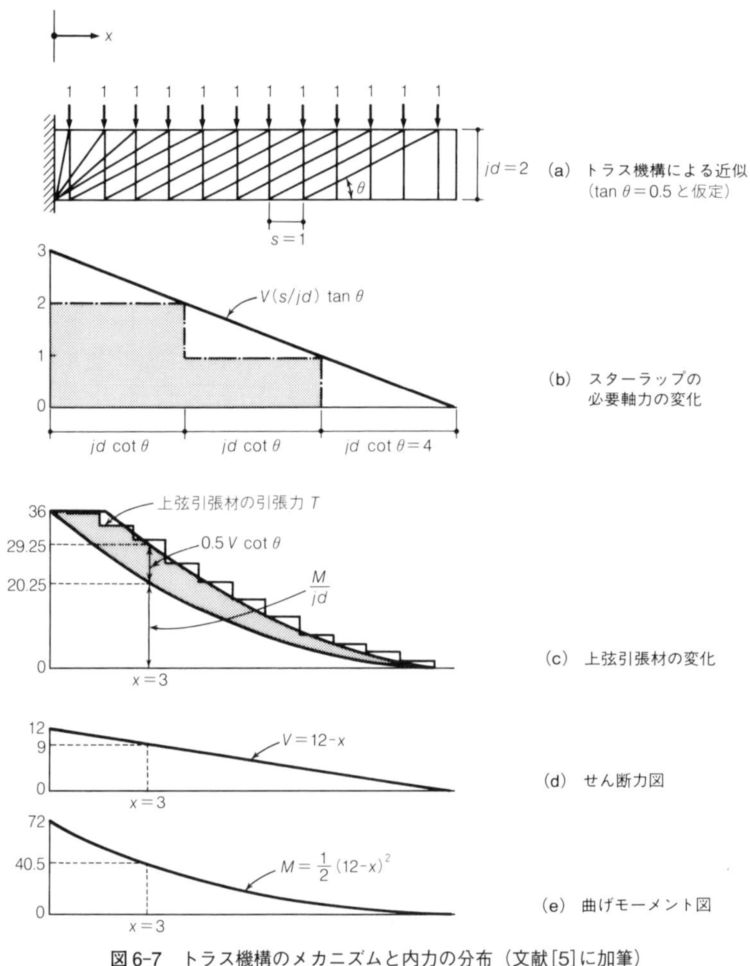

図6-7 トラス機構のメカニズムと内力の分布（文献[5]に加筆）
—分布荷重を受ける片持ち梁—

（4） 等分布荷重を受ける場合のトラス機構

ここで等分布荷重を受ける場合のトラス機構とモーメントシフトを図化によって考えてみよう．図 6-7 は片持ち梁についてスターラップの軸力と引張鉄筋（この場合上弦材となる）の引張力の分布および梁部材のせん断力図・曲げモーメント図を図示したものである（これは，文献[5]の Figure 7-23，7-25 をまとめたものであり，簡単のため，スパン＝12，$jd=2$，$\tan\theta=0.5$，等分布荷重＝1 としている）．

まず，図(a)はトラス機構を模式的に示したもので，$\tan\theta=0.5$（$\theta \fallingdotseq 27°$）なる圧縮斜材を仮定している（ただし，支点近傍ではこれが変化する）．図(b)は塑性トラス理論から算出される必要な軸力 $A_{\mathrm{w}}f_{\mathrm{wy}}$ を示したもので，これは式(6.8)において $\alpha=90°$ とし，V_{s} を V に戻して

$$V=\frac{A_{\mathrm{w}}f_{\mathrm{wy}}jd\cot\theta}{s} \quad\longrightarrow\quad A_{\mathrm{w}}f_{\mathrm{wy}}=V\left(\frac{s}{jd}\right)\tan\theta$$

としたものである．ただし，$l=jd\cot\theta$（式(6.4)で $\alpha=90°$ とすると得られる）がトラス機構の 1 区間であり，その区間の最小値に対して腹鉄筋量を設計・配置すればよい（staggering concept[5]）．

また，図(c)は，上弦引張材（ここでは負曲げが作用している）の軸引張力 T の変化を示したもので，$T=M/jd+0.5V\cot\theta$（式(6.20)）が示されている．図中には $x=3$ の場合を示しており，このとき $T=40.5/2+0.5\cdot 9/0.5=20.25+9=29.25$ となることを確かめてもらいたい．これに対して，$x=3$ から $jd=2$ 分だけモーメントシフトすると（この場合はマイナス側にシフト），このときは，$M=0.5\{12-(3-2)\}^2=60.5$，したがって，$T=M/jd=60.5/2=30.25$ となり，上記の $T=29.25$ に対して若干安全側の値となることがわかる．

One Point アドバイス

――力学的鉄筋比 ϕ の活用法――

2 章の One Point アドバイスで説明した鉄筋の剛度係数 np は材料剛性（ヤング係数）に対する無次元係数であるのに対して，強度を論じる場合は力学的鉄筋比 ϕ が多く用いられる．これら両係数は，

$$np=p\times\frac{E_{\mathrm{s}}}{E_{\mathrm{c}}} \longleftrightarrow \phi=p\times\frac{f_{\mathrm{y}}}{f'_{\mathrm{c}}}$$

のように対比することができ，両者とも通例 1 を下回る数値となるが，似て非なることを理解してもらいたい．

ϕ は力学的鉄筋比（mechanical reinforcement ratio）または鉄筋係数（reinforcement index）と呼ばれ，終局耐力を無次元表示した場合，必ず現れる（曲げ耐力では，4-3，5-3 節など，ここ 6 章のせん断耐力ではせん断補強筋に対して ψ_w として用いられる）.

ところで，これを用いる最も便利なことは，特定の鉄筋比や材料強度に左右されない無次元化した量として取り扱うことができることにある．そこで，付図 6-3(a)のように終局耐力 R が力学的鉄筋比 ψ で表されているとしよう．このとき，設計作業としては要求される R がまず与えられ，図中から所要の ψ を求めることになる．いったん ψ が得られれば，各々の設定断面や条件に応じて，鉄筋比，材料強度を選定することになる．例えば，$\psi=0.2$ に対する p, f_y, f'_c の組合せは無限に存在し，設計者は設計条件の中から最適なものを選ぶことになる．一方，図(b)のように終局耐力 R が鉄筋比 p で与えられる場合は，あらかじめ f_y, f'_c を仮定する必要があり，設計作業として手戻りが出てくることがある.

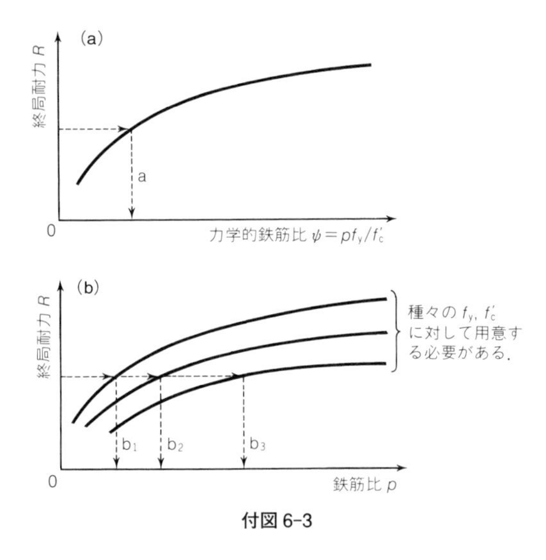

付図 6-3

図(a)のような力学的鉄筋比による図化や定式化は，本書でもいくつか提示してあるので具体的に確認されたい（例えば，4 章では図 4-7，5 章では式(5.25)～(5.28)など，6 章では式(6.10)）.

また，単位系（慣用単位の kgf/cm^2 と SI 単位の N/mm^2）のことを全く心配しないで済むことも大きな利点である．古くから活用されている設計チャートには必ずこの力学的鉄筋比が出てくる（ただし，これは終局耐力の場合で，例えば許容応力度法ではこれに代わって np の登場となる）.

例えば，さかのぼって終局曲げ耐力（4 章）の算定式

$$\frac{M}{bd^2 f'_c} = \phi\left(1 - \frac{\phi}{1.7}\right) \tag{4.44b}$$

はその代表例であり，簡潔な表現であるといえる．さらには，釣合い断面に対する力学的鉄筋比を ϕ_b とすると，これは $\phi_b = 0.46$ 程度となり，材料の種類や断面の実寸法に関係しない値として覚えておくと便利である．

6-3　コンクリート標準示方書によるせん断耐力の設計法

6-3-1　設計せん断耐力

土木学会「コンクリート標準示方書」[1]におけるせん断耐力の設計法は，棒部材の設計せん断耐力 V_{yd} として，コンクリートによる負担分 V_{cd} とせん断補強筋による負担分 V_{sd} の和として与えられる．すなわち，

$$V_{yd} = V_{cd} + V_{sd} \tag{6.23}$$

以下，これら 2 成分 V_{cd}, V_{sd} の算定式を解説を加えながら順次示す．

（1）　コンクリートによる設計せん断耐力 V_{cd}

コンクリートの強度，部材の高さ，鉄筋比，軸方向力などの影響を考慮して，次式で求める．

$$V_{cd} = \beta_d \beta_p f_{vcd} b_w d / \gamma_b \quad (\gamma_b = 1.3) \tag{6.24}$$

$$f_{vcd} = 0.20\sqrt[3]{f'_{cd}} \quad (\mathrm{N/mm^2}) \quad \text{ただし，} f_{vcd} \leqq 0.72\ \mathrm{N/mm^2} \tag{6.25}$$

$$\left\{\begin{aligned} &\beta_d = \sqrt[4]{1000/d} \quad (d : \mathrm{mm}) \quad \text{ただし } \beta_d > 1.5 \text{ となる場合は } 1.5 \\ &\beta_p = \sqrt[3]{100 p_v} \quad (p_v = A_s / b_w d) \quad \text{ただし } \beta_p > 1.5 \text{ となる場合は } 1.5 \end{aligned}\right\} \tag{6.26}$$

β_d, β_p はそれぞれ部材有効高さの影響，軸方向鉄筋の影響を加味し調整する係数である（図 6-9 参照）．コンクリートの設計基準強度 f'_{cd} と f_{vcd} の関係を図 6-8 に示す．なお，現行示方書の条文（枠内）では軸力項 β_n が省略されているが，軸力の影響を考慮する場合，枠外の解説を参照されたい．

このような算定法は，複雑のように見えるが，次のように考えると覚えやすい．すなわち，式(6.25)で与えられるコンクリートのせん断強度 f_{vcd} に対して，抵抗面積 $b_w \cdot d$ を乗じたものが，せん断耐力 V_{cd} である．このとき，係数 β_d, β_p は影響するパラメータ（それぞれ d, p_v）を考慮するための微調整で，$d = 1000$ mm，$p_v = 0.01$ (1%)，$d \rightarrow$ 大，$p_v \rightarrow$ 小となるほど，これらの影響係数は 1 より小さくなる（図 6-9）．

また，設計用せん断強度 f_{vcd} は f'_{cd} に比べて極めて小さく，その比 f_{vcd}/f'_{cd} をとると，例えば $f'_{cd} = 30\ \mathrm{N/mm^2}$ のとき 2% 程度となる（図 6-8）なお，軽量骨材コンク

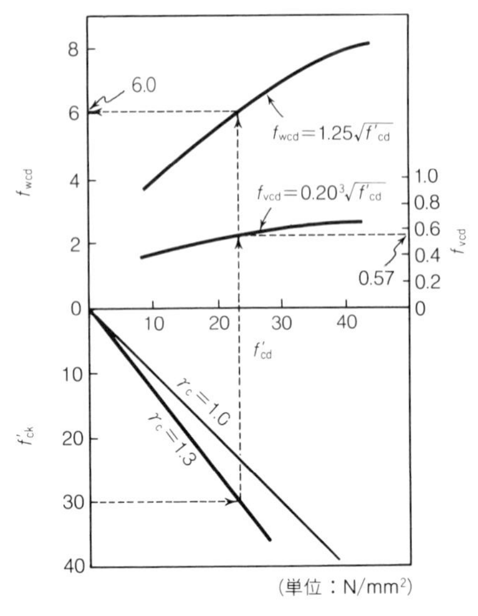

図 6-8 コンクリートの設計せん断強度 f_{vcd} と腹部コンクリートの設計圧縮強度 f_{wcd} の算出（$f'_{cl} \rightarrow f'_{cd} \rightarrow f_{vcd}, f_{wcd}$）

リートの場合には，上式で求めた f_{vcd} の 70 % とする．

（2） せん断補強筋が負担する設計せん断耐力 V_{sd}

せん断補強鋼材により受け持たれる設計せん断耐力は次式で求める．

$$V_{sd}=\left\{\frac{A_w f_{wyd}(\sin\alpha_s+\cos\alpha_s)}{s_s}\right\}z/\gamma_b \tag{6.27}$$

ここに，A_w：区間 s_s（配置間隔）におけるせん断補強鉄筋の総断面積，f_{wyd}：せん断補強鉄筋の設計降伏強度で，25 f'_{cd}(N/mm²) と 800 N/mm² のいずれか小さい値を上限とする．α_s：せん断補強筋と部材軸のなす角度，z：$z=jd$ のように与えられ，一般に $j=7/8$ または $j=1/1.15$ が用いられる．γ_b：部材係数（$\gamma_b=1.15$ とする）．

なお，極めて高強度の鉄筋をせん断補強鉄筋として使用すると，せん断破壊時の斜めひび割れ幅が過大となり，抵抗せん断力が低下することがあるので，せん断補強鉄筋の設計降伏強度 f_{wyd} を 400 N/mm² 以下に制限する．

せん断補強鉄筋の負担せん断力は，前述のトラス理論で $\theta=45°$ とした場合（式(6.11a)）であると考えやすい．

スターラップは仮想トラスの引張腹材としてせん断力に抵抗するばかりでなく，引張鉄筋を取り囲むことによって，斜めひび割れが引張鉄筋に沿って発達することを防止す

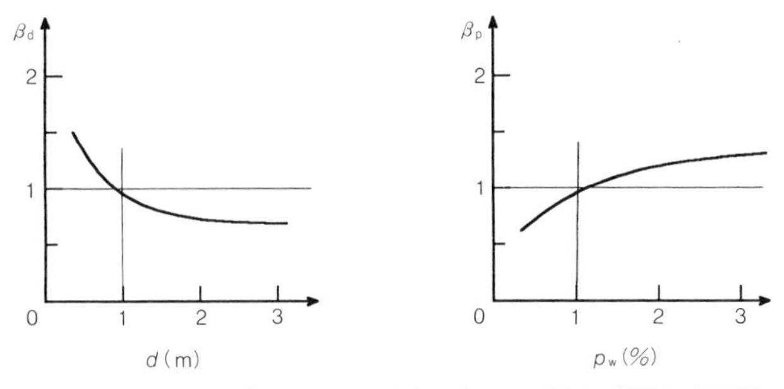

図 6-9　せん断耐力（コンクリート負担分）に及ぼす各種要因の影響[1]

る効果も持っている．このような効果を発揮させるために，最小限どれだけのスターラップが必要となるかは明らかではないが，せん断補強鉄筋が負担すべきせん断力の少なくとも 1/2 はスターラップで受け持つこととする．

6-3-2　腹部コンクリートの設計斜め圧縮破壊耐力 V_{wcd}

せん断補強筋が多量に配置されている場合には，せん断補強筋が降伏せずに，腹部コンクリートの圧縮破壊が先行し，脆性的なせん断破壊に至る．このような破壊を避けるために V_{wcd} を次式によって求め，その安全性を検討する必要がある．

$$V_{wcd}=f_{wcd}b_wd/\gamma_b \quad (\gamma_b=1.3) \tag{6.29}$$

すなわち，前出の式（6.18）で指摘したように $V_{sd}<V_{wcd}$ とならなくてはならない．

ここで，

$$f_{wcd}=1.25\sqrt{f'_{cd}} \quad (\mathrm{N/mm^2}),\ (f'_{cd}=f'_{ck}/\gamma_c)$$

$$\text{ただし } f_{wcd}\leqq 9.8\ \mathrm{N/mm^2} \tag{6.30}$$

上式において，f_{wcd} は形式上腹部コンクリートの設計圧縮強度となるが，実験データが十分でないため，かなり安全側に定められたものである．コンクリートの設計基準強度 f'_{ck} と f_{wcd} の関係を図 6-8 に例示したが，図中の破線は $f'_{ck}=30\ \mathrm{N/mm^2}$ のときの例で，$f_{wcd}=6.0\ \mathrm{N/mm^2}$ となる．

さらに，トラス理論との対応を考えると，式(6.16b)において添字として d（設計）を加え，$f_{wcd}=\nu f'_{cd}$ のようにおき，部材係数 γ_d を考慮すると次式を得る．

$$V_{wcd}=\frac{1}{2}\nu f'_{cd}b_wjd/\gamma_d \tag{6.31}$$

ここで，$j=1/1.15$ とし，式(6.30)を式(6.29)に代入し，上式(6.31)と対応させると，

$$\text{コンクリートの有効係数：}\nu=\frac{2.9}{\sqrt{f'_{cd}}}\leqq 1.0 \tag{6.32}$$

となることがわかる．したがって，普通コンクリート $f'_{cd}=25\sim40\ \mathrm{N/mm^2}$ のとき，コンクリートの有効係数は大略 $\nu=0.58\sim0.46$ となる（高強度ほど ν は小さくなることを確認せよ）．

《例題 6.2》

次のようなスターラップをもつ T 形断面のせん断耐力について，各設問に答えよ．

［断面諸元］

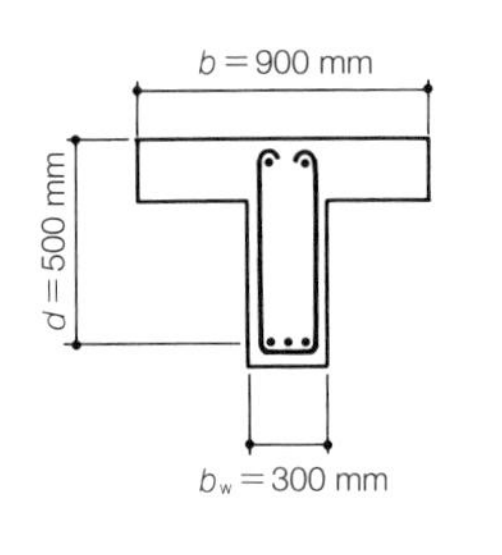

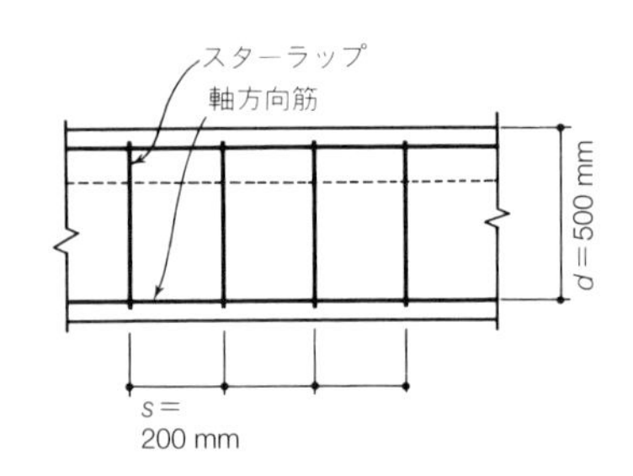

付図 6-4

［材料条件］ コンクリート：$f'_{ck}=24\ \mathrm{N/mm^2}$

スターラップ：SD295

∪×D13　($\alpha=90°$)

軸　方　向　筋：SD295

4×D25　（引張鉄筋のみ考える）

$p_v=20.3/30\cdot50=0.0135$

① まず，安全係数を用いず，材料の強度特性値によりせん断耐力 V_y を算定せよ

② 次のような安全係数を用い，設計せん断耐力 V_{yd} を算定し，①の結果と比較せよ．また，腹部コンクリートの設計斜め圧縮破壊耐力 V_{wcd} を求め，V_{yd} と比較せよ．

・材料系数［コンクリート：$\gamma_c=1.3$ / スターラップ：$\gamma_s=1.0$］　・部材係数［V_{cd} に対して，$\gamma_{bc}=1.3$ / V_{sd} に対して，$\gamma_{bs}=1.15$］

③ 今度は，設計せん断力が $V_d=320$ kN となるように設計変更せよ（$\gamma_i=1.1$ とする）．ただし，変更し得る条件は，スターラップの径とピッチおよび鉄筋の規格とする．

【解答】

①**せん断耐力 V_y の算定チャート**（設計用値ではないので，添字 d はつけない）		
項　目	参照箇所	計　算　手　順
・コンクリートの寄与分 V_c の算定		
2 係数の計算	式(6.26)	$\beta_d=\sqrt[4]{1/0.5}=1.189$, $\beta_p=\sqrt[3]{100\cdot 0.01353}=1.106$
コンクリートの	式(6.25)	$f_{vc}=0.20\sqrt[3]{24}=0.5769<0.72\ \mathrm{N/mm^2}$
せん断強度 V_c	式(6.24)	$V_c=1.189\cdot 1.106\cdot 0.5769\cdot 300\cdot 500[\mathrm{N}]=\underline{114\ \mathrm{kN}}$ （$\beta_d=\beta_p=1$ として略算すると，$V_c=87\ \mathrm{kN}$）
・スターラップの負担分 V_s の算定		
諸　元		$A_w=2\cdot \mathrm{D13}=253\ \mathrm{mm^2}$, $\alpha=90°$（U 型鉛直スターラップ） $f_{wy}=295\ \mathrm{N/mm^2}$, $s=200\ \mathrm{mm}$,　$z=jd=500/1.15=434.8\ \mathrm{mm}$
V_s の算出	式(6.11)	$V_s=A_w f_{wy}(\sin\alpha+\cos\alpha)z/s$ $=253\cdot 295\cdot 1\cdot 434.8/200$ $=\underline{162\ \mathrm{kN}}$
・せん断耐力 $V_y=V_c+V_s$：		
		$V_y=V_c+V_s=114+162=\underline{276\ \mathrm{kN}}$

②　**設計せん断耐力 V_{yd} の算定チャート**（添字 d を用いる）		
項　目	参照箇所	計　算　手　順
・材料の設計強度 f_d	$f_d=f_k/\gamma_m$ 式(3.4)	コンクリート：$f'_{cd}=f'_{ck}/\gamma_c=24/1.3$ $=18.5\ \mathrm{N/mm^2}$ 鉄　筋：$f_{wyd}=f_{wy}/\gamma_s=295/1.0=295\ \mathrm{N/mm^2}$
・コンクリートの寄与分 V_{cd} の算定：		
	式(6.25)	$f_{vcd}=0.2\sqrt[3]{18.5}=0.529\ \mathrm{N/mm^2}$
	式(6.24)	$V_{cd}=1.189\cdot 1.106\cdot 0.529\cdot 300\cdot 500/1.3=\underline{80.3\ \mathrm{kN}}$
・スターラップの負担分 V_{sd} の算定：		
	式(6.27)	$V_{sd}=253\cdot 295\cdot 434.8/200/1.15=\underline{141\ \mathrm{kN}}$
・設計せん断耐力 $V_{yd}=V_{cd}+V_{sd}$		
	式(6.23)	$V_{yd}=V_{cd}+V_{sd}=\underline{221\ \mathrm{kN}}$
①のときに比べて，$V_{yd}/V_y=221/276=0.80$ となり，設計用値にすることにより，約 20％減ぜられていることがわかる．		
・設計斜め圧縮耐力 V_{wcd} の算定：		
	式(6.30)	圧縮ストラットの強度 $f_{wcd}=1.25\sqrt{18.5}$ $=5.38\ \mathrm{N/mm^2}\leqq 7.8\ \mathrm{N/mm^2}$
	式(6.29) （式(6.18)）	$V_{wcd}=f_{wcd}b_w d/\gamma_b=5.38\cdot 300\cdot 500/1.3$ $=620\ \mathrm{kN}>V_{yd}$：O.K.

③設計変更によるスターラップの変更		
項　　目	参照箇所	計　算　手　順
・設計変更の考え方	式(3.3) 式(6.23)	$\gamma_i \dfrac{V_d}{V_{yd}} \leqq 1.0 \rightarrow V_{yd} \geqq \gamma_i V_d = 1.1 \cdot 320 = 352$ kN $V_{yd} = V_{cd} + V_{sd}$ $= 80.3 \times 10^3 + \dfrac{A_w f_{wyd}}{s} \cdot \dfrac{434.8}{1.15} \geqq 352 \times 10^3$ N $\therefore \quad \dfrac{A_w f_{wyd}}{s} \geq 718.9$ N/mm を満足する組合せを考える.
・設計変更 #1 スターラップの条件 設 計 せ ん 断 耐 力 設　計　照　査	 式(6.3) 式(3.3)	 $A_w = 2 \cdot \mathrm{D16} = 397\ \mathrm{mm}^2$, $f_{wyd} = 345\ \mathrm{N/mm}^2$, $s = 200$ mm $V_{yd} = 80.3 \times 10^3 + \dfrac{397 \cdot 345}{200} \times \dfrac{434.8}{1.15}$ $= 339\ \mathrm{kN} \leqq V_{wcd}$ $\gamma_i \dfrac{V_d}{V_{yd}} = 1.1 \dfrac{320}{339} = 1.04 \not\leq 1.0 \cdots$ N.G.
・設計変更 #3 スターラップの条件 設計せん断耐力 V_{yd} 設　計　照　査	 式(6.3) 式(3.3)	 $A_w = 2 \cdot \mathrm{D19} = 573\ \mathrm{mm}^2$, $f_{wyd} = 295\ \mathrm{N/mm}^2$, $s = 200$ mm $V_{yd} = 80.3 \times 10^3 + \dfrac{573 \cdot 295 \cdot 434.8}{200 \cdot 1.15} = 400\ \mathrm{kN} \leqq V_{wcd}$ $\gamma_i \dfrac{V_d}{V_{yd}} = 1.1 \dfrac{320}{400} = 0.88 \leqq 1.0 \cdots$ O.K.

以上を含めて4例（#1～#4）についての照査を付表6-2に表す.

付表6-2　4例の設計変更に関する設計照査

		現状	#1	#2	#3	#4
設計変更	A_w	2·D13 253 mm^2	2·D16 $A_w = 397$		2·D19 $A_w = 573$	
	f_{wyd}	SD295 295 N/mm^2	SD345 $f_{wyd} = 345/1.0 = 345$		SD295 295	SD390 390
	s	200 mm	200	180	200	250
V_{cd} V_{sd} $V_{yd} = V_{cd} + V_{sd}$		80.3 kN 141 kN 221 kN	80.3 258.9 339	80.3 287.7 368	80.3 319.5 400	80.3 338.0 418
$\gamma_i \dfrac{V_d}{V_{yd}}$		$1.1 \dfrac{320}{221} = 1.59$ $\not< 1.0$	$1.1 \dfrac{320}{339} = 1.04$ $\not< 1.0$	$1.1 \dfrac{320}{368} = 0.96$ $\leqq 1.0$	$0.88 \leqq 1.0$	$0.84 \leqq 1.0$
照査の判定結果		N.G.	N.G.	O.K.	O.K.	O.K.
斜め圧縮破壊の検討		いずれの場合も $V_{yd} < V_{wcd} = 620$ kN を満足している.				

上記のスターラップ配筋は次のような構造細目（示方書[1]7編2.3.2）を満たす必要がある. 各自確認せよ.

i ）　最小鉄筋比：$p_w = \dfrac{A_w}{b_w s} > 0.0015$

ii ）　最 小 間 隔：$s < \dfrac{d}{2}$　かつ　$s < 300\,\mathrm{mm}$

6-4　スラブの押抜きせん断

鉄筋コンクリートスラブは，柱や支持部材を通じて部分的に鉛直荷重が集中する場合があり，このとき押抜きせん断による破壊（punching shear failure）に注意する必要がある．フラットスラブの柱頭部や杭基礎/直接基礎上のフーチングなどがその代表例である．

押抜きせん断は，平面状に広がるスラブに面外へコーン状に押し抜いた破壊を示し，通例，極めて脆性的な終末となる．これは梁部材のせん断破壊と同様のメカニズムで説明できるが，軸対称の3次元的な破壊面を呈するため，その定量的評価はより困難となる．これは，図6-10(a)，(b)のように模式的に表すことができ，載荷面（上面）の周長uから破壊面が末広がりに拡大し下面まで到達し，押し抜ける．

一方，設計に際しては図(c)のような円筒状の仮想破壊面（限界断面）を設定して，この仮想面の単位面積当りの平均的な公称せん断強度を考える．したがって，スラブの押抜きせん断の終局耐力は，「仮想破壊面の面積×公称せん断強度」という形で表すことができ，以降に示す終局耐力式はこのように見るとわかりやすい．

このときの影響因子は数多くあるが，主なものを挙げると，

形 状 寸 法 ⟶ 載荷領域の大きさとスラブ厚さ
強 度 特 性 ⟶ コンクリート強度
補　強　筋 ⟶ 主筋（用心鉄筋）の鉄筋比
寸 法 効 果 ⟶ 有効厚さについての寸法効果
そ　の　他 ⟶ 曲げモーメント，周辺の拘束条件

が指摘されている（例えば，文献[6]，[7]）．

ここでは，上記の考察を念頭に入れ，押抜きせん断耐力に関するコンクリート標準示方書[1]での設計耐力式を紹介する．

コンクリート標準示方書の設計耐力式

標準示方書の終局耐力式は，梁部材のせん断耐力式のコンクリート負担分（式(6.24)）と同じ形式をとり，以下のように表現される．

$$V_{pcd} = \beta_d \beta_p \beta_r f_{pcd} u_p d / \gamma_b \tag{6.33}$$

公 称 せ ん 断 強 度：$f_{pcd} = 0.20\sqrt{f'_{cd}}$，（$f'_{cd}$：$\mathrm{N/mm^2}$，コンクリートの圧縮強度）

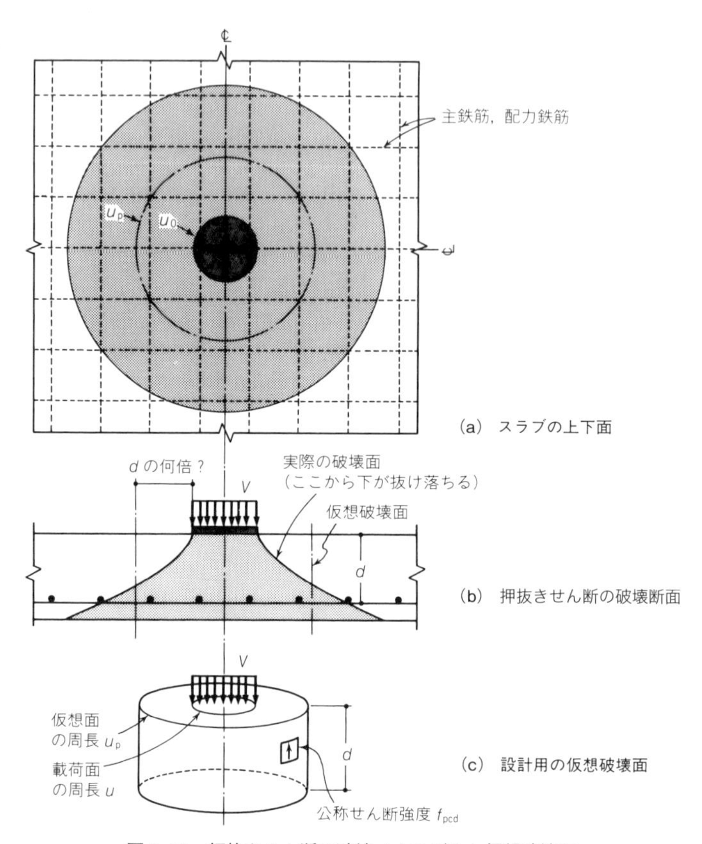

図 6-10 押抜きせん断の破壊メカニズムと仮想破壊面

d についての寸法効果：$\beta_d=\sqrt[4]{1000/d}$，(d: mm)　$\beta_d>1.5$ のとき $\beta_d=1.5$

p についての影響係数：$\beta_p=\sqrt[3]{100p}$，($p=(p_x+p_y)/2$)　$\beta_p>1.5$ のとき $\beta_p=1.5$

u/d についての影響係数：$\beta_r=1+\dfrac{1}{1+0.25u/d}$　(6.34)

仮想面の周長：$u_p=u+2\pi\cdot\dfrac{d}{2}$

部材係数：γ_b　通例 1.3 とする．

ここで，u：載荷面の周長，u_p：仮想破壊面の周長，d：スラブの有効厚さ，p：2 方向の平均鉄筋比，p_x と p_y：各方向の鉄筋比を表す（図 6-10 を再度参照）．

式 (6.33) は，「せん断強度 f_{vcd}×仮想的な抵抗面積 b_wd」に，調整項である 3 係数

$\beta_d, \beta_p, \beta_r$ を乗じ，部材係数 γ_b で除したものと考えるとわかりやすい．

参 考 文 献

［1］ 土木学会：2022 制定 コンクリート標準示方書［設計編］

［2］ ACI-ASCE Committee 426 : The Shear Strength of Reinforced Concrete Members, *ASCE*, St, Div., Vol. 99, No. ST6（June 1973）, pp. 1091〜1187.

［3］ Nawy, E.G. : Reinforced Concrete, A Fundamental Approach（2nd edition）, Prentice Hall（1990）.

［4］ 土木学会：平成 8 年制定 コンクリート標準示方書［設計編］，6 章：終局強度限界に対する検討.

［5］ Collins, M.P. and Mitchell, D. : Prestressed Concrete Structures, Prentice Hall（1991）

［6］ 角田・井藤・藤田：鉄筋コンクリートスラブの押抜きせん断耐力に関する実験的研究，土木学会論文報告集，第 229 号（1974.9）, pp. 105〜115.

［7］ 小柳洽：鉄筋コンクリートスラブの押抜きせん断とその設計上の取扱い，コンクリート工学，Vol. 19, No. 8（Aug. 1981）, pp. 3〜13.

7

許容応力度設計法

許容応力度設計法（allowable stress design method）は，コンクリートの引張力を無視した弾性解析により，断面力による材料の応力度がその許容応力度以下におさまるように設計するものである．これは，許容応力度の設定にのみ安全率が用いられ，きわめてシンプルな設計法であり，明治時代中期に鉄筋コンクリートが導入されて以来，長い間用いられてきた．

コンクリート標準示方書において限界状態設計法が採用された昭和 61 年版以降では，それまでの許容応力度設計法は 2002 年版まで章末に付記され，現在の設計編には掲げられていない．

許容応力度設計法は，現在なお設計実務では数多く用いられており，また使用限界や疲労限界と同じ荷重レベルを取り扱うことになり，同様の応力度算定式を用いることになる．すなわち，許容応力度設計法はなお重要な学習すべき内容であり，本章でその考え方と手順を紹介する．

7-1　許容応力度法における仮定と照査法

部材のコンクリートおよび鉄筋の応力度を算定するに際し，表 7-1 に示す 3 つの仮定から出発する．

このような断面仮定による解析は，慣例に従い弾性解析（RC 断面）と呼び，例えば 4 章の表 4-1 のⅡに示したとおりで，曲げ部材では 4-2 節，軸力と曲げを受ける部材では 5-2-3 項を参照されたい．

終局限界状態に関する設計法では，「作用断面力≦断面耐力」によって設計照査が行われたが，許容応力度設計法では基本的に

表 7-1　部材応力度算定上の仮定

仮定	**[仮定(1)]** 部材のひずみ ε は断面の中立軸からの距離 y に比例する．	**[仮定(2)]** コンクリートの引張応力を無視する．	**[仮定(3)]** コンクリートおよび鉄筋のヤング係数は一定とする．
説明	これは，部材の変形前に平面であった断面は変形後も平面であることを表す仮定で，このことを平面保持の法則という．	コンクリートの引張強度は，圧縮強度の 1/10～1/13 と小さく，ひび割れ断面を考えているので，コンクリートの引張応力を無視する．	鉄筋とコンクリートのヤング係数の比を $n=15$ とする．

$$\text{作用応力度}\ \sigma \leqq \text{許容応力度}\ \sigma_a \tag{7.1}$$

によって照査される（3-2 節参照）ここで，作用応力度 σ は外的な荷重によって部材内の材料（コンクリート，鉄筋）に作用する応力（working stress）であり，許容応力度 σ_a（allowable stress）はここまでなら大丈夫という許容限界を定めたもので，材料ごとの強度や品質から決まる．これらは両者とも N/mm^2（または MPa）の単位となる．

式(7.1)を部材ごとに詳しく書くと，次のようにまとめられる．

【曲げ部材，軸力と曲げを受ける部材】

$$\left.\begin{array}{ll}\text{圧縮コンクリート：} & \sigma'_c \leqq \sigma'_{ca} \\ \text{引　張　鉄　筋：} & \sigma_s \leqq \sigma_{sa}\end{array}\right\} \tag{7.2}$$

【せん断力を受ける部材】

$$\left.\begin{array}{ll}\text{斜め引張鉄筋を用いない場合：} & \tau \leqq \tau_{a1} \\ \text{斜め引張鉄筋を用いる場合　：} & \tau \leqq \tau_{a2}\end{array}\right\} \tag{7.3}$$

【鉄筋の付着応力度】

$$\tau_0 \leqq \tau_{0a} \tag{7.4}$$

以上の諸式で，添字 a は allowable：許容を示している．

7-2　曲げモーメントを受ける部材

7-2-1　作用応力度と許容応力度

まず，曲げモーメント M を受けるときの材料の作用応力度を算出するが，これらは 4 章のうち，弾性解析（RC 断面）の算定結果を用いることができる．そこで，曲げモーメント M が与えられたときの材料応力の応力度算定式を 4 章より再記する（図 7-1 参照）．

[単鉄筋長方形断面]

$$\left.\begin{array}{ll}\text{コンクリート応力：} & \sigma'_c = \dfrac{2M}{bxjd} = \dfrac{2}{kj} \cdot \dfrac{M}{bd^2} \\ \text{鉄　筋　応　力：} & \sigma_s = \dfrac{M}{A_s jd} = \dfrac{1}{pj} \cdot \dfrac{M}{bd^2}\end{array}\right\} \tag{7.5}$$

ただし，$k = -np + \sqrt{(np)^2 + 2np}$，$j = 1 - \dfrac{k}{3}$　(7.6)

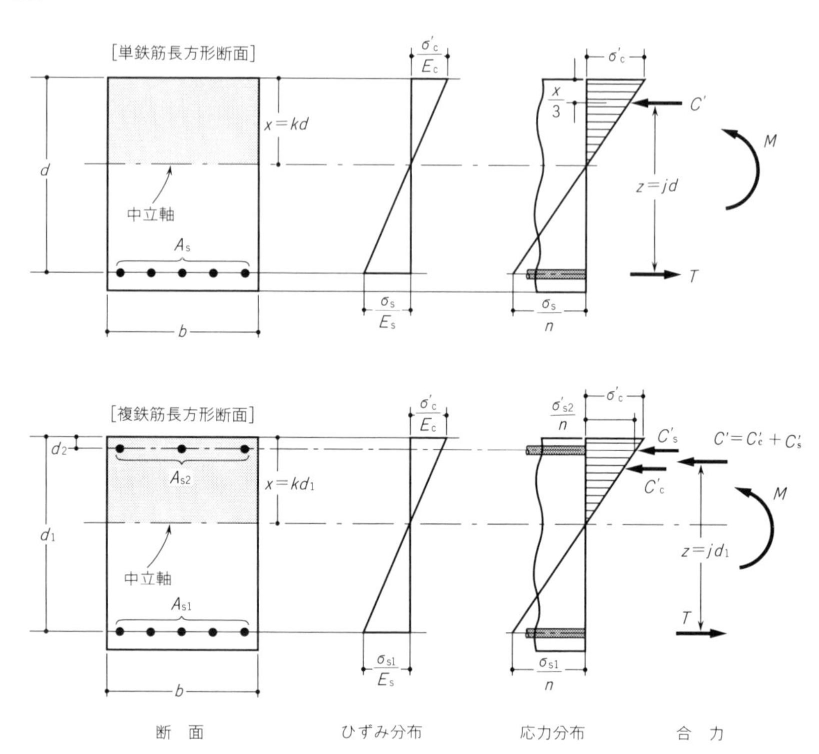

図 7-1　弾性解析（RC 断面）における計算仮定

[複鉄筋長方形断面]

$$\left.\begin{aligned}
&\text{コンクリート応力：}\quad \sigma'_c=\frac{2}{kj'}\cdot\frac{M}{bd_1{}^2}\\
&\qquad\text{ただし，}\ j'=\frac{k^2\left(1-\dfrac{k}{3}\right)+2np_2(k-\gamma)(1-\gamma)}{k^2}\\
&\text{引張鉄筋応力：}\quad \sigma_{s1}=\frac{1}{p_1j''}\cdot\frac{M}{bd_1{}^2}\\
&\qquad\text{ただし，}\ j''=\frac{k^2\left(1-\dfrac{k}{3}\right)+2np_2(k-\gamma)(1-\gamma)}{k^2+2np_2(k-\gamma)}
\end{aligned}\right\}\tag{7.7}$$

$$k=-n(p_1+p_2)+\sqrt{n^2(p_1+p_2)^2+2n(p_1+\gamma p_2)},\quad \gamma=d_2/d_1 \tag{7.8}$$

式(7.7)，(7.8)では圧縮・引張鉄筋の区別が必要なので，下添字 1 と 2 を復活させた．$p_2=0$ とすると単鉄筋の場合に戻るので確認されたい．これらは，$np\rightarrow k\rightarrow j$（あるい

表 7-2 コンクリートの許容曲げ圧縮応力度 σ'_{ca} (N/mm^2) [1]

項目	設計基準強度 f'_{ck} (N/mm^2)			
	18	24	30	40
許容曲げ圧縮応力度	7	9	11	14

表 7-3 鉄筋の許容引張応力度 σ_{sa} (N/mm^2) [1]

鉄筋の種類	SR235	SR295	SD295A, B	SD345	SD390
(a) 一般の場合の許容引張応力度	137	157(147)	176	196	206
(b) 疲労強度より定まる許容引張応力度	137	157(147)	157	176	176
(c) 降伏強度より定まる許容引張応力度	137	176	176	196	216

( )は軽量コンクリートに対する値

は，$np_1, np_2 \rightarrow k \rightarrow j', j''$）のように断面の実寸法や曲げモーメントの大きさとは無関係に計算することができる．また，ヤング係数比 n は，常に $n=15$ とする．

一方，許容応力度として，コンクリート標準示方書[1]の規定値を示すと，表 7-2，表 7-3 のようになる．コンクリートの許容曲げ圧縮応力度 σ'_{ca} は，設計基準強度 f'_{ck} ごとに定められ，鉄筋の許容応力度 σ_{sa} は，丸鋼（SR シリーズ），異形鉄筋（SD シリーズ）の各種類ごとに与えられている．

以上のようにして得られた作用応力度と許容応力度を用いて，式(7.2)によって安全性を照査するが，次に示す慣用設計法を用いると効率的な断面を設計することができる．

《例題 7.1》

コンクリートおよび鉄筋の許容応力度は，その設計基準強度 f'_{ck} の何分の 1（または何 % 程度）になっているか，おおよその値を答え，考察せよ．

【解答】

このため，設計基準強度 f'_{ck} と諸許容応力度との関係を，普通コンクリートについて付図 7-1 に，鉄筋について付図 7-2 にまとめ，両者の比率を付記した．

付図 7-1 は，f'_{ck} と許容曲げ圧縮応力度 σ'_{ca} との関係で，概ね $\sigma'_{ca}=f'_{ck}/3$ となっており，旧来の安全係数 3 を用いていることがわかる．

一方，付図 7-2 は，鉄筋（丸鋼と異形鉄筋）の許容引張応力度 σ_{sa} と設計基準降伏強度 f_{yk} との関係を示したもので，丸鋼，異形鉄筋とも，$\sigma_{sa}=(0.5\sim0.6)f_{yk}$ となっていることがわかる．

以上の関係を 3 章にて示した式(3.1)，$\sigma_a=f_k/\gamma$ の形式にあてはめると，安全率 γ は

コンクリート：$\gamma=2.5\sim3$，　　鉄　筋：$\gamma=1.7\sim1.8$

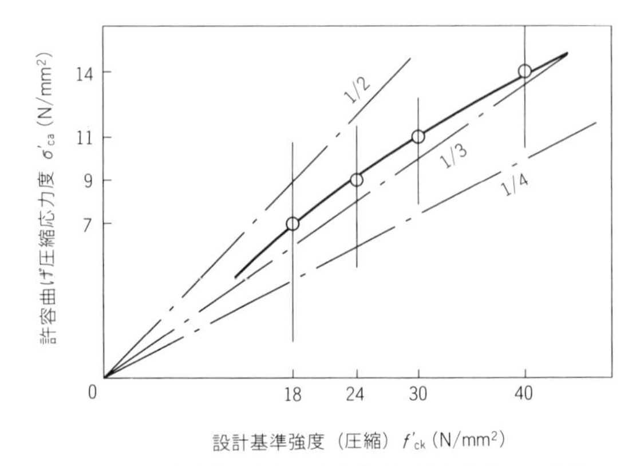

付図 7-1　設計基準強度と許容曲げ圧縮応力度との関係
—普通コンクリート—

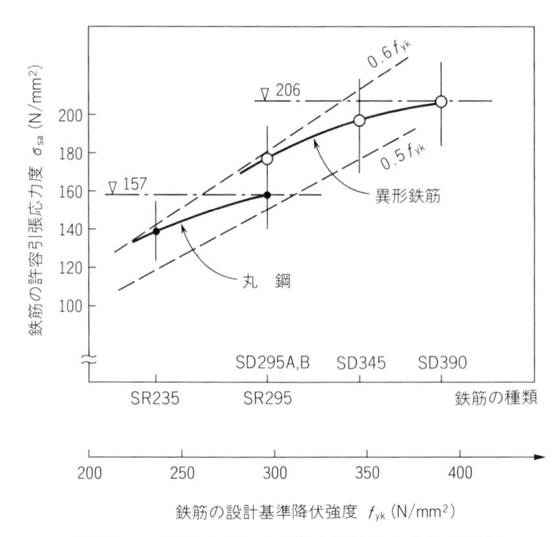

付図 7-2　設計基準強度と許容引張応力度との関係
—丸鋼と異形鉄筋—

となることがわかる．これに対して，限界状態設計法では，諸安全係数のうち，材料係数 γ_m が対応するが，これは終局限界の場合，

コンクリート：$\gamma_c=1.3$,　　鉄　筋：$\gamma_s=1.0\sim1.05$

程度と小さいことがわかる．

すなわち，限界状態設計法では，この他の安全係数として，部材係数 γ_b，荷重係数

γ_f，構造解析係数 γ_a など，目的別に多くの安全係数を有するのが特徴である．一方，許容応力度設計法ではこれらをひとまとめにして，安全率 γ に集約させるため，上述のように大きな値となっている．

限界状態設計法は，上記のような複数の安全係数を採用することにより，目的ごとにきめの細かい安全性を確保できるということで，現行示方書では主たる設計法となっている．一方，従来からの設計法である許容応力度設計法は，その簡便さ，明快さからなお捨て難く，現在も慣用計算として広く用いられている．

7-2-2　断面の算定法（単鉄筋長方形断面の場合）

許容応力度設計法による断面計算は，基本的に前節で示した弾性解析（コンクリートの引張応力無視，圧縮応力に対して線形分布）をそのまま踏襲することになる．ただし，前項では，

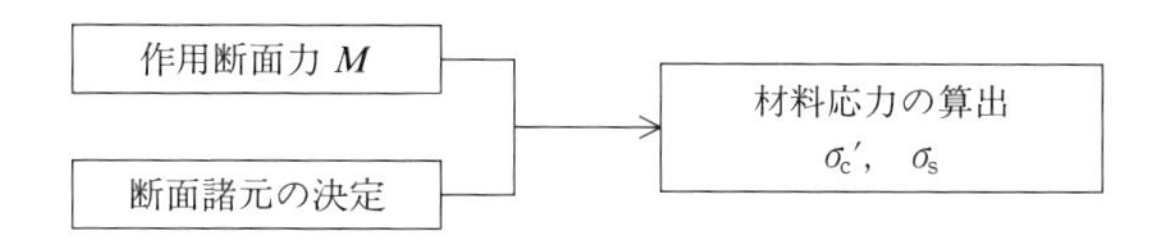

のような流れになるのに対して，許容応力度法では

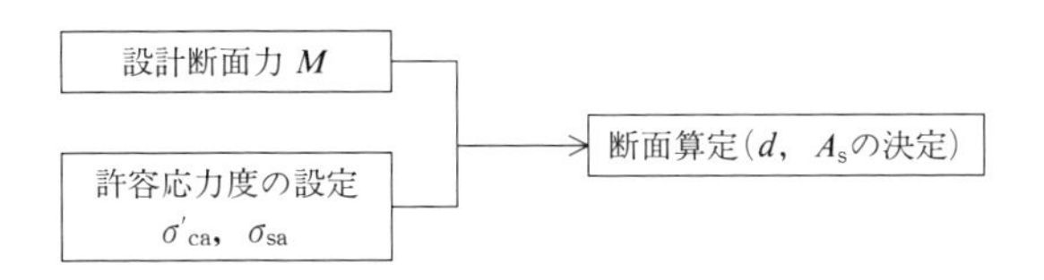

となり，必要な基本諸式は次のように求めることができる．

コンクリートの圧縮縁応力が許容応力度に達すると同時に，鉄筋の引張応力がその許容応力度になるような断面を釣合い断面（balanced section），このときの鉄筋比を釣合い鉄筋比（balanced steel ratio）という．許容応力度法による断面算定の際には，通例，この釣合い断面を考える．すなわち，

$$\sigma_c' \longrightarrow \sigma_{ca}',\quad \sigma_s \longrightarrow \sigma_{sa},\quad x \longrightarrow x_0$$

とする．このときの中立軸を x_0，中立軸比を k_0，鉄筋比を p_0（釣合い断面の断面諸量に下添字 0 をつける）とする（図 7-1 再度参照）．まず，水平方向の釣合い条件，

$$C' = T \quad \longrightarrow \quad \frac{1}{2} b\sigma_{ca}' x_0 = \sigma_{sa} A_s \tag{7.9}$$

および，応力分布の直線性，

$$\frac{x_0}{d-x_0}=\frac{\sigma'_{ca}}{\sigma_{sa}/n} \tag{7.10}$$

の2つの条件から次式を得る．

$$k_0\equiv\frac{x_0}{d}=\frac{n\sigma'_{ca}}{n\sigma'_{ca}+\sigma_{sa}},\quad p_0\equiv\frac{A_s}{bd}=\frac{k_0}{2}\cdot\frac{\sigma'_{ca}}{\sigma_{sa}} \tag{7.11}$$

すなわち，釣合い断面の中立軸比ならびに鉄筋比が，2つの許容応力度 $\sigma'_{ca}, \sigma_{sa}$ とヤング係数比 n によって記述されたことになる．

さて，以下に示す断面算定では，許容応力度 $\sigma'_{ca}, \sigma_{sa}$ が与えられるとともに，梁の幅 b を仮定して，有効高さ d と引張鉄筋の断面積 A_s を求める手順を示す．

まず，前項での算定結果式(7.5)，(7.6)を用い，これらに $\sigma'_c\to\sigma'_{ca}, \sigma_s\to\sigma_{sa}$ および $k\to k_0, p\to p_0$ のように置き換えて，

$$\sigma'_{ca}=\frac{2M}{k_0j_0bd^2}=\frac{1}{\dfrac{k_0}{2}\left(1-\dfrac{k_0}{3}\right)}\cdot\frac{M}{bd^2} \tag{7.12}$$

$$\sigma_{sa}=\frac{M}{A_sj_0d}=\frac{M}{A_s\left(1-\dfrac{k_0}{3}\right)d} \tag{7.13}$$

の2式を準備する．したがって，式(7.12)から d を求解すると，

$$d=\sqrt{\frac{1}{\dfrac{k_0}{2}\left(1-\dfrac{k_0}{3}\right)\sigma'_{ca}}\cdot\frac{M}{b}} \tag{7.14}$$

のように整理できる．一方，引張鉄筋の断面積 A_s については，式(7.13)から，

$$A_s=\frac{M}{\sigma_{sa}\left(1-\dfrac{k_0}{3}\right)d}=\frac{\sigma'_{ca}}{2\sigma_{sa}}\sqrt{\frac{6n}{2n\sigma'_{ca}+3\sigma_{sa}}bM} \tag{7.15}$$

のように求めることができる．さらに，これら2式を

$$d=C_1\sqrt{\frac{M}{b}},\quad ただし，C_1=\sqrt{\frac{1}{\dfrac{k_0}{2}\left(1-\dfrac{k_0}{3}\right)\sigma'_{ca}}} \tag{7.16}$$

$$A_s=C_2\sqrt{bM},\quad ただし，C_2=\frac{\sigma'_{ca}}{2\sigma_{sa}}\sqrt{\frac{6n}{2n\sigma'_{ca}+3\sigma_{sa}}} \tag{7.17}$$

のように書き換えるとわかりやすい．すなわち，通例 n は既知（$n=15$）で，$\sigma'_{ca}, \sigma_{sa}$ も与えられるので，係数 C_1, C_2 はあらかじめ算出し，計算チャートとして準備することができる．したがって，幅 b を仮定することにより，手早く d と A_s を決定することができる．

以上が許容応力度による単鉄筋長方形断面の断面決定法である．この他，実際の設計現場では，複鉄筋T形断面，円形断面などが必要となるが，これらについては古くか

らの成書（例えば文献[2]）に詳しい．

《例題 7.2》

付図 7-3 のような単鉄筋長方形梁の断面を設計し，d と A_s を算定せよ．ただし，作用する曲げモーメントを $M=400$ kN·m，断面の幅を $b=400$ mm とする．材料の規格は，コンクリート：$f'_{ck}=30$ N/mm^2，鉄筋：SD345 とする．

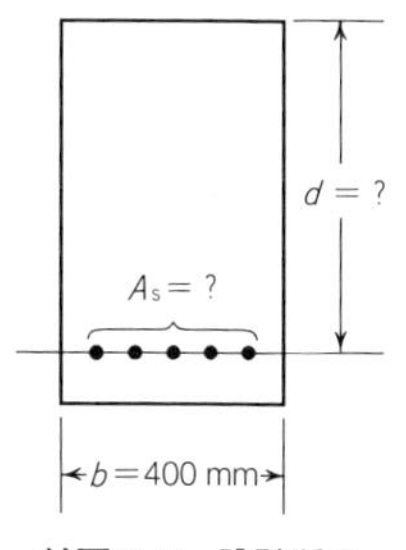

付図 7-3　設計断面

【解答】

まず，設計チャート #1 に示すように，与えられた計算条件のもとに，必要とする有効高さ d と鉄筋断面積 A_s を算出する．

次に，これらを満足する値として，$d=700$ mm，$A_s=6\times$D29 を決定した．その結果，設計チャート #2 に示すように，作用応力度 σ_c と σ'_s を算出し，両応力とも許容応力度以下であり，安全性が照査された．

設計チャート #1：有効高さ d と鉄筋断面積 A_s の所要量の算出

項　目	参照箇所	計　算
計算条件：		
曲げモーメント		$M=400$ kN·m $=400\times10^6$ N·mm
断面諸元		$b=400$ mm，$d=?$，$A_s=?$
許容応力度	表 7-2	$f'_{ck}=30$ N/mm^2 ⇒ $\sigma'_{ca}=11$ N/mm^2
	表 7-3	SD345 ⇒ $\sigma_{sa}=196$ N/mm^2 $n=15$
k_0，p_0	式(7.11)	$k_0=\dfrac{15\cdot11}{15\cdot11+196}=0.457$，　$p_0=\dfrac{0.457}{2}\times\dfrac{11}{196}=0.0128$
C_1，C_2	式(7.16)	$C_1=\sqrt{\dfrac{1}{\dfrac{0.457}{2}\left(1-\dfrac{0.457}{3}\right)11}}=0.685$　[(N/mm^2)$^{-1/2}$]
	式(7.17)	$C_2=\dfrac{11}{2\cdot196}\sqrt{\dfrac{6\cdot15}{2\cdot15\cdot11+3\cdot196}}=0.00879$　[(N/mm^2)$^{-1/2}$]
有効高さ　：d	式(7.16)	$d=C_1\sqrt{M/b}=0.685\sqrt{\dfrac{400\times10^6\ [\text{N·mm}]}{400\ [\text{mm}]}}$ $=\underline{685\ \text{mm}}$
鉄筋断面積：A_s	式(7.17)	$A_s=C_2\sqrt{bM}=0.00879\sqrt{400\cdot400\times10^6}$ $=\underline{3516\ \text{mm}^2}$

設計チャート #2：作用応力度の算出と照査

項　目	参照箇所	計　算
断面の決定：		
有効高さ		$d=685\ \mathrm{mm} \rightarrow d=700\ \mathrm{mm},$
鉄筋量	表 2-6	$A_s=3520\ \mathrm{mm}^2 \rightarrow 6\times\mathrm{D}29=3854\ \mathrm{mm}^2$ $\therefore\ p=\frac{A_s}{bd}=\frac{3854}{400\cdot 700}=0.0138$
諸係数の算出：		
$n,\ p,\ k,\ j$		$n=15,\ p=0.0138,\ np=0.206,$
	式(7.6a)	$k=\sqrt{2\cdot 0.206+0.206^2}-0.206=0.468$
	式(7.6b)	$j=1-\frac{0.468}{3}=0.844$
応力度の算出：		
コンクリート応力	式(7.5a)	$\sigma_c'=\frac{2}{kj}\times\frac{M}{bd^2}=\frac{2}{0.468\cdot 0.844}\times\frac{400\ [\mathrm{kN\cdot m}]}{0.4\cdot 0.7^2\ [\mathrm{m}^3]}$ $=10.33\times 10^3\ \mathrm{kN/m^2}$ $=\underline{10.3\ \mathrm{N/mm^2}<\sigma_{ca}'：\mathrm{O.K.}}$
鉄筋応力	式(7.5b)	$\sigma_s=\frac{1}{pj}\times\frac{M}{bd^2}=\frac{1}{0.0138\cdot 0.844}\times\frac{400\ [\mathrm{kN\cdot m}]}{0.4\cdot 0.7^2\ [\mathrm{m}^3]}$ $=175\times 10^3\ \mathrm{kN/m^2}$ $=\underline{175\ \mathrm{N/mm^2}<\sigma_{sa}：\mathrm{O.K.}}$

7-3　軸力と曲げを受ける部材

7-3-1　作用応力度の算定

この場合も，5章のうち，弾性解析（RC断面）の算定結果をそのまま用いることができ，複鉄筋長方形断面の場合，表7-4のようにまとめることができる（図7-2参照）．

これらはやや煩雑な式となっているが，5章を復習してもらいたい．式中の諸記号を確認すると，

$$p_1=\frac{A_{s1}}{bd_1}\ (\text{引張鉄筋比}),\quad p_2=\frac{A_{s2}}{bd_1}\ (\text{圧縮鉄筋比})$$

$$k=\frac{x}{d_1}\ (\text{中立軸比}),\quad \gamma=\frac{d_2}{d_1},\ \ \bar{e}=e-y_c,\ \ \delta=\frac{\bar{e}}{d_1}=\frac{e-y_c}{d_1}$$

コンクリートおよび鉄筋の許容応力度は，前述の表7-2，7-3をそのまま用いることができる．

表 7-4　複鉄筋長方形断面の弾性解析（RC 断面）

	コンクリートの縁応力	鉄筋応力
材料応力	圧縮縁：$\sigma_c' = \dfrac{N'}{\dfrac{1}{2}bx - nA_{s1}\dfrac{d_1-x}{x} + nA_{s2}\dfrac{x-d_2}{x}} = \dfrac{N'/bd_1}{\dfrac{1}{2}k - np_1\dfrac{1-k}{k} + np_2\dfrac{k-\gamma}{k}}$ 引張縁：$\sigma_t=0$	圧縮鉄筋：$\sigma_{s2}' = n\sigma_c'\dfrac{x-d_2}{x} = \left(1-\dfrac{\gamma}{k}\right)n\sigma_c'$ 引張鉄筋：$\sigma_{s1} = n\sigma_c'\dfrac{d_1-x}{x} = \left(\dfrac{1}{k}-1\right)n\sigma_c'$
中立軸位置	$x^3+3\bar{e}x^2+\dfrac{6n}{b}\{A_{s1}(d_1+\bar{e})+A_{s2}(d_2+\bar{e})\}x-\dfrac{6n}{b}\{A_{s1}d_1(d_1+\bar{e})+A_{s2}d_2(d_2+\bar{e})\}=0$ 無次元表示：$k^3+3\delta k^2+6\{np_1(1+\delta)+np_2(\gamma+\delta)\}k-6\{np_1(1+\delta)+np_2\gamma(\gamma+\delta)\}=0$	

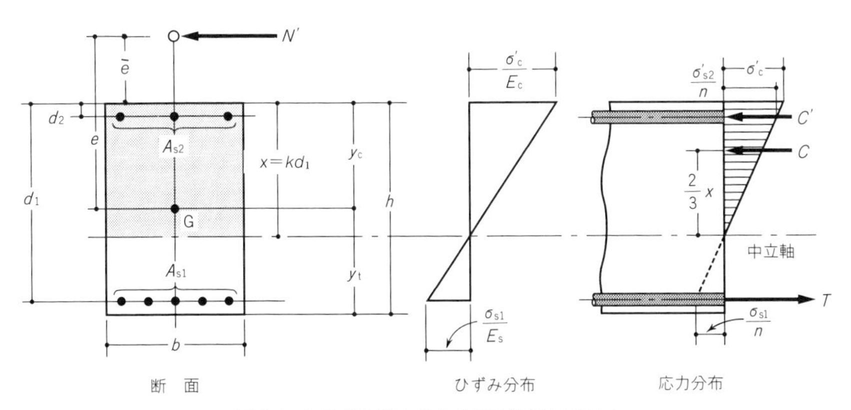

図 7-2　偏心軸圧縮を受ける複鉄筋長方形断面

7-3-2　断面の算定法

前述の 7-2-2 項と同様に，許容応力度 σ_{ca}' と σ_{sa} から定まる釣合い断面を考え，合理的な断面を設計することができる．すなわち，

$$\text{中立軸比：} k_0 \equiv \frac{x_0}{d_1} = \frac{n\sigma_{ca}'}{n\sigma_{ca}'+\sigma_{sa}} \tag{7.18}$$

$$\text{圧縮鉄筋の応力：} \sigma_{s2}' = n\sigma_{ca}'\frac{x_0-d_2}{x_0} = n\sigma_{ca}'\frac{k_0-\gamma}{k_0} \tag{7.19}$$

圧縮鉄筋に関するモーメントの釣合い条件より，次式を得る．

$$N'(\bar{e}+d_2) = A_{s1}\sigma_{sa}(d_1-d_2) - \frac{1}{2}bx_0\sigma_{ca}'\left(\frac{x_0}{3}-d_2\right) \tag{7.20}$$

$$\therefore \quad A_{s1} = \frac{N'(\bar{e}+d_2) + \dfrac{1}{2}bx_0\sigma'_{ca}\left(\dfrac{x_0}{3}-d_2\right)}{\sigma_{sa}(d_1-d_2)} \tag{7.21a}$$

$$\therefore \quad p_1 = \frac{\dfrac{N'}{bd_1}\left(\dfrac{\bar{e}}{d_1}+\gamma\right) + \dfrac{1}{2}k_0\left(\dfrac{k_0}{3}-\gamma\right)\sigma'_{ca}}{(1-\gamma)\sigma_{sa}} \tag{7.21b}$$

同様に，引張鉄筋まわりのモーメントの釣合い条件より，

$$N'(\bar{e}+d_1) = A_{s2}\sigma'_{sa}(d_1-d_2) + \frac{1}{2}bx_0\sigma'_{ca}\left(d_1-\frac{x_0}{3}\right) \tag{7.22}$$

$$\therefore \quad A_{s2} = \frac{N'(\bar{e}+d_1) - \dfrac{1}{2}bx_0\sigma'_{ca}\left(d_1-\dfrac{x_0}{3}\right)}{\sigma'_{sa}(d_1-d_2)} \tag{7.23a}$$

$$\therefore \quad p_2 = \frac{\dfrac{N'}{bd_1}\left(\dfrac{\bar{e}}{d_1}+1\right) - \dfrac{1}{2}k_0\left(1-\dfrac{k_0}{3}\right)\sigma'_{ca}}{(1-\gamma)\sigma'_{sa}} \tag{7.23b}$$

が得られる（$\bar{e}=e-y_c$，$\gamma=d_2/d_1$ を再記する）．ここで，$A_{s2}\leqq 0$（$p_2\leqq 0$）となるときは，圧縮鉄筋が不要であることを意味する．σ_{sa} は引張鉄筋，σ'_{sa} は圧縮鉄筋の許容応力度を表すが，両者は同一で前述の表 7-3 に従うものとする．

7-4　せん断力を受ける部材

7-4-1　せん断力，作用せん断応力度，許容せん断応力度

次に，せん断力 V に対する設計法を考える．まず，梁，スラブの（作用）せん断応力度 τ は次式によって算出できる[1]．

①　部材の有効高さが一定の場合：$\tau = \dfrac{V}{b_w jd} = \dfrac{V}{b_w z}$ 　(7.24a)

ここに，V：せん断力

b_w：部材断面の腹部の幅

$z=jd$：全圧縮応力の作用点から引張鉄筋断面の図心までの距離

②　部材の有効高さが変化する場合：$\tau = \dfrac{V_1}{b_w jd} = \dfrac{V_1}{b_w z}$ 　(7.24b)

ここに，

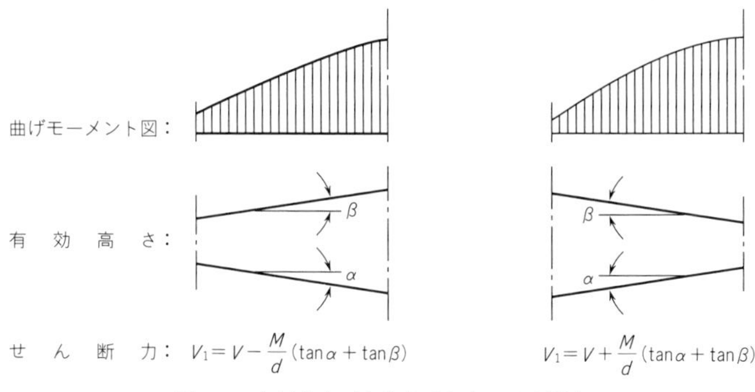

図 7-3　有効高さが変化するときのせん断力

表 7-5　許容せん断応力度（N/mm²）（普通コンクリート）[1]

項　目		設計基準強度 f'_{ck}（N/mm²）			
		18	24	30	40 以上
斜め引張鉄筋の計算をしない場合 τ_{a1}	梁の場合	0.4	0.45	0.5	0.55
	スラブの場合[1]	0.8	0.9	1.0	1.1
斜め引張鉄筋の計算をする場合 τ_{a2}	せん断力のみの場合[2]	1.8	2.0	2.2	2.4

1）押抜きせん断に対する値である．
2）ねじりの影響を考慮する場合にはこの値を割増してよい．

$$\left.\begin{array}{l} V_1=V-\dfrac{M}{d}(\tan\alpha+\tan\beta) \\ M：曲げモーメント \\ d：考えている断面の有効高さ \\ \alpha：部材下面が水平線となす角度 \\ \beta：部材上面が水平線となす角度 \end{array}\right\} \quad (7.24c)$$

α および β は，曲げモーメントの絶対値が増すに従って，部材上下面の傾きがそれぞれ，有効高さを増す場合には正号を，有効高さを減じる場合には負号をとる（図 7-3 参照）．

上記両式とも，せん断応力度 τ＝せん断力 V(または V_1) ÷ せん断断面積 $b_w z$ という形式で算出される平均せん断応力度であることを付記する．

一方，材料の許容応力度として，普通コンクリートの許容せん断応力度 τ_{a1}, τ_{a2} を表 7-5 に示す．また，斜め引張鉄筋の許容引張応力度 σ_{sa} は前述の表 7-3 を用いる．

さて，このように算定された作用せん断応力度 τ と 2 つの許容せん断応力度 τ_{a1} と τ_{a2} に対して，次のような手順で設計される．

① $\tau < \tau_{a1} \longrightarrow$ O.K.（斜め引張鉄筋の必要なし）

② $\tau > \tau_{a1} \longrightarrow$ 不足分（$\tau - \tau_{a1}$）に対して，斜め引張鉄筋（腹鉄筋）を配筋する．

③ $\tau > \tau_{a2} \longrightarrow$ 断面を変更して，$\tau < \tau_{a2}$ となるようにする．

鉄筋コンクリートスラブの場合，①にて O.K. となることが多い．②の場合のみ，次の方法により，腹鉄筋（スターラップ，折曲げ鉄筋）を配する．すなわち，

（i） 部材軸に直角なスターラップ：$A_w = \dfrac{V_s s}{\sigma_{sa} jd}$ (7.25a)

（ii） 折曲げ鉄筋：$A_b = \dfrac{V_b s}{\sigma_{sa} jd(\sin\alpha_b + \cos\alpha_b)}$ (7.25b)

ここに，A_w：区間 s におけるスターラップの総断面積
A_b：区間 s における折曲げ鉄筋の総断面積
s：スターラップまたは折曲げ鉄筋の部材軸方向の間隔
α_b：折曲げ鉄筋が部材軸方向となす角度
V_s：スターラップが受けるせん断力
V_b：折曲げ鉄筋が受けるせん断力
$V_c + V_s + V_b \geqq V$：全せん断力
$V_c = \dfrac{1}{2}\tau_{a1} b_w jd$：斜め引張鉄筋以外が受けるせん断力
（コンクリート負担分） (7.25c)

上記各算定式は，6 章のトラス理論において（式(6.11)），$\alpha = 90°$ として，せん断補強筋の断面積を A_w とすれば，（i）の場合（直角スターラップ）となり，また，$\alpha = \alpha_b$ として，せん断補強筋の断面積を A_b とすれば，（ii）の場合（折曲げ鉄筋）となることを確かめられたい．

このような算定方法は，6 章で述べた修正トラス理論（全せん断力を斜め引張鉄筋とコンクリート寄与分で負担）と同様な考え方に基づくものである．すなわち，前述のせん断力 V（または V_1）に対して，

$$V_s + V_b \geqq V - V_c = V - \frac{1}{2}\tau_{a1} b_w jd \tag{7.26}$$

を満足するように必要なスターラップと折曲げ鉄筋を算定するものである．

例えば，スターラップのみで設計する場合，前述の式(7.25a)を用いて，必要鉄筋量は下式となる．

$$A_w \geqq \frac{(V - V_c)s}{\sigma_{sa} jd} = \frac{\left(\tau - \dfrac{1}{2}\tau_{a1}\right) b_w s}{\sigma_{sa}} \tag{7.27}$$

7-4-2　付着応力度の検討

せん断力が作用すると，コンクリートには水平せん断応力が発生し，これにより鉄筋とコンクリートがずれようとする．これに抵抗するために，鉄筋表面（通例，異形鉄筋）とコンクリートとの界面に生じる付着応力度が重要となる．

まず，付着応力度 τ_0 は，せん断力 V（または V_1）を用いて，次式で算出される[1]．

（i）　部材の有効高さが一定の場合　：$\tau_0 = \dfrac{V}{ujd} = \dfrac{V}{uz}$　(7.28a)

（ii）　部材の有効高さが変化する場合：$\tau_0 = \dfrac{V_1}{ujd} = \dfrac{V_1}{uz}$　(7.28b)

ここに，V：せん断力

u：鉄筋断面の周長の総和

$V_1 = V - \dfrac{M}{d}(\tan\alpha + \tan\beta)$（前出の図 7-3 参照）

次に，許容付着応力度 τ_{0a} は，表 7-6 のように与えられる．当然のことながら，普通丸鋼の許容付着応力度は異形鉄筋のそれより小さく，土木学会標準示方書では 1/2 となっていることがわかる．

以上の手続きから，（作用）付着応力度 $\tau_0 <$ 許容付着応力度 τ_{0a}（式(7.4)）となるように設計する．

なお，棒部材のせん断補強に関する構造細目のうち，次の点に注意する必要がある．

①　腹鉄筋が必要でない場合（$\tau < \tau_{a1}$）

必要最小限の鉄筋量：　$p_w = \dfrac{A_w}{b_w \cdot s} > 0.15\,\%$　(7.29)

配筋間隔：　$s <$ 有効高さ $\times \dfrac{3}{4}$，かつ $s < 400$ mm　(7.30)

②　腹鉄筋が必要な場合（$\tau > \tau_{a1}$）

配筋間隔：　$s <$ 有効高さ $\times \dfrac{1}{2}$，かつ $s < 300$ mm　(7.31)

表 7-6　許容付着応力度 τ_{oa}（N/mm^2）[1]

(a)　普通コンクリート

鉄筋の種類	設計基準強度 f'_{ck}（N/mm^2）			
	18	24	30	40 以上
普通丸鋼	0.7	0.8	0.9	1.0
異形鉄筋	1.4	1.6	1.8	2.0

(b)　軽量骨材コンクリート

鉄筋の種類	設計基準強度 f'_{ck}（N/mm^2）			
	18	24	30	40 以上
普通丸鋼	0.45	0.55	0.65	0.7
異形鉄筋	0.9	1.1	1.3	1.4

《例題 7.3》

例題 7.2 で決定した断面（d＝700 mm，b＝400 mm）に，付図 7-4 のように腹鉄筋（鉛直スターラップ）を配筋したい．設計せん断力として，① V＝100 kN，② V＝300 kN の 2 ケースについて腹鉄筋（ここでは U 型スターラップ）を設計せよ（スターラップの鉄筋径と間隔を決定せよ）．

なお，材料条件として，前間と同様に

コンクリートの設計基準強度：f'_{ck}＝30 N/mm²

鉄筋の規格：SD345

とする．

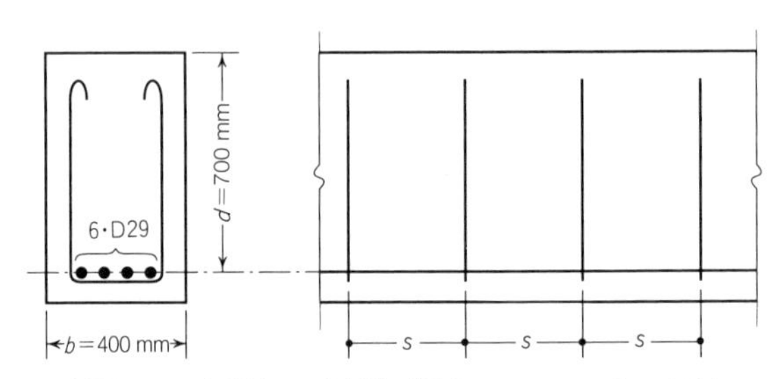

付図 7-4　設計断面と腹鉄筋（鉛直スターラップ）の配筋

【解答】

まず，設計チャート #1 にて，計算条件を整理し，せん断応力度 τ の算定を行い，許容せん断応力度 τ_{a1}, τ_{a2} との比較を行う．

設計チャート #2 では，腹鉄筋の配筋を行っている．① V＝100 kN では腹鉄筋の必要はないが，構造細目に定められた最小鉄筋が必要となる．② V＝300 kN では腹鉄筋が必要となり，3 例の配筋例を示し，それらの可否を示した．

設計チャート #3 では，主鉄筋の付着応力度の検討を示した．

腹鉄筋の設計チャート #1：計算条件とせん断応力のチェック		
項　目	参照箇所	計　算
計算条件：		
断面諸元	例題 7.2	d＝700 mm，b＝400 mm → b_w とみなす，j＝0.844
許容応力度	表 7-5	コンクリート：f'_{ck}＝30 N/mm² → τ_{a1}＝0.5 N/mm²，τ_{a2}＝2.2 N/mm²
	表 7-3	鉄　筋：SD345 → σ_{sa}＝196 N/mm²

① $V=100$ kN の場合	式(7.24a)	$\tau=\dfrac{V}{b_w jd}=\dfrac{100\times10^3\,[\mathrm{N}]}{400\cdot0.844\cdot700\,[\mathrm{mm}^2]}$ $=\dfrac{100\times10^3}{236\times10^3}=0.423\ \mathrm{N/mm^2}<\tau_{a1}$
	∴腹鉄筋を計算上必要としない → 最小鉄筋量の配筋	
② $V=300$ kN の場合	式(7.24a)	$\tau=\dfrac{300\times10^3\,[\mathrm{N}]}{400\cdot0.844\cdot700[\mathrm{mm}^2]}$ $=1.27\ \mathrm{N/mm^2}\rightarrow\tau_{a1}<\tau<\tau_{a2}$
	∴現断面のまま，所要の腹鉄筋を配する必要がある．	

腹鉄筋の設計チャート #2：腹鉄筋の配筋

項　目	参照箇所	計　　算
配筋例：いずれも U 型の鉛直スターラップとする．このため，断面積は 2 本分となる．		
① $V=100$ kN の場合	構造細目	D16，$s=400$ mm とする．
最小鉄筋の配筋	式(7.29)	$p_w=\dfrac{198.6\times2}{400\cdot400}=0.0025>p_{w,\min}=0.0015$
② $V=300$ kN の場合	式(7.26)	スターラップの負担せん断力 V_s： $V_s=V-V_c=300-\dfrac{1}{2}\cdot0.5\cdot236=241$ kN $(b_w jd=236\times10^3\ \mathrm{mm}^2)$
不足分 $V-V_c$ に対する腹鉄筋の配筋	式(7.25a) (式(7.27))	No. 1 : D19，$s=250$ mm $\therefore A_w=2\cdot\mathrm{D19}=573\ \mathrm{mm}^2>\dfrac{241\times10^3\cdot250}{196\cdot0.844\cdot700}$ $=\underline{520\ \mathrm{mm}^2:\mathrm{O.K.}}$
	式(7.25a)	No. 2 : D22，$s=300$ mm $\therefore A_w=2\cdot\mathrm{D22}=774\ \mathrm{mm}^2\not>\dfrac{241\times10^3\cdot300}{196\cdot0.844\cdot700}$ $=\underline{624\ \mathrm{mm}^2:\mathrm{N.G.}}$
	式(7.25a)	No. 3 : D25，$s=350$ mm $\therefore A_w=2\cdot\mathrm{D25}=1010\ \mathrm{mm}^2>\dfrac{241\times10^3\cdot350}{196\cdot0.844\cdot700}$ $=\underline{728\ \mathrm{mm}^2:\mathrm{O.K.}}$
したがって，No. 1，No. 3 を腹鉄筋の配筋として用いることができる（ただし，スターラップの構造細目を満足しているか確認せよ）．		

設計チャート #3：付着応力度の検討

項　目	参照箇所	計　　算
許容付着応力度 τ_{0a}	表 7-6(a)	$\tau_{0a}=1.8\ \mathrm{N/mm^2}$ ($f'_{ck}=30\ \mathrm{N/mm^2}$，異形鉄筋の場合)
付着応力度の τ_0 の算出	式(7.28a)	$\tau_0=\dfrac{V}{ujd}=\dfrac{300\times10^3\,[\mathrm{N}]}{540\cdot0.844\cdot700\,[\mathrm{mm}^2]}$ $=\underline{0.94\ \mathrm{N/mm^2}<\tau_{0a}:\mathrm{O.K.}}$
	(主筋：6D29 より，周長 $u=6\times90=540$ cm：表 2-6 参照)	

参 考 文 献

［1］ 土木学会：2002 年制定 コンクリート標準示方書［設計編］，付録Ⅰ 許容応力度法による設計.
［2］ 神山一：改訂 鉄筋コンクリート，コロナ社（1970）.

8

ひび割れと変形：使用限界

これまでは，主として部材の最大耐荷力の検討（終局限界に対する照査）であったが，これに対して常時荷重下における機能性・使用性のチェック（使用限界の照査）も同様に重要である．

終局耐荷力に対しては十分余力があるが，通常の使用状態において，変形が過大であるとか，耐久性が損なわれる，などの理由から使用に供せなくなる状態を使用限界（serviceability limit）という[1]．使用限界としては通例，変形・変位・振動・ひび割れの発生・鉄筋の腐食などについて検討する（3 章参照）．

鉄筋コンクリート部材で特に重要なのは，ひび割れ開口幅の算定とひび割れ状態における変形のチェックである．ひび割れ幅やひび割れ断面の等価剛性の解析に際しては，コンクリートと鉄筋との相互作用（応力のやりとり）を勘案することが重要であり，両材料の付着機構（bond mechanism）がキーポイントとなる．

8 章では，ひび割れ挙動とそのメカニズムについて考察するとともに，曲げ部材を中心としたひび割れ開口幅および等価断面剛性の算出方法について述べ，標準示方書による方法について詳述する．

8-1　ひび割れ挙動

8-1-1　ひび割れ発生荷重

鉄筋コンクリート部材の変形過程は，初期の全断面有効時の弾性挙動から始まり，ひび割れ発生・進展により剛性が低下し，やがて鉄筋降伏→コンクリートの圧縮破壊により終局状態に至る（このような変形性状については曲げ部材を例にとり，4-1 節で詳述しているので確認されたい）．したがって，ひび割れ発生荷重は全断面を有効とした弾性解析でよいといえる．

まず，図 8-1 のような複鉄筋長方形断面の曲げ部材で考える．全断面有効時の鉄筋の効果を考慮した中立軸 x_g，断面積 A_g，および断面 2 次モーメント I_g は次のように整理することができる．

$$\text{等価断面積：} A_g = bh + n(A_{s1} + A_{s2}) = A_c\{1 + n(p_1 + p_2)\} \tag{8.1}$$

$$\text{中立軸位置：} x_g = \frac{1}{A_g}\left(\frac{1}{2}bh^2 + nA_{s1}d_1 + nA_{s2}d_2\right) = \frac{A_c}{A_g}\left(\frac{h}{2} + np_1d_1 + np_2d_2\right) \tag{8.2}$$

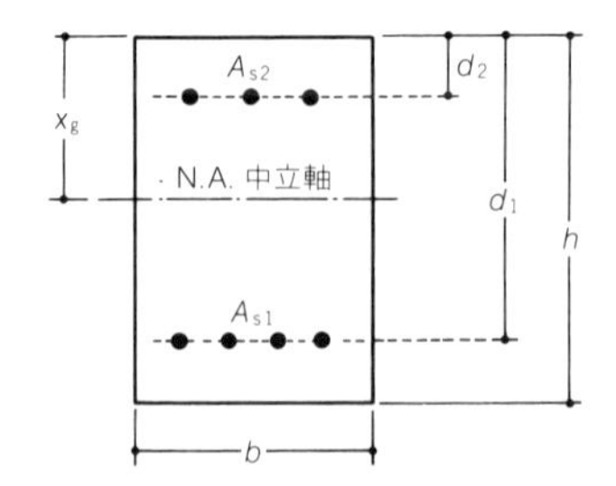

	引張鉄筋	圧縮鉄筋
断面積	A_{s1}	A_{s2}
鉄筋比	$p_1 = A_{s1}/bh$	$p_2 = A_{s2}/bh$
位　置	d_1	d_2

図 8-1　曲げ部材の断面諸元と記号の定義

断面2次モーメント：

$$I_g = \frac{1}{3}b\{x_g{}^3 + (h - x_g)^3\} + nA_{s1}(d_1 - x_g)^2 + nA_{s2}(x_g - d_2)^2$$

$$= bh^3\left[\frac{1}{3}\left\{\left(\frac{x_g}{h}\right)^3 + \left(1 - \frac{x_g}{h}\right)^3\right\} + np_1\left(\frac{d_1 - x_g}{h}\right)^2 + np_2\left(\frac{x_g - d_2}{h}\right)^2\right] \quad (8.3)$$

ここで，鉄筋の効果を無視し，コンクリートだけを考えると，

断　　面　　積：$A_g \;\Rightarrow\; A_c = bh$　　(8.1′)

中　　立　　軸：$x_g \;\Rightarrow\; x_c = \dfrac{h}{2}$　　(8.2′)

断面2次モーメント：$I_g \;\Rightarrow\; I_c = \dfrac{bh^3}{12}$　　(8.3′)

となることがわかる．

ここで，軸引張力Nを受ける単軸部材のコンクリート応力σ_tは，簡単に

$$\sigma_t = \frac{N}{A_g} \quad (8.4a)$$

で表すことができるので，このときのひび割れ発生荷重N_{cr}は，$\sigma_t \to f_t$，$N \to N_{cr}$のように読み換えて次のようになる（f_tは引張強度を表す）．

$$N_{cr} = f_t A_g \quad (8.4b)$$

さらに，正の曲げモーメントMによる上下縁の応力σ'_c, σ_tは次式のように表せる．

$$\sigma'_c = \frac{M}{I_g/x_g}\ （圧縮応力），\quad \sigma_t = \frac{M}{I_g/(h - x_g)}\ （引張応力） \quad (8.5a)$$

同じように，式(8.5a)の第2式について，$\sigma_t \to f_t$，$M \to M_{cr}$と置き換えるとひび割れ発生モーメントM_{cr}を求めることができる．すなわち，

$$M_{cr} = \frac{I_g}{h - x_g} f_t \quad (8.5b)$$

一般にコンクリートの引張強度は部材寸法の影響を受け，標準示方書[2]では曲げひび割れ強度（式(2.16)）を提示している．

《例題 8.1》

単鉄筋長方形断面（$b=200$ mm，$h=450$ mm，$d=400$ mm，$A_s=4\times$D16）に対するひび割れ発生モーメント M_{cr} を求めよ．

ただし，①鉄筋を無視した場合，②鉄筋を考慮した場合の両者について求め，比較せよ（引張強度を $f_t=2$ N/mm^2，ヤング係数比を $n=7$ とする）．

【解答】　単鉄筋なので，添字 1，2 は省略し，$p_1\rightarrow p$，$d_1\rightarrow d$ とする．

鉄筋比：$p=\dfrac{A_s}{bd}=\dfrac{794}{200\times400}=0.9925\times10^{-2}$

（ここでは，基準断面を bh の代わりに bd とした）

剛度係数：$np=7\times0.9925\times10^{-2}=0.06948$

したがって，①と②に対する断面諸量は付表 8-1 のように計算できる．

①については，式(8.1′)～(8.3′)，②については，式(8.1)～(8.3)の断面諸元を用いる．

付表 8-1

	①鉄筋無視	②鉄筋考慮（換算断面）
断　面　積	$A_c=bh=200\times450=90\times10^3$ mm^2	$A_g=A_c(1+np)=96.3\times10^3$ mm^2
中立軸位置	$x_c=\dfrac{h}{2}=225$ mm	$x_g=\dfrac{A_c}{A_g}\left(\dfrac{h}{2}+npd\right)$ $=236$ mm
断面 2 次モーメント	$I_c=1.52\times10^9$ mm^4	$I_g=1.69\times10^9$ mm^4
ひび割れ発生モーメント	$M_{cr}=13.5$ kN·m	$M_{cr}=15.8$ kN·m
両者の比	1　：	1.17

以上から，鉄筋を考慮してもひび割れ発生モーメント M_{cr} は 17% 増加するだけである．これは，鉄筋はひび割れ発生後にその本来の機能を発揮するものであり，ひび割れ発生そのものの防止にはあまり役に立たないことを意味する．

したがって，式の簡便さもあり，ひび割れ発生モーメントについては，鉄筋を無視して算出するものとする．

8-1-2　ひび割れ開口のメカニズム

過度な引張荷重もしくは曲げモーメントによって，その引張部に引張ひび割れが発生するが，図 8-2(a), (b), (c)は，各々の部材のひび割れ状態を模式的に示したものである．これらは主鉄筋の直角方向に生じる（図(a), (b)）ことになるが，せん断荷重下に対しては斜めひび割れが生じる（図(c)）．主引張応力（もしくは主引張ひずみ）の直交方向に発生するという意味で，いずれの場合も基本的には同様なメカニズムに基づくものである．

このようなひび割れは比較的規則的に発生し，荷重の増大とともにひび割れ間隔は減

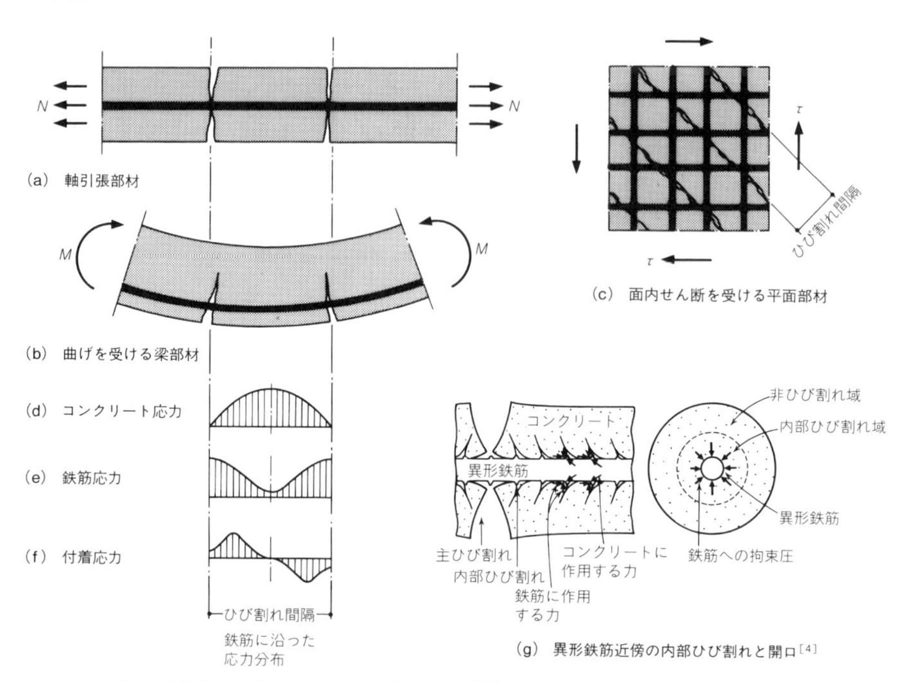

図 8-2 各種 RC 部材のひび割れパターン(a)～(c)と鉄筋に沿った応力分布(d)～(f)および鉄筋付近でのひび割れ状況(g)

少，ひび割れの開口幅は増加する．このようなひび割れ挙動に関する研究は古くから行われており，工学的にはひび割れ幅の算定法がとくに重要となり，多くの提案式がある．そして，鉄筋の腐食に対する開口幅の制御については，異形鉄筋の使用と適当量の配筋が基本となっている．

このようなひび割れ開口のメカニズムを理解するには，鉄筋とコンクリートの応力分布ならびに両材料間の付着性状を知ることが必要である（図 8-2(d)，(e)，(f)参照）．これらは，相隣る 2 本のひび割れ間（ひび割れ間隔）の応力分布を示したもので，コンクリートの応力(d)はひび割れ位置で 0，ひび割れ間中点で最大となり，鉄筋の応力(e)はその逆になっていることがわかる．これは，ひび割れ位置では全く引張力を負担しないコンクリートに対して，付着応力（bond stress）によって引張応力が鉄筋から徐々に伝達されるためである．したがって，鉄筋とコンクリート間の応力交換の役割を果たす付着応力(f)は，ひび割れ間中点で 0 になるとともに，その正負が逆転することになる．

また，鉄筋応力＋コンクリート応力は，鉄筋軸に沿って一定となり，断面積を乗じると外力と釣り合う（One Point アドバイス参照）．そして，外荷重の増大とともにこれらの応力は増加するが，コンクリート応力の最大値が引張強度を越えると，そこに（ひび割れ間中点に）次のひび割れが発生し，ひび割れ間隔はそれまでの半分になる．

ここで，ひび割れはコンクリートの局部的な引張破壊による除荷によって生じた開口と考えることができ，ひび割れ近傍ではコンクリートと鉄筋の両者の間に付着すべり（bond slip）が生じることになる（この付着すべりによって付着応力が生じると考えてもよい）．すなわち，鉄筋がひび割れ開口を制御する役目を果たすことになり，これが鉄筋コンクリートの基本的なメカニズムである．したがって，鉄筋量（周長面積）または付着の良否がひび割れ挙動に影響を与え，

付着良好：ひび割れ間隔　小（ひび割れ本数　多）→ ひび割れ幅　小

付着不良：ひび割れ間隔　大（ひび割れ本数　小）→ ひび割れ幅　大

となる．鉄筋近傍におけるひび割れとすべりについては Goto による研究成果[4]がよく知られ，異形鉄筋の効果がよくわかる（図 8-2(g)）．

One Point アドバイス

――付着応力による鉄筋とコンクリートとの応力交換――

このような鉄筋とコンクリートの応力交換は，付図 8-1 のような埋込み鉄筋の引抜き時の応力分布を考えると分かりやすい（これは，図 8-2(a)，(b)のうち引張部のひび割れ間隔半長分を切り出したと考えてもよい）．したがって，図中のコンクリート自由端面がひび割れ面に相当する．

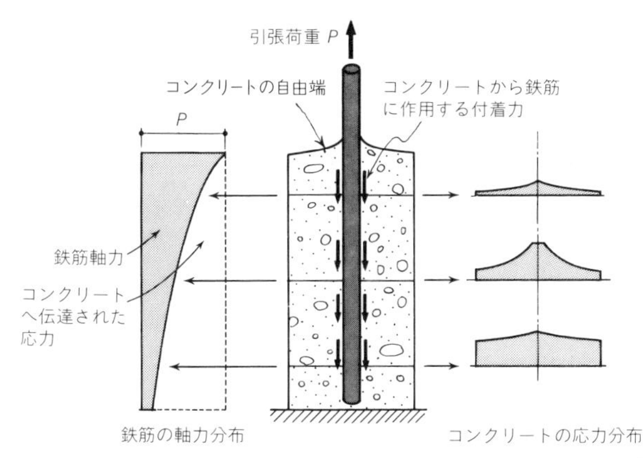

付図 8-1　埋込み鉄筋の引抜き（鉄筋とコンクリートの引張応力分布）

自由端での引張荷重 P は，コンクリートとの付着応力によって徐々にコンクリート中に伝達される．したがって，下端に向かって，鉄筋の引張力は減少，コンクリートの負担力は増加となり，任意断面における両引張力の総和は外力 P と釣り合うことになる．

《例題 8.2》

付図 8-2 に示す無筋コンクリート，鉄筋コンクリートに生じる引張ひび割れのパターンを示せ（ただし，右側図中の点線は鉄筋を示す）．

ヒント：各点の主引張応力（または主引張ひずみ）の直交方向に発生すると考える．また，無筋コンクリートはただ 1 本のひび割れで部材が崩壊するが，鉄筋コンクリートではひび割れはその本数が増加し，適当なひび割れ間隔をもつ．

（解答例省略）曲げ部材については，6-1 節（図 6-2）参照．

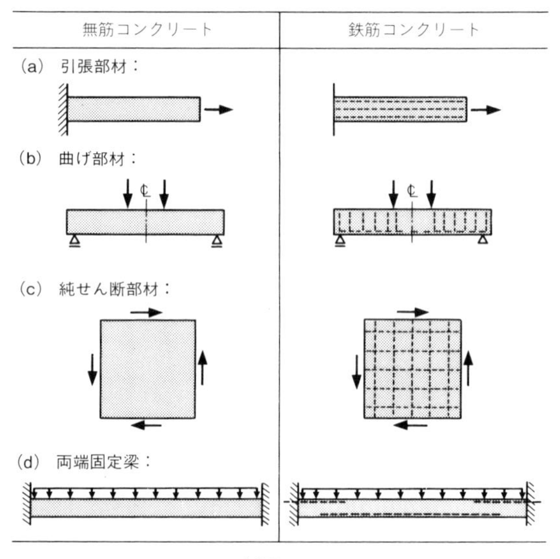

付図 8-2

8-2　ひび割れ幅の検討

8-2-1　ひび割れ幅の設計限界値

以上のような外的荷重によるひび割れの発生が，直ちに部材の破壊につながるものではないことは前述のとおりであるが，鉄筋の腐食による耐荷力の低下ならびに水密性・気密性による機能低下に対する照査が重要となる．このため過度なひび割れ開口を防止するため限界値を設けることが一般に行われる．

鉄筋腐食に与える影響因子としては，ひび割れ開口幅に加えて，コンクリートの品質とかぶり厚さ，環境条件，経過時間などが挙げられる．これまでの実験によれば，ひび割れ幅が概略 0.2～0.3 mm を越えると発錆が進行することが認められているが，かぶり厚さの効果も多く報告されている．したがって，ひび割れ開口量をひび割れ幅の設計限界値以下に制限することが一般的な方法であるが，これが鉄筋応力に関係することから鉄筋引張応力を制御することによっても代替することができる．

[コンクリート標準示方書による規定]

ひび割れ幅は，表 3-3，表 3-4 に示したように，使用性（外観および水密性）の限界状態の照査，および耐久性の照査に用いられる．耐久性については本書 12 章においても詳しく述べる．

コンクリート標準示方書では，耐久性に関して，鋼材の腐食に対するひび割れ幅の設計限界値は，鉄筋コンクリートの場合，$0.005c$（c はかぶり（mm）），ただし，0.5 mm を上限とする．

ひび割れ幅による外観に対する照査は次式による．

$$\gamma_i \frac{w_d}{w_a} \leqq 1.0 \tag{8.6a}$$

w_a：ひび割れ幅の設計限界値，w_d：ひび割れ幅の設計応答値，γ_i：構造係数．すなわち上式は簡単に，とくに $\gamma_i=1.0$ の場合，下式となる．

$$w_d \leqq w_a \tag{8.6b}$$

表 8-1　水密性に対するひび割れ幅の設計限界値の目安（mm）[2]

要求される水密性の程度		高い水密性を確保する場合	一般の水密性を確保する場合
卓越する断面力	軸引張力	——[1)]	0.1
	曲げモーメント[2)]	0.1	0.2

1）断面力によるコンクリート応力は全断面において圧縮状態とし，最小圧縮応力度を 0.5 N/mm^2 以上とする．なお，詳細解析により検討を行う場合には，別途定めるものとする．
2）交番荷重を受ける場合には，軸引張力が卓越する場合に準じることとする．

表 8-2　鋼材の腐食に対する環境条件の区分（標準示方書）[3]

一般の環境	通常の屋外の場合，土中の場合など
腐食性環境	1. 一般の環境に比較し，乾湿の繰返しが多い場合およびとくに有害な物質を含む地下水位以下の土中の場合など，鋼材の腐食に有害な影響を与える場合など 2. 海洋コンクリート構造物で海水中やとくに厳しくない海洋環境にある場合など
とくに厳しい腐食性環境	1. 鋼材の腐食に著しく有害な影響を与える場合など 2. 海洋コンクリート構造物で干満帯や飛沫帯にある場合および激しい潮風を受ける場合など

表 8-3　ひび割れ幅の設計限界値 w_a（mm）（標準示方書）[3]

鋼材の種類	鋼材の腐食に対する環境条件		
	一般の環境	腐食性環境	とくに厳しい腐食性環境
異形鉄筋・普通丸鋼	$0.005c$	$0.004c$	$0.0035c$
PC 鋼材	$0.004c$	—	—

c = cover：かぶり厚さ（mm）

外観に対するひび割れ幅の設計限界値は，耐久性の問題も生じないことを考慮して過去の実績・経験から 0.3 mm 程度とする．

水密性に対する設計限界値の目安は，表 8-1 のとおりである．

一方，鉄筋応力の増加量を制限することによっても，ひび割れ制御が可能である．これは，後述する表 12-1 に示すとおり，鉄筋コンクリート部材が受ける永続作用による鋼材応力度が同表に示す鉄筋応力度の制限値を満足することにより，ひび割れ幅の検討を省略できる．

[旧示方書による規定]

旧示方書[3]では，まず構造物が建設される位置での環境条件を“一般の環境”，“腐食性環境”および“特に厳しい腐食性環境”のように区分し（表 8-2），それぞれの条件に対してひび割れ幅の設計限界値 w_a を与えている（表 8-3）．

同表からわかるように，ひび割れ幅の設計限界値はかぶり c に比例して大きくすることができ，かつ一般の環境に比べて，腐食性環境，厳しい腐食性環境においてそれぞれ 80%，70% と制限している（なお，表 8-3 は，c が 100 mm 以下を標準としていることに注意する必要がある）．これまでの慣例として知っておくとよい．

8-2-2　曲げ部材・引張部材の検討

ひび割れに伴う鉄筋とコンクリートの相互作用（応力のやりとりと相対すべり）の様子は，大略図 8-3 のように示すことができる．これは，ひび割れ間隔 $2l_{cr}$ の半長分を模

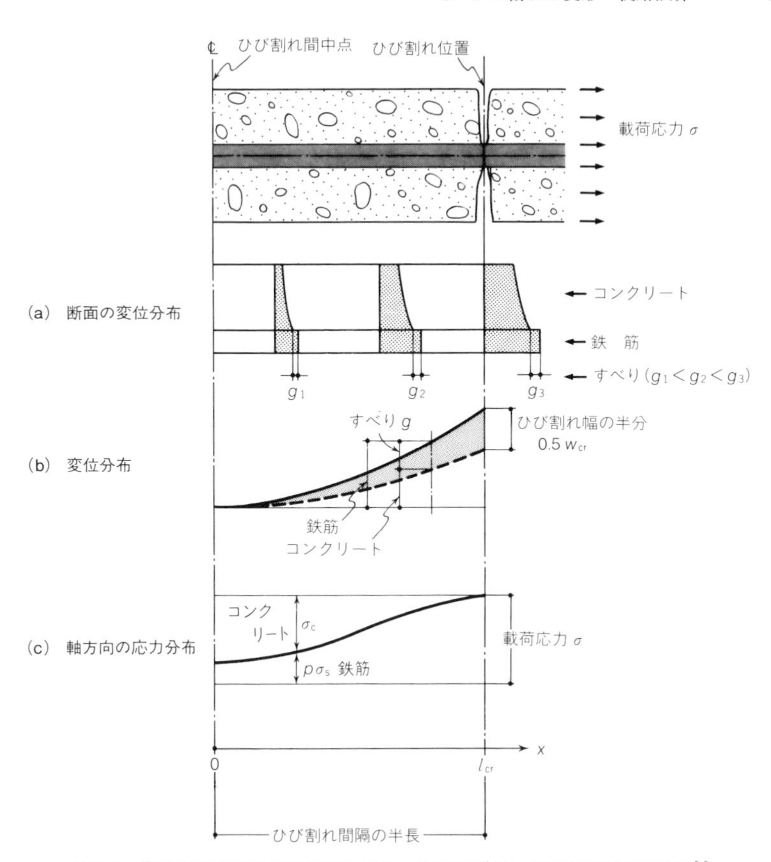

図 8-3　単軸引張を受ける鉄筋コンクリートのひび割れ間隔半長間の力学量[7]

式的に示したもので，ひび割れ間中点（$x=0$）では鉄筋とコンクリートが一体となっているが，ひび割れ位置に向かって両材料間に相対的ずれ（付着すべり）g が生じ，累積されていく．したがって，付着すべり理論の観点から考えると，ひび割れ幅は「鉄筋とコンクリートとのひずみの差（$\varepsilon_s-\varepsilon_c$）をひび割れ間隔全域にわたって足し合わせたもの」と解釈することができ，

$$w_{cr}=\int_0^{2l_{cr}}(\varepsilon_s-\varepsilon_c)\mathrm{d}x \tag{8.7}$$

のように記述することができる．

ひび割れ幅の開口量は，また，徐荷したコンクリートのひずみを無視すると，「ひび割れ間の平均鉄筋ひずみにひび割れ間隔を乗じたもの)」として求めることができ，これは次のように表現される．

$$w_{cr} = L_{cr}\frac{\bar{\sigma}_s}{E_s} \tag{8.8}$$

ここで，L_{cr} は平均ひび割れ間隔，$\bar{\sigma}_s$ はひび割れ間で変動する鉄筋応力（図 8-2(e)，または図 8-3(c)）の平均値を表している．

式(8.7)はひび割れ幅の概略値を求めるための基本式であり，多くの成書に記されているが，平均ひび割れ間隔，平均鉄筋応力をどのように算定したらよいかが問題となる．この場合，作用する外的荷重（または主鉄筋の引張応力）の増大によって両変数が変化する（$\bar{\sigma}_s$ は増大し，一方，平均ひび割れ間隔は減少するがやがて一定値となる）ことに留意する必要がある．

以上までの考え方は，引張部材のみならず曲げ部材の引張ひび割れにもそのまま適用することができるが（図 8-2 を再度参照されたい），かぶりの影響を考慮する必要がある．

[コンクリート標準示方書の方法]

土木学会コンクリート標準示方書[2]では，曲げひび割れ幅の算定式として，式(8.8)の考え方にコンクリートの収縮およびクリープの影響を加え，「ひび割れ間隔 ×（鉄筋の平均ひずみ＋クリープ・収縮ひずみ）」のように表している．すなわち，

$$w_{cr} = 1.1k_1k_2k_3\{4c + 0.7(c_s - \phi)\}\left(\frac{\sigma_{se}}{E_s} + \varepsilon'_{csd}\right) \tag{8.9}$$

ここに，k_1：鋼材の表面形状がひび割れ幅に及ぼす影響を表す係数．異形鉄筋の場合 1.0，普通丸鋼の場合 1.3．

k_2：コンクリートの品質がひび割れ幅に及ぼす影響を表す係数．

$$k_2 = \frac{15}{f'_c + 20} + 0.7 \qquad f'_c：コンクリートの圧縮強度\ (\mathrm{N/m^2})$$

k_3：引張鋼材の段数の影響を表す係数．

$$k_3 = \frac{5(n+2)}{7n+8} \qquad n：引張鋼材の段数$$

c：かぶり（mm），c_s：鋼材の中心間隔（mm），ϕ：鋼材径（mm），

ε'_{csd}：コンクリートの収縮およびクリープ等によるひび割れ幅の増加を考慮するための数値．コンクリート標準示方書の表 2.3.1 を用いるとよい．

σ_{se}：鋼材位置のコンクリートの応力度が 0 の状態からの鉄筋応力度の増加量（$\mathrm{N/mm^2}$）

したがって，$L_{max} = 4c + 0.7(c_s - \phi)$（$L_{max}$：最大ひび割れ間隔）となり，これが鉄筋のかぶり c と純間隔（$c_s - \phi$）によって決まることを意味し，既往実験による算定法[5]を簡略化したものである．

以上のような，鉄筋のかぶり厚さと作用する鉄筋引張応力を主因子とするひび割れ幅

の算定法ならびに環境条件による限界値の設定が，各国に共通した基本的考え方であることを付記する．

一方，永続作用による鉄筋応力によって簡易的にひび割れ幅を制御するときの鉄筋応力度の増加量は 140 N/mm^2 となる（表 12-1 参照）．

《例題 8.3》

等分布荷重 q を受ける支間 4 m の鉄筋コンクリート梁について，次の設問に答えよ．諸条件については，ヤング係数比 n=7〜10，引張強度 f_t=1〜2 N/mm^2，鉄筋比 p=1〜2 % の範囲で適当な値を選択せよ．ただし，鉄筋のヤング係数は，E_s= 200 kN/mm^2 とする．

(a)　p = 1〜2 % となるよう配筋レイアウトを決定せよ（鉄筋径，本数，配置など，実寸法で図示せよ）．

(b)　断面のひび割れ発生モーメント M_{cr} とこのときの等分布荷重 q_{cr} を求めよ．

(c)　q = 10 kN/m が作用したときのひび割れ発生区間 x_{cr} を計算せよ．

(d)　このときの最大ひび割れ幅 w_{cr} を求めよ．

(e)　参考値として，終局曲げ耐力 M_u を算定せよ．

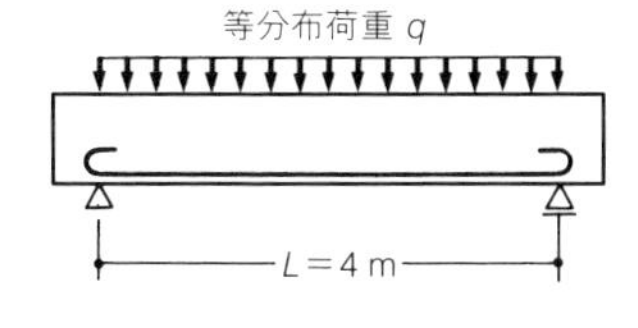

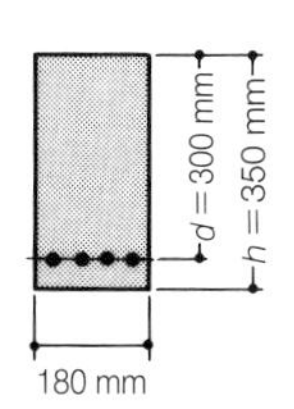

付図 8-3

【解答例】

ひび割れに関する計算チャート		
項　　目	参照箇所	計　算　手　順
(a)配筋レイアウト：付図 8-4 のとおりとする		諸条件：ヤング係数比 $n=7$，$f_t=2\ \mathrm{N/mm^2}$，$A_s=\mathrm{D16}\times4$ とする． $A_s=\mathrm{D16}\times4=794\ \mathrm{mm^2}$ $p=A_s/bd=0.0147$，$np=7\times0.0147=0.1029$ 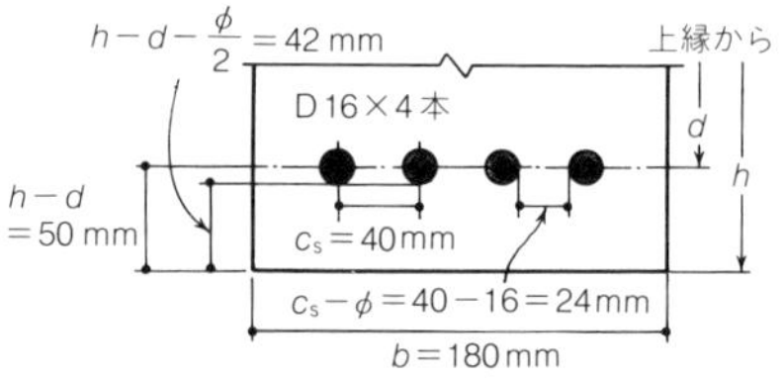 $h-d-\frac{\phi}{2}=42\ \mathrm{mm}$　上縁から D16×4本　d　h $h-d=50\ \mathrm{mm}$ $c_s=40\mathrm{mm}$ $c_s-\phi=40-16=24\mathrm{mm}$ $b=180\mathrm{mm}$ 付図 8-4
(b)ひび割れ発生モーメント M_{cr}		鉄筋を無視するものとする．
断面諸元	式(8.3′)	断面 2 次モーメント　$I_c=6.43\times10^8\ \mathrm{mm^4}$ 中立軸 $x_c=175\ \mathrm{mm}$
M_{cr}	式(8.5b)	$M_{cr}=\dfrac{I_c}{h-x_g}f_t=\dfrac{6.43\times10^8}{175}\times2$ $=7.35\times10^6\ \mathrm{N\cdot mm}=\underline{7.35\ \mathrm{kN\cdot m}}$ 断面係数 z を用いて，$M_{cr}=zf_t$，$z=bh^2/6$ としてもよい．
(c)ひび割れ発生区間 x_{cr} 等分布荷重 q を受けるときの曲げモーメント分布		$M(x)=\dfrac{qL^2}{2}\left\{\dfrac{x}{L}-\left(\dfrac{x}{L}\right)^2\right\}\leftarrow q=10\ \mathrm{kN/m}$, $M_{cr}=7.35\ \mathrm{kN\cdot m}$ を代入 $x^2-4x+1.47=0\rightarrow x=0.41,\ 3.59$ $\therefore x_{cr}=3.59-0.41=\underline{3.18\ \mathrm{m}}$ これは，全スパン L に対して，$x_{cr}/L\cong80\,\%$ となる（付図 8-5 参照） 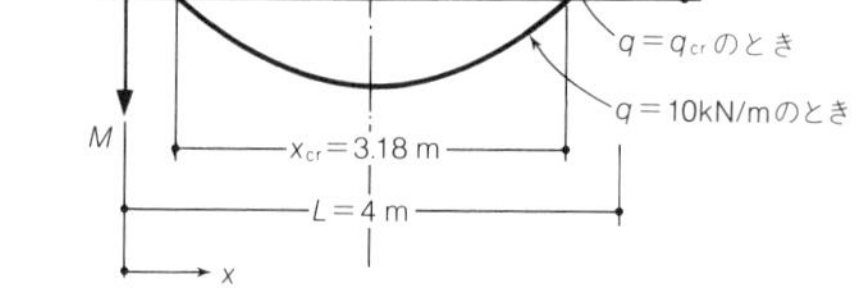 q B.M.D.　M_{cr} $q=q_{cr}$ のとき $q=10\mathrm{kN/m}$ のとき M $x_{cr}=3.18\ \mathrm{m}$ $L=4\ \mathrm{m}$ x 付図 8-5
(d)最大ひび割れ幅 w_{cr}		
・諸係数		$c_s=40\ \mathrm{mm}$，$c_s-\phi=40-16=24\ \mathrm{mm}$

・最大曲げモーメント		$M\left(x=\frac{L}{2}\right)=\frac{qL^2}{8}=\frac{10\times4^2}{8}=20\ \mathrm{kN\cdot m}$
・鉄筋応力 σ_{se}	式(4.28) 式(7.5)	$\sigma_{se}=\frac{M}{pjbd^2}=\frac{20\times10^6\ [\mathrm{N\cdot mm}]}{0.0147\cdot0.879\cdot180\cdot300^2\ [\mathrm{mm}^3]}$ $=95.5\ \mathrm{N/mm^2}$
	式(4.15)′	中立軸比 $k=-np+\sqrt{(np)^2+2np}=0.3623$,
	式(7.6)	$j=1-\frac{k}{3}=0.8792$
・ひび割れ幅 w_{cr}	付図 8-4	諸係数 $k_1=1.0,\ k_2=\frac{15}{35+20}+0.7=0.97,\ k_3=\frac{5(1+2)}{7\cdot1+8}=1$
	式(8.9)	$k_1\cdot k_2\cdot k_3=0.97$ $w_{cr}=1.1\times0.97(4\times42+0.7\times24)\left(\frac{95.5}{200\times10^3}+350\times10^{-6}\right)$ $=1.07\times185\times(478+350)\times10^{-6}=0.164\ \mathrm{mm}$ ここでは，$\varepsilon'_{csd}=350\times10^{-6}$ を仮定している．
(e)終局曲げ耐力 M_u		
・材料強度		$f_y=345\ \mathrm{N/mm^2}$，$f'_c=35\ \mathrm{N/mm^2}$ とする．
・鉄筋係数 ϕ	式(4.42)	$\phi=pf_y/f'_c=0.0147\times345/35=0.145$, $bd^2f'_c=0.18\cdot0.3^2\cdot35\times10^6=567\ \mathrm{kN\cdot m}$
・終局曲げ耐力 M_u	式(4.44b)	$M_u=bd^2f'_c\,\phi(1-\phi/1.7)$ $=567\cdot0.145(1-0.145/1.7)=\underline{75.2\ \mathrm{kN\cdot m}}$

上記の計算結果より，$M_{cr}=7.35\ \mathrm{kN\cdot m}$，$M=20\ \mathrm{kN\cdot m}$，$M_u=72.5\ \mathrm{kN\cdot m}$ となり，当然のことながら，$M_{cr}<M<M_u$ となる．

付表 8-2

［使用性］
・外　観：一例として設定限界値を 0.15 mm とする場合→0.164 mm≰0.15…NG
・水密性：高い水密性の場合 0.1 mm→0.164 mm≰0.1…NG
　　　　　一般の水密性の場合 0.2 mm→0.164 mm≦0.2…OK
［耐久性］
・0.0005 c=0.21 mm(c=42 mm)→0.164 mm≦0.21 mm…OK

8-3　変位・変形の検討

8-3-1　ひび割れによる剛性低下

無筋コンクリートの引張破壊はきわめて脆性的で，ただ 1 本のひび割れの発生によって急激な応力低下を招く．これに対して，十分な部材寸法を有する鉄筋コンクリートの場合，初期ひび割れ発生以降順次ひび割れ本数は増加し（したがって，ひび割れ間隔は減少し），数本のひび割れを挟む，ある区間におけるコンクリートの引張応力と平均ひずみの関係は比較的緩やかな降下曲線を描く．

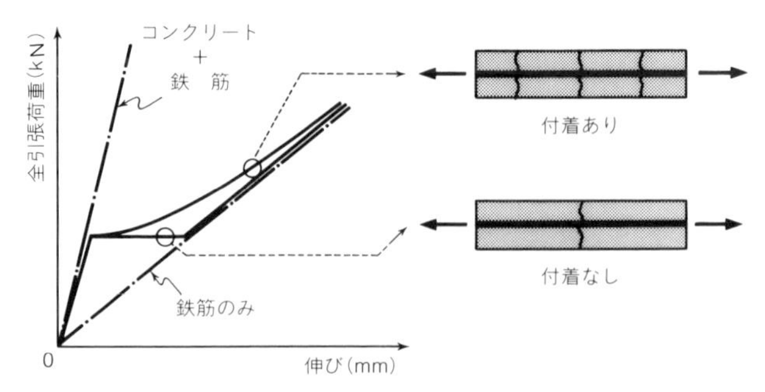

図 8-4　単軸引張を受ける RC 部材の変形挙動

これは，鉄筋とコンクリートとの付着作用により，ひび割れ間ではコンクリートが引張力に対して，なお有効に抵抗しているためである（ひび割れとひび割れの間に後続ひび割れが発生する理由もこのためである）．このような力学的現象を引張硬化（tension stiffening）と呼び，変形解析では重要な要因となる．

引張硬化の存在は，図 8-4 のような鉄筋コンクリート部材の単軸引張時の荷重-変形曲線から説明できる．すなわち，鉄筋～コンクリート間に付着が全くない場合は，初期のコンクリート＋鉄筋の剛性から，ただ 1 本のひび割れの発生によって，ただちに鉄筋のみの剛性に移行する．一方，通常の付着がある場合，その変形曲線が初期ひび割れ発生とともに部材の剛性は徐々に低下し，鉄筋のみの剛性に緩やかに漸近する．この両者の違いが，まさしく引張硬化作用によるものである．

このようにひび割れを有する鉄筋コンクリート部材の剛性は，鉄筋＋コンクリートの全断面有効状態と完全な RC 断面の中間に位置することが特徴で，変位・変形の検討における重要なポイントになる．

8-3-2　曲げ部材の剛性評価

（1）　曲げ剛性の変化

このようなひび割れの進展による剛性低下を，曲げ部材（$M-\phi$ 関係）について考えると，図 8-5 のように示すことができる．図中では，曲げモーメント M と曲率 ϕ との関係を示しているので，その勾配が直ちに曲げ剛性 EI となる．すなわち，$\phi = M/EI$ によって関係づけられる．ひび割れを生じた曲げ部材は，部材中の位置（ひび割れ位置かひび割れ間中点か）によって，その剛性評価は異なるが，ここではそれらの平均的な剛性について考えるものとする．すなわち，ひび割れ幅の検討では部材中の特定断面（ひび割れ発生位置）のみに着目するが，変形解析においては，部材長手方向のひび割れ間隔分の平均値を考えることになる．

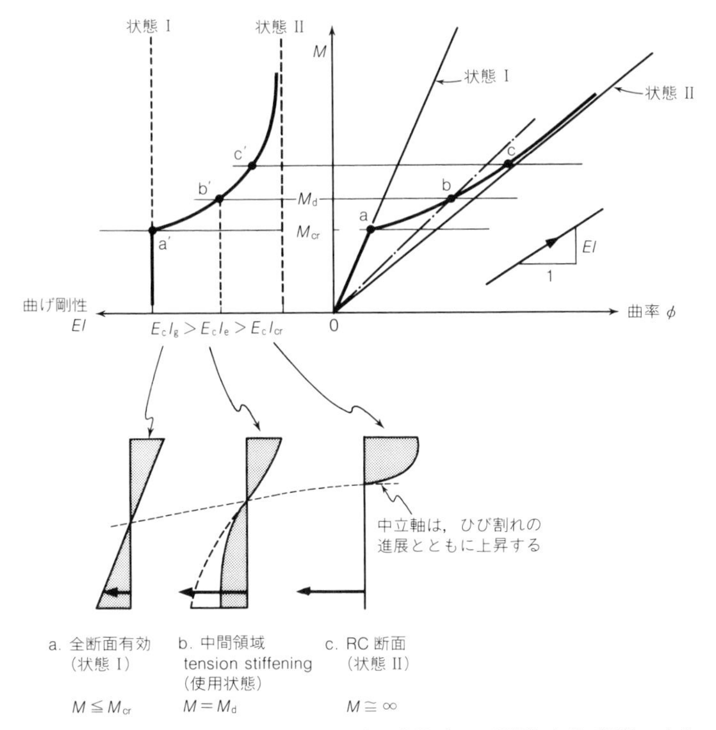

図 8-5　曲げ引張ひび割れを有する梁の変形挙動（M-ϕ 関係）と曲げ剛性の変化

荷重初期においては弾性的に変化するが，ひび割れ発生（$M = M_{cr}$）とともに曲げ剛性が急激に変化し，その後ひび割れの進展によって徐々に低下する（図 8-5）．ここで，図中の状態 I はひび割れが全くない状態（全断面有効）を表し，状態 II はひび割れによってコンクリート引張力がすべて喪失した状態（これを慣例に従い RC 断面と呼ぶ）を示す．したがって，鉄筋コンクリートの M-ϕ 関係は，ひび割れの発生によって，状態 I から離脱し，荷重の増大とともに状態 II に漸近するもので，図 8-5 から容易に理解することができよう（ただし，その後，鉄筋降伏またはコンクリート圧壊となるが，ここでは使用状態を想定するもので，このことは考えない）．設計荷重（例えば，図中 b 点）では，これら両極端の中間状態となり，このときの平均的な曲げ剛性 E_cI_e（図中 b′ 点）を的確に評価する必要がある．

これは軸引張部材についても同様に説明することができ，各々の状態 I および状態 II における剛性値を表 8-4 に一覧した．ここで，各添字については，g → gross（全体），cr → crack（ひび割れ），e → equivalent（換算）または effective（有効）のように考

表 8-4　状態Ⅰと状態Ⅱにおける断面諸量（単鉄筋長方形断面）

	状態Ⅰ（全断面有効）	状態Ⅱ（RC 断面）
断面積	$A_g = bh + nA_s$ $= A_c(1+np)$	$A_{cr} = bx + nA_s$ $= bd(k+np)$
断面 2 次モーメント	$I_g = \dfrac{b}{3}\{x^3+(h-x)^3\}+nA_s(d-x)^2$ $= bh^3\left[\dfrac{1}{3}\{k^3+(1-k)^3\}+np\left(\dfrac{d}{h}-k\right)^2\right]$	$I_{cr} = \dfrac{1}{3}bx^3+nA_s(d-x)^2$ $= bd^3\left\{\dfrac{k^3}{3}+np(1-k)^2\right\}$
備考	中立軸比：$k \equiv \dfrac{x}{h}$ $= \dfrac{1+2npd/h}{2(1+np)} \cong \dfrac{1}{2}$	中立軸比：$k \equiv \dfrac{x}{d}$ $= \sqrt{2np+(np)^2}-np$

表 8-5　換算断面 2 次モーメントの計算例（$m=3$ について示した）

荷重段階	$M=M_{cr}$（状態Ⅰ）	設計荷重の例			$M\to\infty$（状態Ⅱ）
		$M=1.1M_{cr}$	$M=2M_{cr}$	$M=5M_{cr}$	
荷重パラメータ $\dfrac{M_{cr}}{M}$	1	$\dfrac{1}{1.1}$	$\dfrac{1}{2}$	$\dfrac{1}{5}$	$\to 0$
換算断面 2 次モーメント I_e	I_g	$0.751I_g+0.249I_{cr}$	$0.125I_g+0.875I_{cr}$	$0.008I_g+0.992I_{cr}$	$\to I_{cr}$
算定式：$I_e=\left(\dfrac{M_{cr}}{M}\right)^3 I_g+\left\{1-\left(\dfrac{M_{cr}}{M}\right)^3\right\}I_{cr} \leqq I_g$					

えると覚えやすい．

（2）　換算剛性のモデル化

このように曲げ剛性 EI は作用曲げモーメントの増大とともに徐々に低下し，$E_cI_g \to E_cI_{cr}$ に変化する．ここで，曲げ剛性の変化をすべて断面 2 次モーメントに帰着させると，次のような換算式として表すことができる（その特徴を表 8-5 に例示した）．

$$I_e=\left(\frac{M_{cr}}{M}\right)^m I_g+\left\{1-\left(\frac{M_{cr}}{M}\right)^m\right\}I_{cr} \tag{8.10}$$

または，I_g を基準とする低減係数 K_{im} を用いて，

$$I_e=K_{im}I_g, \quad K_{im}=\left(\frac{M_{cr}}{M}\right)^m+\left\{1-\left(\frac{M_{cr}}{M}\right)^m\right\}\frac{I_{cr}}{I_g} \tag{8.11}$$

これは，Branson[6]によって提案された換算断面 2 次モーメントを提示したもので，断面に作用する曲げモーメント M の大きさによって，表 8-5 のように状態Ⅰ（全断面有効）と状態Ⅱ（RC 断面）の両極端をとることがわかる．表中には，設計荷重 M として，ひび割れ発生モーメントの 1.1 倍，2 倍，5 倍について例示した（これは $M>M_{cr}$

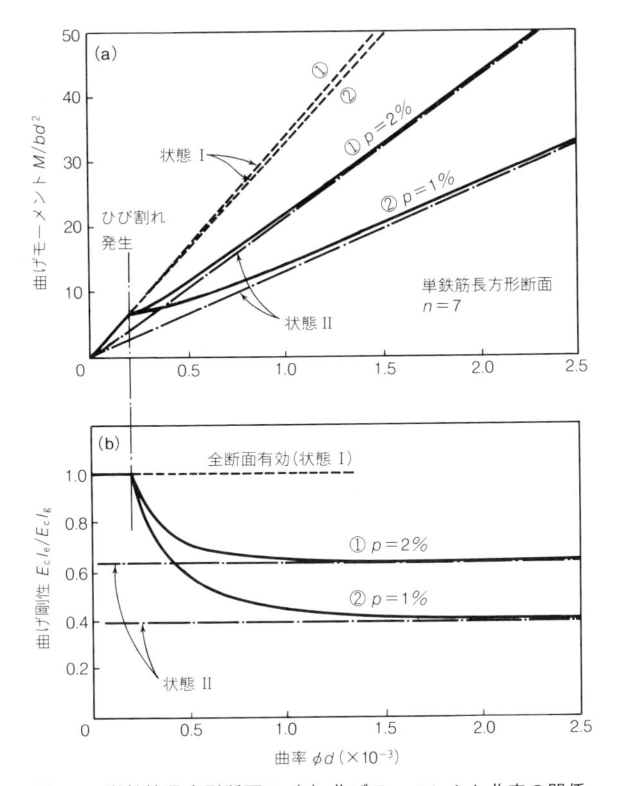

図 8-6　単鉄筋長方形断面の（a）曲げモーメントと曲率の関係，（b）曲げ剛性の変化（$m=3$ とした）

の例として示したもので，その数値にとくに意味はない）．

これから換算断面２次モーメントは，$I_g \geqq I_e \geqq I_{cr}$ のように変化することがわかり，係数 m がその遷移状態をコントロールしている．$M \geqq M_{cr}$ において，I_e に対する I_g と I_{cr} の重みが，M の増加とともに，I_g：1→0，I_{cr}：0→1 のように変化していることを表 8-5 から確認されたい．

ここで，式(8.11)を用いて換算曲げ剛性 E_cI_e を算出するとともに，曲げモーメント M と曲率 ϕ との関係を $\phi=M/E_cI_e$ として求め，図 8-6 にまとめた．ここでは，鉄筋比をパラメータ（① $p=2$%，② $p=1$%）とし，図中の両軸は無次元化し，(a) $M/bd^2 \sim \phi d$ 関係，(b) $E_cI_e/E_cI_g \sim \phi d$ 関係として図示した．同図より，初期ひび割れ後の剛性低下の様子を観察することができる．また，状態 I では①と②の違いがほとんど見られないのに対して，状態 II では鉄筋比の差異が顕著に現れているのがわかる．

また，係数 m については，通例，等曲げ区間については $m=4$，また単純梁で換算曲げ剛性を部材全長にわたって一定とする場合は $m=3$ が用いられる．このような換算断面による曲げ部材の変形解析は ACI 規準[6]として長く使われてきた．

我国におけるコンクリート標準示方書[2]においてもほぼ同様な形で採用されており，次のように記されている．

・断面剛性を部材断面ごとで曲げモーメントにより変化させる場合：

$$I_{\mathrm{e}}=\left(\frac{M_{\mathrm{crd}}}{M_{\mathrm{d}}}\right)^4 I_{\mathrm{g}}+\left\{1-\left(\frac{M_{\mathrm{crd}}}{M_{\mathrm{d}}}\right)^4\right\} I_{\mathrm{cr}} \leqq I_{\mathrm{g}} \tag{8.12}$$

・断面剛性を部材全長にわたって一定とする場合：

$$I_{\mathrm{e}}=\left(\frac{M_{\mathrm{crd}}}{M_{\mathrm{d,max}}}\right)^3 I_{\mathrm{g}}+\left\{1-\left(\frac{M_{\mathrm{crd}}}{M_{\mathrm{d,max}}}\right)^3\right\} I_{\mathrm{cr}} \leqq I_{\mathrm{g}} \tag{8.13}$$

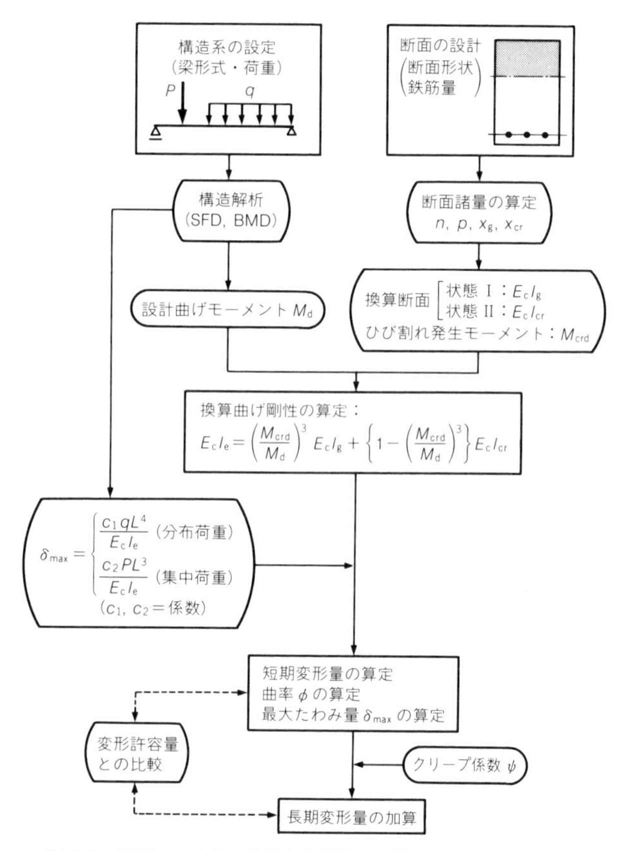

図 8-7　鉄筋コンクリート梁の変形照査に関するフローチャート

ここで，M_d：変位・変形量計算時の設計曲げモーメント，$M_{d,max}$：変位・変形量計算時の設計曲げモーメントの最大値．

上式は，設計式であるため，設計曲げモーメントとして $M \to M_d$，設計ひび割れ発生モーメントとして $M_{cr} \to M_{crd}$ のように，添字 d（＝design：設計）を付している．

上述の式(8.12)は，断面ごとの曲げモーメント M_d の大きさに従って換算断面剛性 I_e を求め，曲率 → たわみ角 → たわみ量のように数値積分を必要とするのに対して，式(8.13)は，梁部材（とくに単純梁）の最大曲げモーメント $M_{d,max}$ によって部材全長に同一の換算断面剛性を求め，概算的にたわみ量を算出することを意味する．

（3）　許容変形量

以上のような方法により短期・長期の変形量を求めると，今度はこれが変形に関する許容範囲に収まるかどうかをチェックする必要があり，使用限界に関する照査の最終段階となる．許容変形量は，構造物の形式・寸法・機能・仕様などによって異なる．

許容変形量は，変位・振動もしくは構造物に敷設される非構造材の保護の観点から決定され，例えば橋梁の場合は $l/800$，$l/400$ のように，支間 l の比率として規定される．

以上までの曲げ部材に関する変形解析の手順を，フローチャートとして図 8-7 に整理したので，一連の流れを復習してもらいたい．

《例題 8.4》　鉄筋コンクリート部材の変形解析

下図のように等分布荷重 q（kN/m）または集中荷重 P（kN）を受ける支間 $L = 5$ m の鉄筋コンクリート梁を考える．

このとき，次の手順にしたがって梁の変形解析について検討せよ．

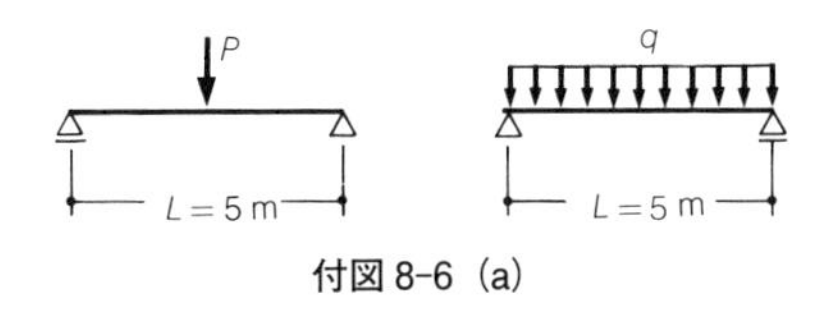

付図 8-6（a）

①　部材の断面寸法と材料特性を次表の中から選択せよ．

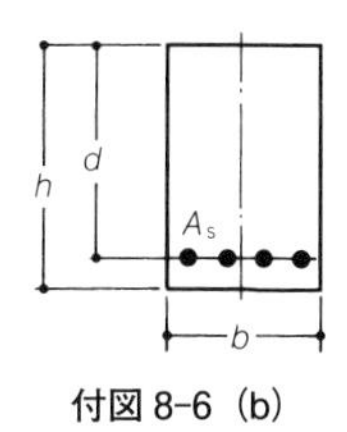

付図 8-6（b）

付表 8-3

断面寸法	幅 b d	280，300，320 mm $h = 600$ mm として，各自で決定せよ
鉄筋量	引張鉄筋 A_s	5D25，4D25，3D29 など
ヤング係数比	n	標準示方書に従う（付表 4-1）
コンクリートの力学的性質	f'_c E_c f_t	24，30，40 N/mm^2 標準示方書に従う（付表 4-1） $f_t = 0.23 f_c'^{2/3}$（2 章参照）
鉄筋規格		SD295，SD345，SD390，etc

② まず，次の数値を求めよ．

・断面諸元：$n, p, x_g, I_g, x_{cr}, I_{cr}$

・ひび割れ発生モーメント M_{cr}：$M_{cr}=f_tI_g/(h-x_g)$

・終局曲げモーメント M_u：変形解析には直接関係しないが，等価矩形応力ブロックを用いて求めよ．

③ また，中央部の曲げモーメント M が $M=M_{cr}$ となるときの荷重を P_{cr}，$M=M_u$ となるときの荷重を P_u とし，P_{cr} と P_u を求めよ．

④ 最大たわみ量 δ_{max} と使用限界の照査

(a) $P=1.1P_{cr}$ のときの換算断面 2 次モーメントと最大たわみ δ_{max} を求めよ．

(b) $q=40$ kN/m のときの換算断面 2 次モーメントと最大たわみ δ_{max} を求めよ．

(c) 許容たわみ量を $\delta_a=L/800$ としたとき，(b)の場合，この限界状態を満足するか．

【解答】

最大たわみ量算定チャート		
項　　目	参照箇所	計　算　手　順
① 断面寸法と材料特性の選択		
	付図 8-6(b)	寸　法：$d=540$ mm，$h=600$ mm，$b=300$ mm
	付表 8-3	鉄　筋：$A_s=4\text{D}25=2027\ \text{mm}^2$（SD345 使用）
	表 2-8	コンクリート：$f'_c=30\ \text{N/mm}^2$ $\rightarrow E_c=28\ \text{kN/mm}^2$
	式(2.13)	$f_t=0.23\cdot 30^{2/3}=2.22\ \text{N/mm}^2$
② 断面諸元		
		$n=200/28=7.14$， $p=20.27/30\cdot 54=0.0125\rightarrow np=0.0893$
状態 I（全断面有効）	式(8.2′)， 式(8.3′)	$x_c=h/2$，$I_c=5.40\times 10^9\ \text{mm}^4$ （鉄筋の効果無視）
状態 II（RC 断面）	式(8.3)	$np=0.0893\rightarrow k=-np+\sqrt{2np+(np)^2}=0.343$
	表 8-5	$I_{cr}=300\cdot 540^3\left\{\frac{1}{3}0.343^3+0.0893(1-0.343)^2\right\}$ $=47.2\times 10^9(0.01345+0.03855)$ $=2.46\times 10^9\ \text{mm}^4$ ここで，$I_{cr}/I_g=0.46$ （鉄筋量に依存する．付図 8-7 参照）
③ ひび割れ発生モーメント M_{cr}		
	式(8.5b)	$M_{cr}=\frac{5.40\times 10^9}{300}\times 2.22=4.00\times 10^7\ \text{N}\cdot\text{mm}$ $=40.0\ \text{kN}\cdot\text{m}$
終局曲げモーメント M_u		
	式(4.42)	$pf_y/f'_c=0.0125\cdot 345/30=0.1438$

	式(4.44b)	$M_u=30\cdot 54^2\cdot 30\times 10^2\left\{0.1438\left(1-\dfrac{0.1438}{1.7}\right)\right\}$ $=3.45\times 10^7\ \mathrm{N\cdot cm}=345\ \mathrm{kN\cdot m}$
荷重への換算	$M=\dfrac{PL}{4}$	$P_{cr}=4M_{cr}/L=4\cdot 40.0/5=32\ \mathrm{kN}$ $P_u=4M_u/L=4\cdot 345/5=276\ \mathrm{kN}$
④換算断面2次モーメント I_e と最大たわみ量 δ_{max}		
(a) $P=1.1P_{cr}$ のとき	$M=PL/4$	$P=1.1\cdot 32=35.2\ \mathrm{kN}$ $\longrightarrow M=35.2\cdot 5/4=44.0\ \mathrm{kN\cdot m}$
	式(8.12)	$I_e=\left(\dfrac{40.0}{44.0}\right)^3\cdot 5.40\times 10^9$ $+\left\{1-\left(\dfrac{40.0}{44.0}\right)^3\right\}\cdot 2.46\times 10^9$ $=(0.751\cdot 5.40+0.249\cdot 2.46)\times 10^9$ $=\underline{4.67\times 10^9\ \mathrm{mm^4}}$
	$\delta_{max}=\dfrac{PL^3}{48E_cI_e}$	$\delta_{max}=\dfrac{35.2[\mathrm{kN}]\cdot(5000)^3[\mathrm{mm^3}]}{48\cdot 28[\mathrm{kN/mm^2}]\cdot 4.67\times 10^9[\mathrm{mm^4}]}$ $=\underline{0.701\ \mathrm{mm}}$
(b) $q=40$ kN/m のとき	$M=qL^2/8$	$q=40\ \mathrm{kN/m}\longrightarrow M=40\cdot 5^2/8=125\ \mathrm{kN\cdot m}$
	式(8.12)	$I_e=\left(\dfrac{40.0}{125}\right)^3\cdot 5.40\times 10^9$ $+\left\{1-\left(\dfrac{40.0}{125}\right)^3\right\}\cdot 2.46\times 10^9$ $=(0.033\cdot 5.40+0.967\cdot 2.46)\times 10^9$ $=\underline{2.56\times 10^9\ \mathrm{mm^4}}$
	$\delta_{max}=\dfrac{5}{384}\cdot\dfrac{qL^4}{E_cI_e}$	$\delta_{max}=\dfrac{5}{384}\cdot\dfrac{40\times 10^{-3}[\mathrm{kN/mm}]\cdot(5\times 10^3[\mathrm{mm}])^4}{28[\mathrm{kN/mm^2}]\cdot 2.56\times 10^9[\mathrm{mm^4}]}$ $=\underline{4.54\ \mathrm{mm}}$
(c)たわみの照査		
許容たわみ量 δ_a		$\delta_a=L/800=5\times 10^3/800=6.25\ \mathrm{mm}$
最大たわみ量 δ_{max}		$\delta_{max}=4.54\ \mathrm{mm}$ $\therefore \delta_{max}<\delta_a$……O.K.
	たわみに関する使用限界の照査がなされた.	

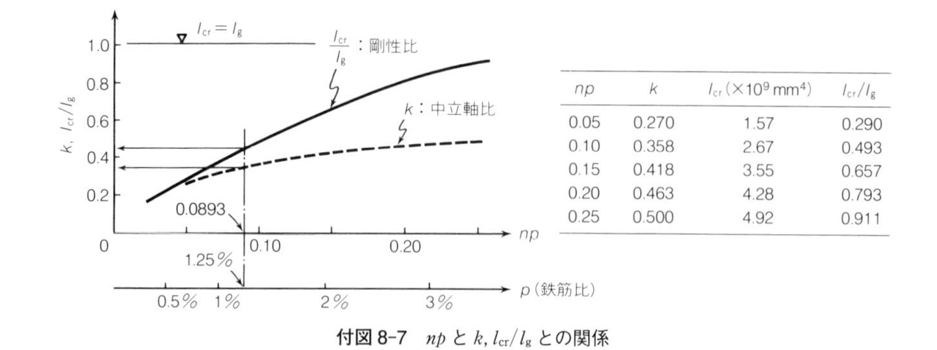

np	k	I_{cr}（$\times 10^9$ mm^4）	I_{cr}/I_g
0.05	0.270	1.57	0.290
0.10	0.358	2.67	0.493
0.15	0.418	3.55	0.657
0.20	0.463	4.28	0.793
0.25	0.500	4.92	0.911

付図 8-7　np と $k, I_{cr}/I_g$ との関係

参 考 文 献

［1］ F. レオンハルト（横道監訳，成井・上阪・石原共訳）：コンクリート構造物の限界状態と変形（レオンハルトのコンクリート講座④），鹿島出版会.

［2］ 土木学会：2022 年制定 コンクリート標準示方書［設計編］

［3］ 土木学会：平成 8 年制定 コンクリート標準示方書［設計編］，7 章 使用限界状態に対する検討.

［4］ Goto, Y.: Cracks Formed in Concrete Around Deformed Tension Bars, *ACI Journal*, No. 68-26 (April 1971), pp. 244-251.

［5］ 角田與史雄：鉄筋コンクリートの最大ひびわれ幅，コンクリートジャーナル，Vol. 8, No. 9 (1970).

［6］ ACI Committee 435 : Deflections of Reinforced Concrete Flexural Members, *ACI Journal*, Vol. 63, No. 6 (1966), pp. 637-674.

［7］ 吉川弘道，石川雅美：鉄筋コンクリート部材のひび割れ開口量算定に関する解析モデルと温度応力問題への適用，「コンクリート構造物の体積変化によるひびわれ幅制御」に関するコロキウム，日本コンクリート工学協会（1990.8），pp. 97-106.

9

繰返し荷重を受ける部材：疲労限界

材料が繰返し応力を受けるとき，その最大応力が静的強度より小さい範囲であっても，それが多数回繰り返されることにより破壊に至ることがある．この現象を疲労（fatigue）あるいは疲労破壊（fatigue failure）と呼ぶ．

疲労荷重（繰返し荷重）を受ける土木構造物として，道路，鉄道，海洋構造物などが挙げられ，交通車両，列車の運行，波浪などによりかなりの回数の繰返し荷重を受けることになる．疲労特性は，作用応力と破壊に至るまでの繰返し回数（疲労寿命）との関係を示すいわゆる S-N 線図によって表され，設計に用いられる．

本章では，土木構造物の疲労荷重と S-N 線図による材料の疲労強度式の説明から始まり，線形被害則（マイナー則）について述べる．また，疲労限界状態に対する安全照査の考え方についてまとめるとともに，標準示方書に基づく設計法（曲げ部材）を解説する．

9-1　疲労荷重と疲労破壊

9-1-1　疲 労 荷 重

図 9-1 は，交通荷重を受ける橋梁の荷重または応力の履歴を模式的に描いたものである．構造系が完成した瞬間から自重（死荷重）が負荷され，これが永続的に作用するとともに，供用開始後，交通荷重（活荷重）が繰返し作用し，死荷重に重畳される．これ

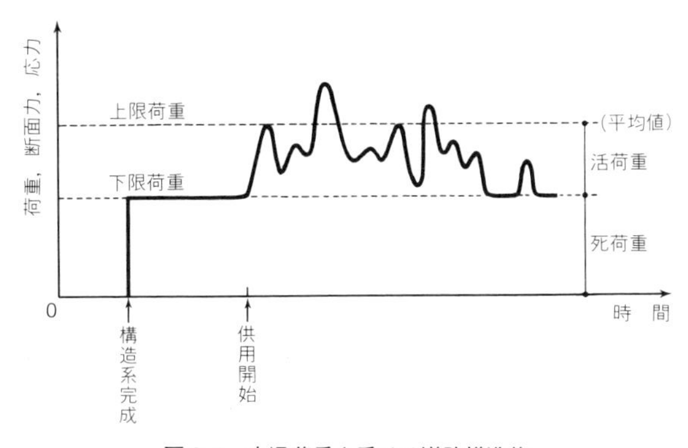

図 9-1　交通荷重を受ける道路構造物

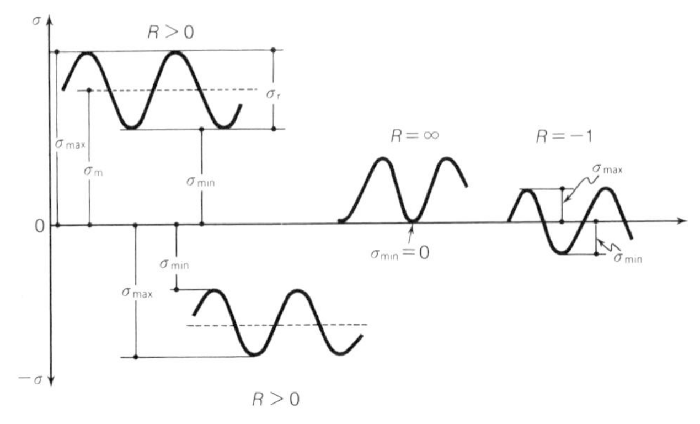

図 9-2　定振幅荷重の定義

を疲労荷重の観点から考えると，上限応力＝死荷重＋活荷重，下限応力＝死荷重，応力振幅＝活荷重（変動作用）と考えるとわかりやすい．

また，応力振幅部分（活荷重）を単に繰返し荷重，または疲労荷重と呼ぶことが多いが，これは大小ランダムな荷重が重合して作用する．このようなランダム荷重に対して，何らかの換算方法により，独立した一定振幅の規則波に置換する必要があり，ゼロアップクロス法がよく用いられる[1]．

このようにして抽出された定振幅荷重（図 9-2）は，上限応力 $\sigma_{\rm max}$ と下限応力 $\sigma_{\rm min}$ によって特徴づけられる．また，平均応力 $\sigma_{\rm m}$ と応力振幅 $\sigma_{\rm r}$ によっても記述することがあり，これらは次式で関係づけられる．

$$\sigma_{\rm m}=(\sigma_{\rm max}+\sigma_{\rm min})/2, \qquad \sigma_{\rm r}=\sigma_{\rm max}-\sigma_{\rm min} \tag{9.1}$$

また，格差 R は $R=\sigma_{\rm max}/\sigma_{\rm min}$ のように定義され，$R>0$ を片振り，$R<0$ が両振り荷重となる（図 9-2）．これらは疲労に関する応力パラメータと呼ばれ，疲労寿命を表す重要な因子である．通例，上限応力 $\sigma_{\rm max}$ または応力振幅 $\sigma_{\rm r}$，もしくはその両者が多く用いられる．

9-1-2　疲 労 強 度

材料の疲労強度は通例，図 9-3 のような S-N 線図によって表される．縦軸は応力パラメータで普通目盛（または対数目盛），横軸は破壊に至るまでの繰返し回数（疲労寿命）で対数目盛で表されることが多い．応力パラメータは，上限応力（上限応力比）もしくは応力振幅などが用いられるが，材料によって異なる．

応力パラメータ（例えば，応力振幅）が大きくなるほど，破壊までの繰返し回数は少なくなり S-N 線図は右下がりとなる．また，ある応力以下になると何回載荷しても疲

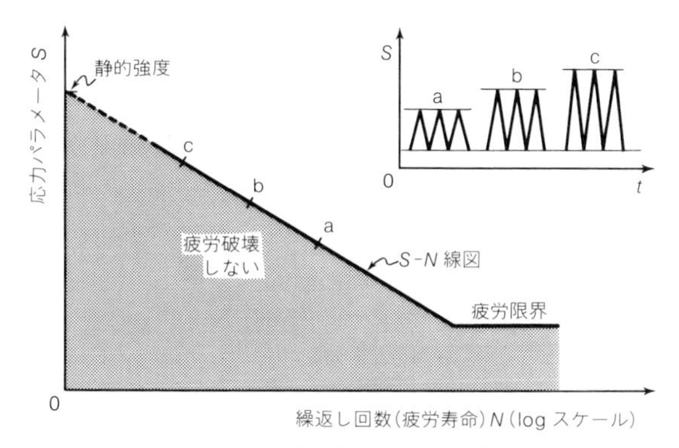

図 9-3　S–N 線図で表した疲労強度

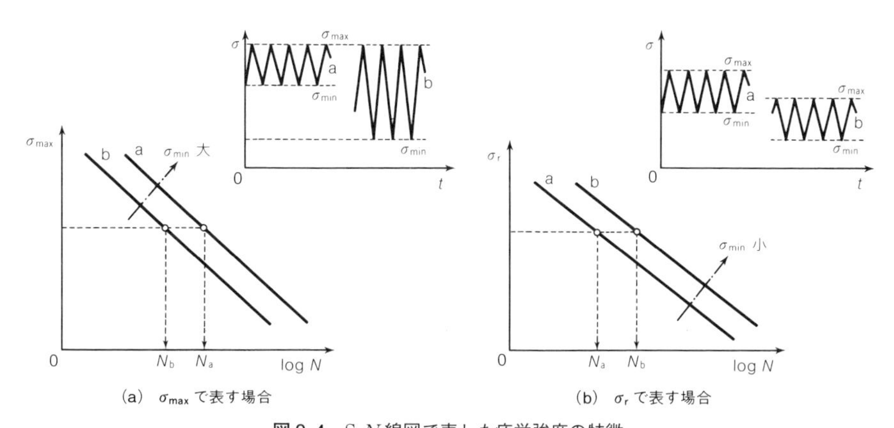

図 9-4　S–N 線図で表した疲労強度の特徴

労破壊しなくなり，これを疲労限（fatigue limit）というが，コンクリートや鉄筋の場合，明確な定義はまだなされていない．

9-1-3　コンクリートの疲労強度式

まず，コンクリートの S–N 線図の特徴を模式的に表すと，図 9-4 のような 2 例にまとめることができる．縦軸の応力パラメータとして，(a) σ_{max} を用いると，σ_{min} が大きいほど長寿命となるのに対して，(b) では σ_{r} で表しているので，σ_{min} が大きいほど疲労寿命が小さくなる．すなわち，コンクリートの疲労特性は，σ_{max}，σ_{min}，σ_{r} のいずれか 2 個の応力パラメータに依存することを示している．

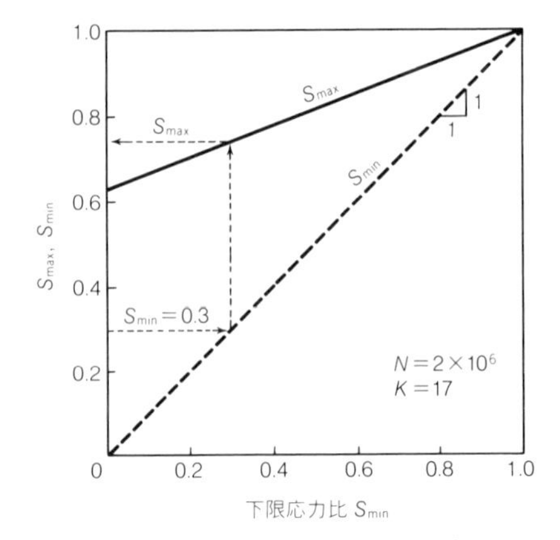

図 9-5　Goodman 図による疲労強度包絡線（N=2×10^{6}）

そこで，一定応力の繰返しによるコンクリートの疲労強度は，次式のような上限応力と下限応力を用いた S-N 線式（Goodman 型）によって表されることがよく知られている（例えば，文献［1］）．

$$\text{Goodman型：}\quad \log N = K\frac{1-S_{max}}{1-S_{min}} = K\left(1\frac{S_r}{1-S_{min}}\right) \tag{9.2}$$

ここで，S_{max}，S_{min}，S_r は静的強度 f_k で正規化した，上限応力比 $S_{max}=\sigma_{max}/f_k$ と下限応力比 $S_{min}=\sigma_{min}/f_k$，$S_r=\sigma_r/f_k$ であり，いずれも 0〜1 の値をとる．

図 9-5 にいわゆる Goodman 図を示した．これは，疲労寿命 $N=2\times10^6$ に対する疲労強度の包絡線とみなすことができ，その読み取り方を学んでもらいたい．

これはまず S_{min} を与え，対応する S_{max} を求めるもので，図中では $S_{min}=0.3$ の場合を例示したので S_{max} を読みとってもらいたい．また同図から，$S_{min}=0$ のとき $S_{max}\fallingdotseq0.63$ となっていることがわかるが，これは $N=2\times10^6$ に対する最小の上限応力比（または応力振幅比）となることを示唆するものである．すなわち，コンクリートの場合，基準強度 f_k の概ね 60% 以下であれば，実用上疲労限界が問題とならないことを示している（もちろん，これは設計条件によって異なり，例えば設計繰返し回数として 1×10^7 回を課す場合もあるので，だいたいの工学的目安として頭に入れて欲しい）．

図 9-6 はこの Goodman 図の作成方法を模式的に表したもので，S_{min} を一定とした実験群から S-N 線図を定め，求めたい回数（図中では，2×10^6 回）に対応する S_{max} を得るものである．この作業によって，ある特定した疲労寿命に対する S_{max} と S_{min} の関係を同定することができる．

式(9.2)(Goodman 型の S-N 線式）は，現行標準示方書の原型となっているので，と

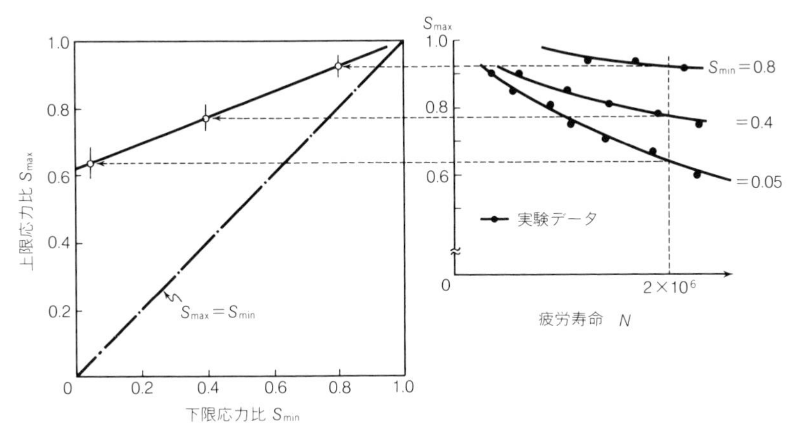

図 9-6　修正 Goodman 図の作り方（模式図）

くにその特徴を考えたい．そこで，式(9.2)を上限応力 $\sigma_{\max}$ によって書き換えると，

$$S_{\max}\equiv\frac{\sigma_{\max}}{f_{\mathrm{k}}}=\frac{\log N}{K}\times\frac{\sigma_{\min}}{f_{\mathrm{k}}}+\left(1-\frac{\log N}{K}\right) \tag{9.3a}$$

のように表すことができ，応力振幅 $\sigma_{\mathrm{r}}=\sigma_{\max}-\sigma_{\min}$ で表すと，

$$S_{\mathrm{r}}\equiv\frac{\sigma_{\mathrm{r}}}{f_{\mathrm{k}}}=\left(1-\frac{\log N}{K}\right)\left(1-\frac{\sigma_{\min}}{f_{\mathrm{k}}}\right) \tag{9.3b}$$

のようになり，両式とも下限応力がパラメータとなっている．

［コンクリート標準示方書の疲労強度式］

式(9.3b)を用い，同式を $\sigma_{\mathrm{r}}\to f_{\mathrm{rd}}$，$\sigma_{\min}\to\sigma_{\mathrm{p}}$（p＝permanent，永続作用），$f_{\mathrm{k}}=f_{\mathrm{d}}$ のように読み替えると，示方書の設計疲労強度（振幅）f_{rd} を得る．

$$f_{\mathrm{rd}}=k_{1\mathrm{f}}f_{\mathrm{d}}\left(1-\frac{\sigma_{\mathrm{p}}}{f_{\mathrm{d}}}\right)\left(1-\frac{\log N}{K}\right)\quad（ただし，N\leqq 2\times10^6） \tag{9.4}$$

ここで，$K=10$：水中コンクリート，軽量コンクリート

$K=17$：一般のコンクリート

$k_{1\mathrm{f}}=0.85$（圧縮，曲げ圧縮），$k_{1\mathrm{f}}=1.0$（引張，曲げ引張）

これは，コンクリートの圧縮，曲げ圧縮，引張および曲げ引張の設計疲労強度 f_{rd} を共通に表したものである．したがって，f_{d}：静的設計強度は，圧縮強度の場合 $f'_{\mathrm{cd}}=f'_{\mathrm{ck}}/\gamma_{\mathrm{c}}(\gamma_{\mathrm{c}}=1.3)$ のように与えることになる．また，σ_{p} は永続作用による下限応力（最小応力）を表し，通例，$R>0$ なる片振りを考えるが，交番荷重を受ける場合 $(R<0)$ は $\sigma_{\mathrm{p}}=0$ とする．

One Point アドバイス

――疲労設計での添字に強くなる――

ここで，再度添字の意味を考える．疲労設計では，r＝range（振幅），p＝permanent（永続）が新しく加わる．設計疲労強度，作用応力を中心にコンクリートと鉄筋についてまとめると，下表のように整理することができる．

付表 9-1

材　料	設計疲労強度	変動荷重による応力振幅	下限荷重による応力 (p＝permanent：永続)	基準強度 (d＝design)	材料係数
	(r＝range：振幅) (d＝design：設計)				
コンクリート [c＝concret は省略される]	f_{rd}	σ_{rd}	σ_{p}	f'_{cd}, f_{bd}, f_{td}	γ_{c}
鉄　筋 (s＝steel)	f_{srd}	σ_{srd}	σ_{sp}	f_{ud} 降伏強度は用いない	γ_{s}

疲労設計に際しては，疲労強度というと多くの場合，応力振幅のことを意味し，これが下限応力（σ_{p}，σ_{sp}）をパラメータとして設計強度式を与えていることに注意されたい．

9-1-4　鉄筋の疲労強度式

鉄筋の疲労強度は，コンクリートの場合と同様に，応力振幅と下限応力の影響を受ける．また，異形鉄筋のようにふしがある場合の疲労強度は，丸鋼の場合より小さくなり，これはふし周辺の応力集中によるものである．標準示方書では，異形鉄筋に対して次式のような設計疲労強度（振幅）f_{srd} を用いることにしている．

$$f_{srd}=190\frac{10^{\alpha}}{N^{k}}\left(1-\frac{\sigma_{sp}}{f_{ud}}\right)/\gamma_{s} \qquad （ただし，N\leqq 2\times 10^{6}） \tag{9.5}$$

ここで，f_{srd}：鉄筋の設計疲労強度

σ_{sp}：鉄筋に作用する最小応力（永続作用）

f_{ud}：鉄筋の設計引張強度

（いずれも N/mm²）

α および k は試験により定めることを原則とするが，下式で求めてもよい．

$$k=0.12,\ \ \alpha=k_{0f}(0.81-0.003\phi)$$

ϕ：鉄筋直径（呼び径 mm）

k_{0f}：鉄筋のふしの形状に関する係数で，一般に1.0としてよい．

γ_s：鉄筋の材料係数で一般に1.05とする．

上式では，αが鉄筋直径の影響（ϕが大きくなるほどαは小さい），k_{0f}がふし形状の影響を表す係数で，異形鉄筋特有のものである．

《例題 9.1》

標準示方書の設計疲労強度式を用いて，コンクリートおよび引張鉄筋のS-N線図を対数用紙上に描け．下限応力については，σ_p/f_dおよび$\sigma_{sp}/f_{ud}=0.0$，0.2，0.4とする．その他，必要な定数があれば適宜定めよ．

ヒント：用いる対数用紙については，次のようになる．

コンクリートの疲労強度式：$f_{rd}=p-q\log N \longrightarrow$　片対数用紙

引張鉄筋の疲労強度式：$\log f_{srd}=p'-q'\log N \longrightarrow$　両対数用紙

【解答例】　付図9-1のとおり．なお，標準示方書に記載された両式は，$N\leqq 2\times10^6$の範囲で有効であることを付記する．

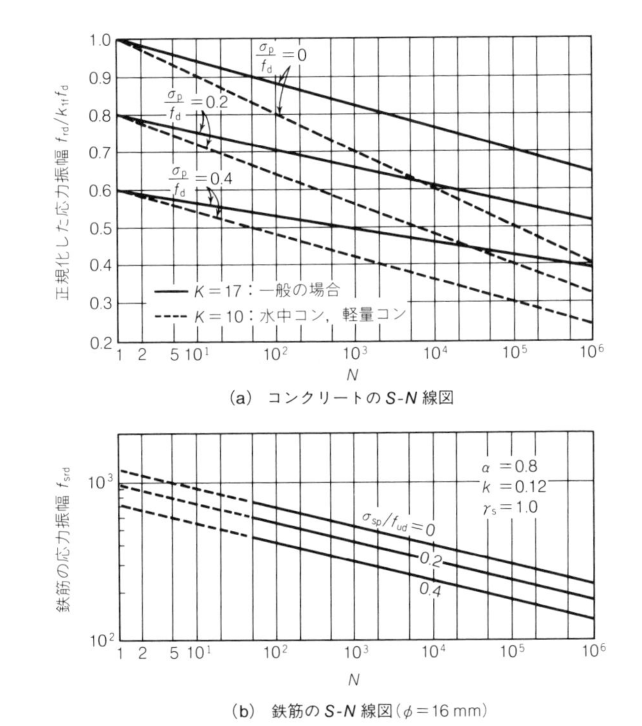

付図 9-1　標準示方書に基づく各材料のS-N線図

9-2　線形被害則（マイナー則）

9-2-1　マイナー数

コンクリート構造物が受ける活荷重は，不規則に変動するランダム荷重であることは前述のとおりである．したがって，一定振幅の疲労試験によって得られた疲労強度式（S-N線式）が一般のランダム荷重を受ける場合にも適用し得るように拡張する必要がある．このため線形被害則（マイナー則）が用いられ，これは次のように説明することができる．

いま，あるj番目の応力パラメータS_j（例えば，応力振幅）においてn_j回の繰返し回数を受け，対応する疲労寿命をN_jとする．このとき$n_j=N_j$となればそのまま疲労破壊に至るが，$n_j<N_j$で打ち切られたときを考える．このときの損傷度の増分（マイナー増分）ΔM_jを，

$$\Delta M_j=\frac{n_j}{N_j} \tag{9.6}$$

のような比によって定義することができる（$\Delta M_j<1$）．さらにk段階のランダムな繰返し荷重$n_j(j=1\sim k)$が作用した後の累積損傷度M（マイナー数）は，上式の線形和と考える．すなわち，

$$M=\sum_{j=1}^{k}\Delta M_j=\sum_{j=1}^{k}\frac{n_j}{N_j} \tag{9.7}$$

そして，この累積損傷度Mが$M=1$となったとき疲労破壊が生じることになると考えるものである．すなわち，

$$\left.\begin{array}{l} M<1 \rightarrow \text{疲労破壊しない} \\ M\geqq 1 \rightarrow \text{疲労破壊する} \end{array}\right\} \tag{9.8}$$

マイナー則の適用に関する簡単な例題として，図9-7のようなS-N線図をもつ材料に，独立した3段階の応力振幅（$\sigma_{r1}<\sigma_{r2}<\sigma_{r3}<$）をもって繰返し荷重が作用したときを考える．ここでN_jは，応力振幅σ_{rj}のみが作用し続けたときの疲労寿命で，n_j（$<N_j$）の繰返し回数を受けている場合を考える．

このときの損傷度Mは，式(9.7)に従って，

$$M=\frac{n_1}{N_1}+\frac{n_2}{N_2}+\frac{n_3}{N_3} \tag{9.9}$$

と表すことができる．そして，このマイナー数が1を越えていれば疲労破壊をしたことになる．

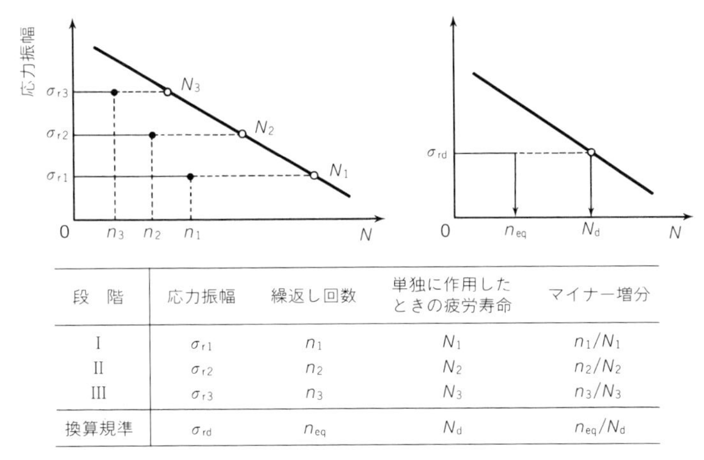

段　階	応力振幅	繰返し回数	単独に作用したときの疲労寿命	マイナー増分
I	σ_{r1}	n_1	N_1	n_1/N_1
II	σ_{r2}	n_2	N_2	n_2/N_2
III	σ_{r3}	n_3	N_3	n_3/N_3
換算規準	σ_{rd}	n_{eq}	N_d	n_{eq}/N_d

図 9-7　等価繰返し回数の算定方法

もう少し話を進めて，上式で算出された損傷度 M が 1 を下回っているときを考え，さらに振幅 σ_{r4} が作用したときの余寿命 n_4 を計算してみよう．このときの疲労寿命を N_4 とすれば，合計 4 段階の荷重に対する疲労破壊の条件は，

$$M=\frac{n_1}{N_1}+\frac{n_2}{N_2}+\frac{n_3}{N_3}+\frac{n_4}{N_4}=1 \tag{9.10}$$

となる．したがって，余寿命 n_4 は，

$$n_4=N_4\left\{1-\left(\frac{n_1}{N_1}+\frac{n_2}{N_2}+\frac{n_3}{N_3}\right)\right\} \tag{9.11}$$

のように容易に計算することができる．これは，累積損傷量が線形和で表されることによるもので，マイナー則が線形被害則とも呼ばれる由縁でもある．したがって，上記 3 段階の荷重の順番は関係しない．

9-2-2　等価繰返し回数

このような異なる応力振幅が多数作用したとき，これを一定の応力振幅の繰返し回数に換算したいわゆる等価繰返し回数が用いられることがあり，上記の場合に適用してその一例を示す．例えば，基準となる応力振幅を σ_{rd} とし，そのときの疲労寿命を N_d として，コンクリートの疲労強度式のように，

$$\log N=p-q\sigma_r \qquad (p,\ q：定数) \tag{9.12}$$

のように表される場合を考える（再び図 9-7）．このときの累積損傷量は，

$$\frac{n_{\mathrm{eq}}}{N_{\mathrm{d}}}=\frac{n_1}{N_1}+\frac{n_2}{N_2}+\frac{n_3}{N_3}=\frac{1}{N_{\mathrm{d}}}\left(\frac{N_{\mathrm{d}}}{N_1}n_1+\frac{N_{\mathrm{d}}}{N_2}n_2+\frac{N_{\mathrm{d}}}{N_3}n_3\right) \tag{9.13}$$

のように等置される．ここで，$N_{\mathrm{d}}/N_j=10^{q(\sigma_{\mathrm{r}j}-\sigma_{\mathrm{rd}})}$ を利用すると，3 段階分の等価繰返し回数 n_{eq} は，

$$n_{\mathrm{eq}}=\sum_{j=1}^{3}n_j\times10^{q(\sigma_{\mathrm{r}j}-\sigma_{\mathrm{rd}})} \tag{9.14}$$

のように表される（eq＝equivalent：等価と考えるとよい）．

また，ここで鉄筋のような疲労強度式

$$\log N=p'-q'\log\sigma_{\mathrm{r}} \qquad (p',\ q'：定数) \tag{9.15}$$

の場合を考えると，これは次のように整理できる．

$$n_{\mathrm{eq}}=\sum_{j=1}^{3}n_j\left(\frac{\sigma_{\mathrm{r}j}}{\sigma_{\mathrm{rd}}}\right)^{q'} \tag{9.16}$$

しかし，これまでの実験結果を見ると，このマイナー則は大きくばらつくことが知られている．疲労破壊に対する異なる条件下の疲労試験を実施した場合，$M<1$ で疲労破壊することもあり，$M>1$ で疲労破壊しないこともある．このため，確率的な取扱いをすることが多く[4]，設計上重要なポイントである．

One Point アドバイス

――疲労設計に出てくる n と N――

ここで，疲労設計に出てくる n と N の違いを考えよう（n は，これまでの弾性係数比 $n=E_{\mathrm{s}}/E_{\mathrm{c}}$ とは別物であり，N は軸力 N とも異なるので混同しないように）．

n は，繰返し回数で設計的に外から与えられるのに対して，N は疲労寿命であり，材料の性質（強度）である．また，普段は $n<N$ となるように設計されているが，$n=N$ となるとその部材は疲労破壊する．

これで思い出すのが，σ＝応力，f＝強度の組合せで（例えば，σ'_{c} と f'_{c} など），同じ関係が成立する（外的な作用で応答応力 σ が決まり，これが $\sigma=f$ となるとその材料は破壊する）．

すなわち，以下のような対応関係を考えるとわかりやすい．

繰返し回数＝n 疲労寿命＝N ($n\leqq N$)	$\Longleftrightarrow$	応力＝σ 強度＝f ($\sigma\leqq f$)

さらに，σ，f を応力振幅 σ_{r}，疲労強度 f_{r} として，例えばコンクリートの疲労強度式（式(9.3b)）にあてはめると面白いことがわかる．簡単のために $\sigma_{\mathrm{min}}=0$

とすると，

$$f_r = f_k\left(1 - \frac{\log n}{K}\right) \quad ①$$

$$\sigma_r = f_k\left(1 - \frac{\log N}{K}\right) \quad ②$$

のように疲労強度式が記述でき，付図 9-2 のように対応する．

式①は，設計繰返し回数 n が規定されたとき疲労強度 f_r が与えられ，式②は外的に（作用断面力によって）応力振幅 σ_r がわかったとき，疲労破壊に至るまでの回数 N（疲労寿命）が計算できる（例 9.2 の計算結果を見るとその違いがよくわかる）．

しかし，最初の説明では $n \to \sigma$，$N \to f$ のように対応したはずだが，これらを疲労強度式にあてはめるとちょうどたすき掛けのようになってしまった．

現行示方書とその関係参考書では，本来 n と記述すべきものを N としている箇所があり，注意が必要である．本書では上記の基本的考え方をもとに，n と N を明瞭に区別しているので，式の運用に際してはその意を理解してもらいたい．

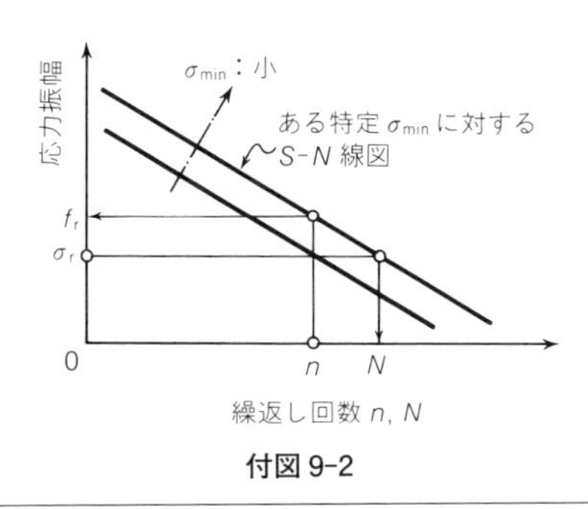

付図 9-2

9-3　疲 労 設 計 法

9-3-1　安全性の照査方法

このような疲労荷重を受ける部材の限界状態（疲労限界）に対する安全性の照査は，

①設計疲労回数を規定し，応力レベルで照査する方法

②設計疲労回数を規定し，断面力レベルで照査する方法

③設計疲労回数と設計疲労寿命（回数レベル）によって照査する方法

に分けることができ，これらは図 9-8 のように表すことができる．

①**応力レベルによる照査**：供用期間中における予想される繰返し回数 n_d（変動作用

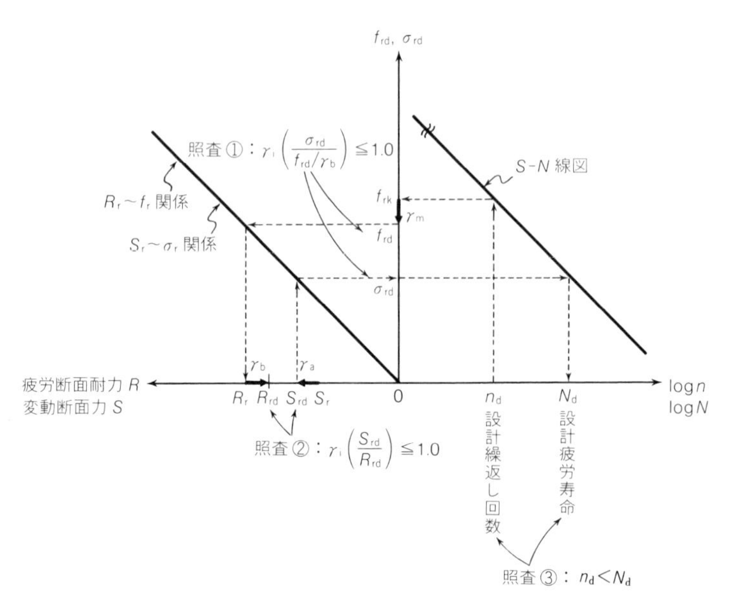

図 9-8　疲労設計における安全性の照査方法

の場合，換算回数に直されているものとする）を設定し，これに対応する疲労強度 f_{rk} を算出し，材料係数 γ_m により設計疲労強度 $f_{rd}=f_{rk}/f_m$ を求める．一方，設計変動断面力 $S_{rd}=\gamma_a S_r$ から得られる設計応力振幅 σ_{rd} を求め，両者を比較する．すなわち，

$$\gamma_i\left(\frac{\sigma_{rd}}{f_{rd}/\gamma_b}\right)\leqq 1.0 \tag{9.17a}$$

コンクリートの場合，上式をそのまま用いることができ（$\gamma_m\rightarrow\gamma_c$ として），鉄筋に対しては添字を直して，下式のように表せる（付表 9-1 参照）．

$$\gamma_i\left(\frac{\sigma_{srd}}{f_{srd}/\gamma_b}\right)\leqq 1.0 \tag{9.17b}$$

②断面力レベルによる照査：上記の設計疲労強度 σ_{rd} を疲労断面耐力 R_r に置き換え，これから設計疲労断面耐力 $R_{rd}=R_r/\gamma_b$ を求め，一方の設計変動断面力 S_{rd} と比較する．すなわち，

$$\gamma_i\left(\frac{S_{rd}}{R_{rd}}\right)\leqq 1.0,\qquad R_{rd}=R_r(f_{rd})/\gamma_b \tag{9.18}$$

ここで，γ_m：材料係数，γ_b：部材係数（1.0～1.3），γ_a：構造解析係数（1.0），および γ_i：構造物係数（1.0～1.1）であることを再記する．

これらについては 3 章で確認されたい．①と②における応力，強度または断面力は，

通例変動分（振幅）が用いられている．なお，断面の疲労耐力と疲労強度の関係（R_r-f_r 関係）または断面力と応答する材料の応力の関係（S_r-σ_r 関係）は，通例，線形関係式で与えられるので，上記①と②は等価となる．

③疲労回数による照査：今度は，設計変動応力 σ_{rd} から，S-N 線図を通して設計疲労寿命 N_d を算出することができるので，これを与えられた設計繰返し回数 n_d と対比させ（もちろん $n_d < N_d$），安全性を確認することができる．

ここで，コンクリート標準示方書による疲労設計法について述べるが，梁部材やスラブの曲げとせん断（補強筋を有する場合）では上記①による照査方法，せん断補強筋のないせん断疲労耐力および押抜きせん断については上記②の方法を採用している．③による方法は現在用いられていない．

9-3-2　梁部材の疲労設計

鉄筋コンクリート梁部材が，主として曲げモーメントの繰返しによって疲労破壊する場合を曲げ疲労破壊，せん断力によるそれをせん断疲労破壊と呼ぶ．このうち曲げモーメント（上限および下限）については，圧縮コンクリートおよび引張鉄筋の応答応力を弾性計算（例えば，式(4.18)～(4.21)，または式(7.5)～(7.8)）から求めればよい．

ただし，圧縮コンクリートはその縁応力 σ'_{cu} ではなく，仮定した三角形分布の応力合力位置と同じ位置に合力位置をもつ矩形応力分布に置き換える必要がある．したがって，疲労照査用（圧縮コンクリート）の設計応力振幅は，結果のみを示すと，

$$\text{長方形断面}：\sigma'_c = \frac{3}{4}\sigma'_{cu} \tag{9.19a}$$

$$\text{T 形断面}：\sigma'_c = \frac{3}{4}\left\{\frac{(2-t/x)^2}{3-2(t/x)}\right\}\sigma'_{cu} \tag{9.19b}$$

となる．引張鉄筋の応力については，従来の弾性計算式をそのまま用いればよい．

《例題 9.2》

下図のような繰返し曲げモーメントを受ける鉄筋コンクリートスラブの疲労限界に対して，次のような項目について検討せよ．

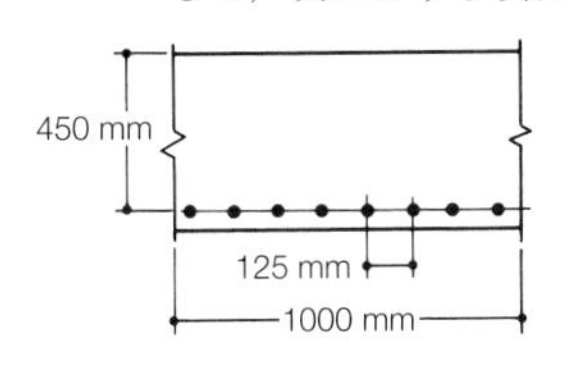

・鉄筋：D32（ctc125 mm），SD345

・コンクリート：$f'_{ck} = 24\ \text{N/mm}^2$

（$E_c = 25\ \text{kN/mm}^2$，表 2-8 参照）

・作用曲げモーメント（幅 1 m 当り）：

$M_p = 150\ \text{kN·m}$（永続作用）

$M_{rd} = 200\ \text{kN·m}$（変動作用）

①　まず，曲げに関する諸係数を算出し，材料の応力 σ'_c と σ_s を求めよ．

② 設計繰返し回数 $n_d=2\times10^6$ に対する材料の設計疲労強度を求め，安全性を照査せよ（安全係数は，材料強度について $\gamma_c=1.3$，$\gamma_s=1.05$，疲労強度について $\gamma_b=1.0$，構造物係数について $\gamma_i=1.1$ とする）．

【解答例】

疲労限界に対する設計チャート		
項　目	参照箇所	計　　　算
①曲げに関する諸係数と材料応力		
諸　係　数	式(7.6)	単鉄筋長方形断面として諸係数を求める． （幅 1 m 当りで考える） $np=\dfrac{200}{25}\times\dfrac{8D32}{100\times45}=8.0\times0.0141=0.1128$ （n：付表 4-1 参照） $k=0.3754$，$j=1-k/3=0.8749$
材料の応力 σ'_c，σ_s		断面および作用曲げモーメントについては，幅 1 m 当りについて考えるので，
	式(7.5)	$\sigma'_c=\dfrac{2M}{kjbd^2}=\dfrac{2M}{0.3754\cdot0.8749\cdot1000\cdot450^2}$ $=3.01\times10^{-8}M[\mathrm{N/mm^2}]$
	式(7.5)	$\sigma_s=\dfrac{M}{pjbd^2}=\dfrac{M}{0.0141\cdot0.8749\cdot1000\cdot450^2}$ $=4.00\times10^{-7}M[\mathrm{N/mm^2}]$
②$n_d=2\times10^6$ に対する設計材料強度を調べる．		
・コンクリートに対する検討：σ_p	付表 9-1 式(9.19a)	永続作用 $M_p\rightarrow\sigma_p=3.01\times10^{-8}M_p\times\dfrac{3}{4}$ $=3.39\ \mathrm{N/mm^2}$ $(M_p=150\ \mathrm{kN\cdot m}=150\times10^6\mathrm{N\cdot mm})$
σ_{rd}		変動作用 $M_{rd}\rightarrow\sigma_{rd}=3.01\times10^{-8}M_{rd}\times\dfrac{3}{4}$ $=4.52\ \mathrm{N/mm^2}$ $(M_{rd}=200\ \mathrm{kN\cdot m}=200\times10^6\mathrm{N\cdot mm})$
疲労強度：f_{rd}	式(9.4)	$n_d=2\times10^6\rightarrow f_{rd}$ $=0.85\times18.5\left(1-\dfrac{3.39}{18.5}\right)\left(1-\dfrac{\log2\times10^6}{17}\right)$ $=15.73\cdot0.8168\cdot06294=8.08\ \mathrm{N/mm^2}$ $(k_{1f}=0.85,\ f'_{cd}=f'_{ck}/\gamma_c=24/1.3=18.5,\ K=17)$
照　査：	式(9.17a)	$\gamma_i\dfrac{\sigma_{rd}}{f_{rd}/\gamma_b}=1.1\times\dfrac{4.52}{8.08}=0.62<1.0$，O.K. （$\gamma_b=1.0$ とした）
・引張鉄筋に対する検討		
σ_{sp}		永続作用 $M_p\rightarrow\sigma_{sp}=4.00\times10^{-7}M_p$ $=60.0\ \mathrm{N/mm^2}$
σ_{srp}		変動作用 $M_{rp}\rightarrow\sigma_{srd}=4.00\times10^{-7}M_{rd}$ $=80.0\ \mathrm{N/mm^2}$

疲労強度：f_{srd}	式(9.5)	$n_d=2\times10^6\rightarrow f_{srd}=190\frac{10^{0.714}}{(2\times10^6)^{0.12}}\left(1-\frac{60.0}{490}\right)/1.05$ $=190\cdot0.9076\cdot0.878/1.05=144\ \mathrm{N/mm^2}$ （ただし，$\alpha=1\times(0.81-0.003\times32)=0.714$， $f_{ud}=490/1.0=490$，$\gamma_s=1.05$とした）
照　査：	式(9.17b)	$\gamma_i\frac{\sigma_{srd}}{f_{srd}/\gamma_b}=1.1\times\frac{80.0}{144}=0.61<1.0$，O.K. （$\gamma_b=1.0$とした）
以上の検討結果を付表 9-2 にまとめた.		

付表 9-2　例題 9.2 における設計照査のまとめ

設計条件 ＼ 材料の種別	圧縮コンクリート（$f'_{cd}=24/1.3$）	引張鉄筋（$f_{ud}=490/1.0$）
	作用応力度と設計疲労強度（$\mathrm{N/mm^2}$）	作用応力度と設計疲労強度（$\mathrm{N/mm^2}$）
作用曲げモーメント $M_p=150$ kN·m $M_{rd}=200$ kN·m	$M_p\longrightarrow\sigma_p=3.39$ $M_{rd}\longrightarrow\sigma_{rd}=4.52$	$M_p\longrightarrow\sigma_{sp}=60.0$ $M_{rd}\longrightarrow\sigma_{srd}=80.0$
設計繰返し回数 $n_d=2\times10^6$ 回	$n_d\longrightarrow f_{rd}=8.08$	$n_d\longrightarrow f_{srd}=144$
安全性の照査 （$\gamma_i=1.1$ とした）	$\gamma_i\frac{\sigma_{rd}}{f_{rd}}=0.62<1.0$ O.K	$\gamma_i\frac{\sigma_{srd}}{f_{srd}}=0.61<1.0$ O.K

再度，付表 9-1 を参照し，各記号の意味を確認せよ.

参 考 文 献

［1］ 石橋，児島，阪田，松下：コンクリート構造物の耐久性シリーズ“疲労”，技報堂（1989.9）.

［2］ 土木学会：2022 年制定 コンクリート標準示方書［設計編］

［3］ 土木学会：平成 8 年制定 コンクリート標準示方書［設計編］3 章 材料の設計用値，8 章 疲労限界状態に対する検討.

［4］ 吉川，中林，山内：変動疲労荷重を受けるコンクリートのマイナー数の評価と破壊確率に関する基礎的考察，土木学会論文集，No. 520/V-28（1995.8），pp. 259-268.

10

一般構造細目

鉄筋コンクリートの基本的な断面寸法や配筋量は断面設計により決定されるが，その断面が十分機能するには構造設計では表せない細部にわたる配慮が必要である．これは構造細目と呼ばれ，鉄筋のかぶりや定着長などを規定するもので，言わば鉄筋コンクリートの共通的な基本ルールとなる．ここでは，土木学会「コンクリート標準示方書」[1]の規定を紹介する．

10-1　か　ぶ　り

かぶりの最小値は，鉄筋の直径以上，かつ耐久性および耐火性を満足する値に，施工誤差を考慮して定める（式(10.1)）．施工誤差は，部材や部位の施工条件や鉄筋工の施工管理体制を考慮して設定する．

$$c \geqq \Delta c_e + c_d \tag{10.1}$$

Δc_e：かぶりの施工誤差

c_d：鉄筋直径，耐久性を満足するかぶりのいずれか大きい値．後者は主に以下を考慮．

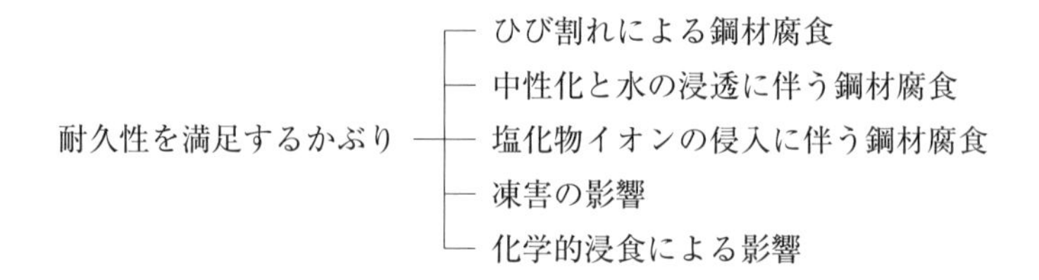

フーチングおよび構造物の重要な部材で，コンクリートが地中に直接打ち込まれる場合のかぶりは，75 mm 以上とする．また水中で施工する鉄筋コンクリートで，水中不分離性コンクリートを用いない場合のかぶりは，100 mm 以上とする．

10-2　鉄筋のあき

コンクリートの充塡性を考え，鉄筋と鉄筋の間隔 a（clear distance）を次のように規定している．

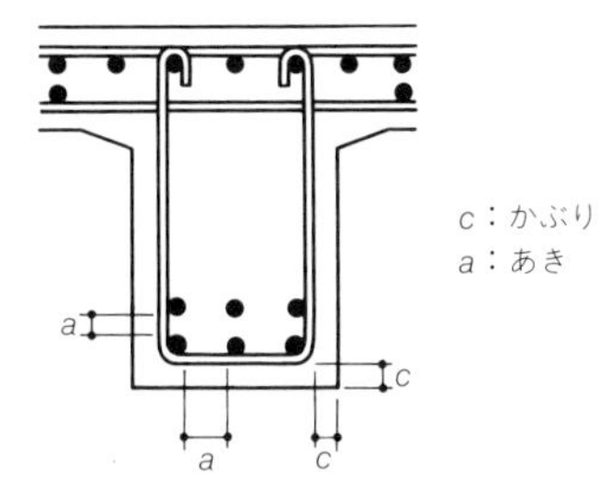

図 10-1　鉄筋のあきおよびかぶり[1]

① 梁の場合—軸方向筋のあき（図 10-1）
- 水平のあき＝20 mm 以上，$G_{max}\times\frac{4}{3}$ 以上，ϕ 以上
- 鉛直のあき（2 段以上の場合）＝20 mm 以上，ϕ 以上

② 柱の場合—軸方向筋のあき＝40 mm 以上，$G_{max}\times\frac{4}{3}$ 以上，1.5ϕ 以上

③ 直径 32 mm 以下の異形鉄筋を用いる場合（複雑は配筋で十分な締固めが行えない場合）—軸方向，鉛直軸方向の鉄筋を以下のように束ねて配置してよい

　軸方向鉄筋（梁・スラブ等）：2 本ずつ上下に束ねる

　鉛直軸方向鉄筋（柱・壁等）：2 本または 3 本ずつ束ねる

④ 鉄筋は，①～③に示すあきを確保し，かつコンクリートの打ち込みや締固め作業を考慮して配置を定める．

⑤ 鉄筋の継手部と隣接する鉄筋とのあき/継手相互のあき—G_{max} 以上

ここで，G_{max}＝ 骨材の最大寸法，ϕ＝ 鉄筋の直径（束ねた鉄筋の場合，等断面積 1 本の鉄筋に換算）．

10-3　鉄筋の配置

（1） 軸方向鉄筋の配置

［最小鉄筋量］

（i） 軸方向力の影響が支配的な鉄筋コンクリート部材：軸方向力のみを支えるのに必要な最小限のコンクリート断面積の 0.8 % 以上の軸方向鉄筋を配置．

（ii） 曲げモーメントの影響が支配的な部材：曲げひび割れ幅発生と同時に部材が脆性的に破壊することを防止するために十分な量の引張鉄筋を配置．設計曲げ降伏耐力 M_{yd} が，設計曲げひび割れ耐力 M_{crd} を超えるように引張鉄筋を配置すればよい．

［最大鉄筋量］

（i） 軸方向力の影響が支配的な鉄筋コンクリート部材：コンクリート断面積の 0.6 % 以下．

（ii） 曲げモーメントの影響が支配的な部材：釣合鉄筋比の 75 % 以下．

（2） 横方向鉄筋の配置

［スターラップ］

（i） 棒部材には 0.15 % 以上のスターラップを部材全長にわたって配置．その間隔は，部材有効高さの 3/4 倍以下，かつ 400 mm 以下．

（ii） 棒部材で計算上せん断補強鋼材が必要な場合，スターラップ間隔は，部材有効高さの 1/2 倍以下，かつ 300 mm 以下．面部材ではせん断補強鋼材の配置間隔は，部材有効高さの 1/2 倍以下で配置すればよい．

［帯鉄筋］

（i） 部材軸方向間隔は，軸方向鉄筋の直径の 12 倍以下，かつ部材断面の最小寸法以下．塑性ヒンジとなる領域は，軸方向鉄筋の直径の 12 倍以下，かつ部材断面の最小寸法の 1/2 以下．帯鉄筋は，軸方向鉄筋を取り囲むように配置することを原則とする．

（ii） 矩形断面で帯鉄筋を用いる場合には，帯鉄筋の一辺の長さは，帯鉄筋直径の 48 倍以下，かつ 1 m 以下．帯鉄筋の一辺の長さがそれを超えないように配置する．

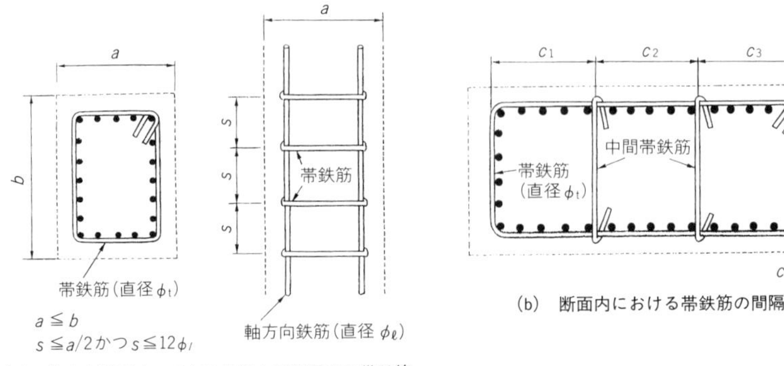

図 10-2 横方向鉄筋の配置に関する構造細目[1]

（3） ひび割れ幅制御のための鉄筋配置

部材には，荷重によるひび割れを制御するために必要な鉄筋のほかに，必要に応じて，温度変化，収縮等によるひび割れを制御するための用心鉄筋を配置する．ひび割れ制御のための鉄筋は，鉄筋の直径・間隔をできるだけ小さくし，必要とされる部材断面の周辺に分散させて配置する．軸方向鉄筋，横方向鉄筋の配置間隔は300 mm以下とする．

10-4 鉄筋の定着

（1） 鉄筋端部の定着

次の（i）～（iii）のいずれかの方法による．

（i） コンクリート中に埋め込み，鉄筋とコンクリートの付着力により定着する．

（ii） コンクリート中に埋め込み，標準フックを付けて定着する．

（iii） 定着具等を取り付けて，機械的に定着する．

（2） 標準フック

鉄筋の定着や配置を効果的に行うためフック（鉄筋端部の曲げ加工）を設けることが多い．標準的なフックとして，半円形フック，鋭角フック，直角フックがあり，これらは図10-3のような曲げ形状とし，表10-1のような使い分けを行う．

図中，rは曲げ加工したときの曲げ内半径を表し，鉄筋の種類と規格によって異なる（異形鉄筋の場合，$r=2.5\phi\sim3.5\phi$程度である）．

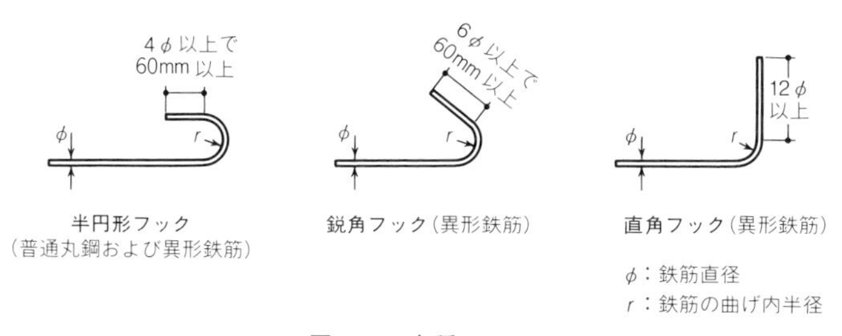

図10-3 各種フック

表10-1 標準フックの曲げ形状と使途

鉄筋の種類		半円形フック	鋭角フック	直角フック
普通丸鋼		○		
異形鉄筋	軸方向鉄筋	（特に規定なし）		
	スターラップ		○	○
	帯鉄筋	○	○	

（3） 鉄筋の定着長

引張鉄筋の定着長は，鉄筋の種類と直径，コンクリートの強度（付着強度），かぶり，横方向鉄筋などに関係する．標準示方書では，基本定着長 l_d として次式を与えている．

$$l_d=\alpha\frac{f_{yd}}{4f_{bod}}\phi \geqq 20\phi \tag{10.2}$$

ここで，　ϕ：主鉄筋の直径

f_{yd}：鉄筋の設計引張降伏強度，$f_{yd}=f_{yk}/\gamma_s$（$\gamma_s=1.0$）

f_{bod}：コンクリートの設計付着強度，$f_{bod}=f_{bok}/\gamma_c$（$\gamma_c=1.3$）

$f_{bok}=0.28f'^{2/3}_{ck} \leqq 3.2\ \mathrm{N/mm^2}$：異形鉄筋の場合

α：通例 $\alpha=1$ とするが，係数 k_c によって以下のように減じることができる．

$\alpha=1(k_c \leqq 1.0)$，$\alpha=0.9(1.0<k_c \leqq 1.5)$，$\alpha=0.8(1.5<k_c \leqq 2.0)$，

$\alpha=0.7(2.0<k_c \leqq 2.5)$，$\alpha=0.6(2.5<k_c)$

ここで，係数 k_c は $k_c=\dfrac{c}{\phi}+\dfrac{15A_t}{s\phi}$

c：主鉄筋下側のかぶりの値と定着する鉄筋のあきの半分の値のうち小さい方

A_t：仮定される割裂破壊断面に垂直な横方向鉄筋の断面積

s：横方向鉄筋の中心間隔

上記に示した引張鉄筋の基本定着長 l_d(式(10.2))に対して，以下のような増減を行うことができる．

・引張鉄筋に標準フックを設ける場合 ⟶ $l_d-10\phi \geqq 20\phi$

・圧縮鉄筋として定着されるとき ⟶ $0.8\ l_d$

・定着を行う鉄筋が，打設面から 300 mm 以内または水平面から 45°以内の角度に配置されているとき ⟶ $1.3\ l_d$

また，配置される鉄筋量 A_s が，計算上必要な鉄筋量 A_{sc} より大きい場合，次式によって定着長 l_0 を低減することができる．

$$l_0 \geqq l_d\frac{A_{sc}}{A_c},\qquad \text{ただし，} l_0 \geqq \frac{l_d}{3},\ l_0 \geqq 10\phi \tag{10.3}$$

折曲げ鉄筋をコンクリート圧縮部に定着する場合，

$$l_0 \geqq 15\phi\ \text{（フックなし）},\qquad \geqq 10\phi\ \text{（フックあり）} \tag{10.4}$$

（4） 軸方向鉄筋および横方向鉄筋の定着

① スラブまたは梁に対して，

正鉄筋⟶少なくとも 1/3 は曲げ上げず，支点を超えて定着する．

負鉄筋⟶少なくとも 1/3 は反曲点を超え，圧縮側で定着する，もしくは次の負鉄筋と連続する．

② 折曲げ鉄筋は，その延長を正鉄筋または負鉄筋として用いるか，または圧縮側のコンクリートに定着する．

③　曲げ部材における軸方向引張鉄筋の定着長の算定位置は，図 10-4 のようにとる．ここに l_s は部材の有効高さである．急激な鉄筋量の変化は避ける．

④　スターラップは正鉄筋や負鉄筋を取り囲み，その端部を圧縮側のコンクリートに定着する．通例，端部にフックをつけ，圧縮鉄筋にかける．

⑤　柱部材の横補強鉄筋に対して，

- 帯鉄筋の端部は，軸方向鉄筋を取り囲んだ半円形フックまたは鋭角フックで定着する．
- らせん鉄筋は，1 巻半以上余分に巻きつけて取り囲まれたコンクリート中に定着する．

以上のような考え方に従い定着長（development length）を設計することになるが，このためには以下のように鉄筋の定着長算定位置（特に梁部材に対して），基本定着長 l_d および所要定着 l_0 を決定する必要がある．

［定着長算定位置］

定着長を求める際の起点位置は図 10-4 のようにまとめられる．図(a)は計算上の曲げモーメントから，シフト量 l_s だけ横移動させた曲げモーメントを起点とする（シフトルールについては 6-2 節で説明したが，大略 $l_s \fallingdotseq d$ としてよい）．

例えば図中で，引張定着される鉄筋 A は，計算上不要となる断面②から l_s シフトさせた b 点が起点となり，b～c 間が定着長となる．また，柱部材は柱下端から $d/2$ また

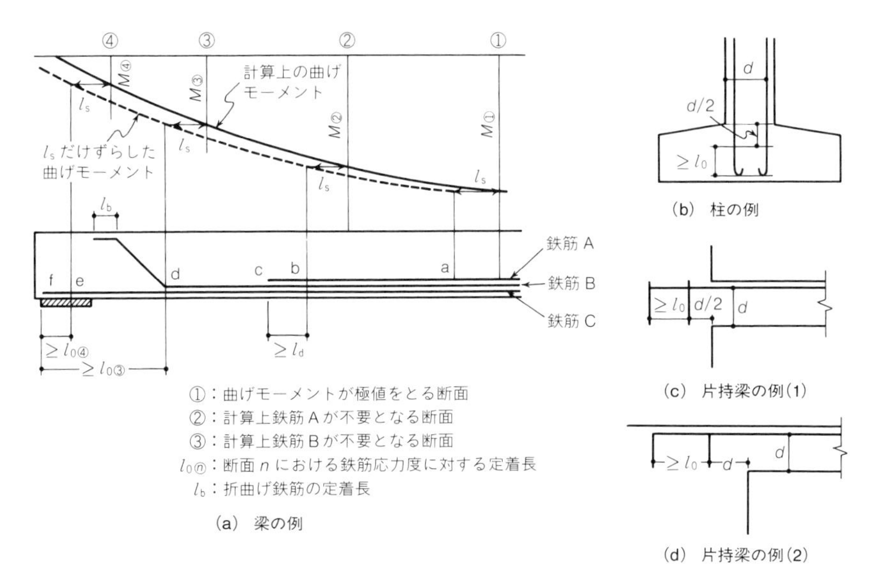

図 10-4　鉄筋の定着長算定位置の例[1]

は10ϕの位置（図(b)），片持ち梁の固定端では$d/2$（図(c)）またはd（図(d)）だけ内部に入った位置が定着長の起点となる．そして上記各起点から，(3)に示した定着長l_{d}以上をとる必要がある．

10-5　鉄筋の継手

（1）継手の基本的考え方

（ｉ）鉄筋の継手は，母材と同等の力学的特性を有し，部材の力学特性に及ぼす影響が小さいものを原則とする．

（ii）鉄筋相互を接合する継手（圧接継手，溶接継手，機械式継手），または重ね継手を用いる．

（iii）繰返し荷重による疲労を受ける部材には，同一断面に種類の異なる継手を併用しない．

（iv）継手位置は，構造性能に与える影響，継手の信頼性，施工上の制約条件を考慮する．

（ｖ）継手部の鉄筋は，継手の力学特性，施工・検査の信頼度を考慮して，適切な設計強度等を定める．

（vi）継手を同一断面としない場合は，軸方向に相互にずらす距離は，継手長さ＋25ϕ以上とする．

（vii）継手が同一断面となる場合は，ひび割れや変形に及ぼす影響を適切に考慮する．

（viii）径の異なる鉄筋を継ぐ場合，種類の異なる鉄筋を継ぐ場合，継手の力学的特性に影響を及ぼさないことを確かめる．

（ix）塑性ヒンジ領域の軸方向筋に継手を設ける場合は，実物大載荷試験等の特別な検討を要する．

（2）軸方向鉄筋の継手

[鉄筋相互を接合する継手]

（ｉ）鉄筋相互を接合する継手は，母材と同等以上の強度を有し，軸方向剛性，伸び能力が母材と著しく異なることなく，かつ残留変形量の小さい方法を用いる．

（ii）同一断面の継手の割合が1/2を超える場合は，施工および検査に起因する信頼度の高い継手を用いる．

（iii）交番応力を受ける塑性ヒンジ領域で用いる場合は，継手自体の特性および部材特性を検討し，不良が生じない方法により施工および検査することとする．

[重ね継手]

2本の鉄筋端部を重ね合わせる重ね継手は，その応力伝達機構が鉄筋の定着と似ているため，重ね合わせ長さは基本定着長 l_d に基づいて定められており，標準示方書の規定は以下のとおりである．

・軸方向鉄筋の場合：

（i）　配置する鉄筋量が計算上必要な鉄筋量の2倍以上，かつ同一断面での継手の割合が1/2以下の場合には，重ね合わせ長さは基本定着長 l_d 以上とする．

（ii）　（i）の条件のうち一方が満足されない場合には，重ね合わせ長さは基本定着長 l_d の1.3倍以上とし，継手部を横方向鉄筋などで補強する．

（iii）　（i）の条件の両方が満足されない場合には，重ね合わせ長さは基本定着長 l_d の1.7倍以上とし，継手部を横方向鉄筋などで補強する．

（iv）　重ね継手の重ね合わせ長さは，鉄筋直径 ϕ の20倍以上とする．

（v）　重ね継手部の帯鉄筋の間隔は，100 mm以下とする．

（vi）　水中コンクリート構造物の重ね合わせ長さは，原則として鉄筋直径 ϕ の40倍

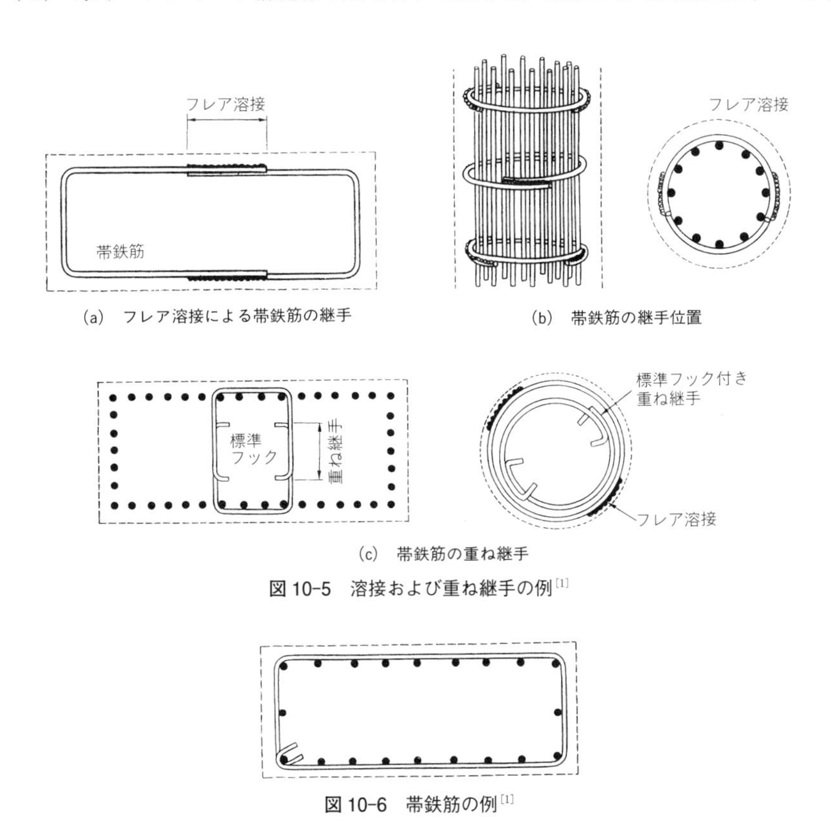

(a)　フレア溶接による帯鉄筋の継手

(b)　帯鉄筋の継手位置

(c)　帯鉄筋の重ね継手

図10-5　溶接および重ね継手の例[1]

図10-6　帯鉄筋の例[1]

以上とする.

(vii) 重ね継手は，交番応力を受ける塑性ヒンジ領域では用いない.

(3) 横方向鉄筋の継手

横方向鉄筋の継手は，鉄筋を直接接合する継手を用いる．重ね継手を用いてはならない．鉄筋を直接接合する継手は，母材と同等以上の強度を有し，軸方向剛性，伸び能力が母材と著しくことなることなく，かつ残留変形量の小さい方法を用いる.

帯鉄筋に継手を設ける場合には，継手位置がそろわないように相互にずらす.

さて，以上までの説明は，「コンクリート標準示方書」[1]に記載されている構造細目のうち，鉄筋に関する主だった事項をまとめたものである．構造細目については日々進展があり，最新の標準示方書や実施事例などを参照されたい．また，配筋の考え方については文献［2］などの専門書を，併せて参考にしてもらいたい.

参考文献

［1］ 土木学会：2022年制定 コンクリート標準示方書［設計編］，第7編：鉄筋コンクリートの前提および構造細目.

［2］ 例えば，泉満明，秋元泰輔，宮崎修輔：コンクリート構造物の配筋とそのディテール，技報堂出版（1995.1）.

11

耐震設計法

11-1　構造物の動的応答

11-1-1　静的問題と動的問題

図 11-1 のような質量-バネ-ダッシュポットで構成されている構造体が，基礎（支持点）に固定されているとする（ここで，k：バネ定数，m：質量，c：粘性減衰係数とする）．

まず図 11-1（a）のように質点にゆっくりと荷重 f を作用させると，変位 u を生じ，これは次式の平衡方程式で記述される（式中の矢印は，質点に作用する方向を示す）．

$$\underset{\longleftarrow}{ku}=\underset{\longrightarrow}{f} \tag{11.1}$$

上式の左辺は質点をもとに戻そうとする働きを持ち，復元力（restoring force）とも呼ばれる．今度は，図(b)のように素早く荷重 f を与えると，慣性力 $m\ddot{u}$ がそのときの加速度 $\ddot{u}$ と逆向きに生じ，平衡方程式は，

$$\underset{\longleftarrow}{m\ddot{u}}+\underset{\longleftarrow}{ku}=\underset{\longrightarrow}{f} \tag{11.2}$$

で表される（ただし，$\ddot{u}$ は時間 t の 2 階微分，$\ddot{u}=\mathrm{d}^2u/\mathrm{d}t^2$ を表す）．

さらにダッシュポットによって変位速度 $\dot{u}$ に比例した粘性減衰力（viscous damping）を考慮すると，次式のような運動方程式に帰着する．

$$\underset{\longleftarrow}{m\ddot{u}}+\underset{\longleftarrow}{c\dot{u}}+\underset{\longleftarrow}{ku}=\underset{\longrightarrow}{f} \tag{11.3}$$

言い換えると，ゆっくりと載荷すれば $\ddot{u} \fallingdotseq \dot{u} \fallingdotseq 0$ となり，慣性項と粘性項はほとんど作用せず，式(11.3)は式(11.1)にもどる．式(11.1)のような場合を静的問題，式(11.3)のような場合を動的問題と呼ぶ．

一方，地震時の作用を考えると，荷重 f の代わりに基礎（支持点）が加速度 $\ddot{u}_{\mathrm{e}}$ で揺れることになる．すなわち，質点には，$\ddot{u}+\ddot{u}_{\mathrm{e}}$ の加速度が作用するので，次式を得る．

$$m(\ddot{u}+\ddot{u}_{\mathrm{e}})+c\dot{u}+ku=0$$

$$m\ddot{u}+c\dot{u}+ku=-m\ddot{u}_{\mathrm{e}} \tag{11.4}$$

したがって，式(11.3)と比較すると，地震の揺れによる慣性力 $-m\ddot{u}_{\mathrm{e}}$ があたかも荷重として質点に作用していることになる．

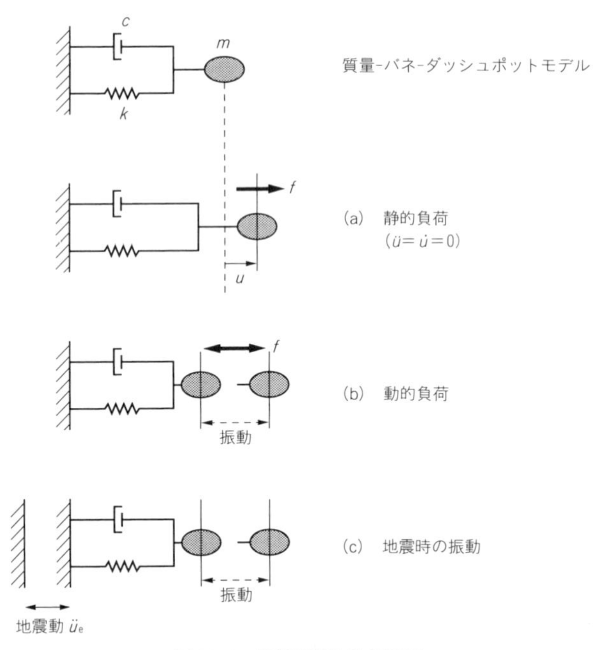

図 11-1　静的問題と動的問題

このような1質点系のモデルでは，動的な性質である固有周期（natural period）T を次式のように定義する．

$$T=2\pi\sqrt{\frac{m}{k}} \tag{11.5}$$

固有周期 T（sec）は1周期に要する時間（sec）を示し，その逆数である振動数 $1/T$ は1秒間に何回振動するかを表す．例えば，バネが硬く，小さな質量では T が小さくなり，この場合，その振動子は速く（小刻みに）揺れようとする（すなわち，短周期，高振動数となる）．

入力地震動 $\ddot{u}_e$ にも特有の固有周期（卓越周期）をもち，質点系モデルの固有周期 T と対比される．

11-1-2　地震時の応答とスペクトル

このようなモデルに地震作用のようなランダムな入力加速度を付与すると，質点はそれに呼応して不規則な揺れ（時刻歴応答）を示す．このような1質点系の応答の最大値を図化したものが応答スペクトルで，固有周期に依存した構造物の応答の様子を手早く

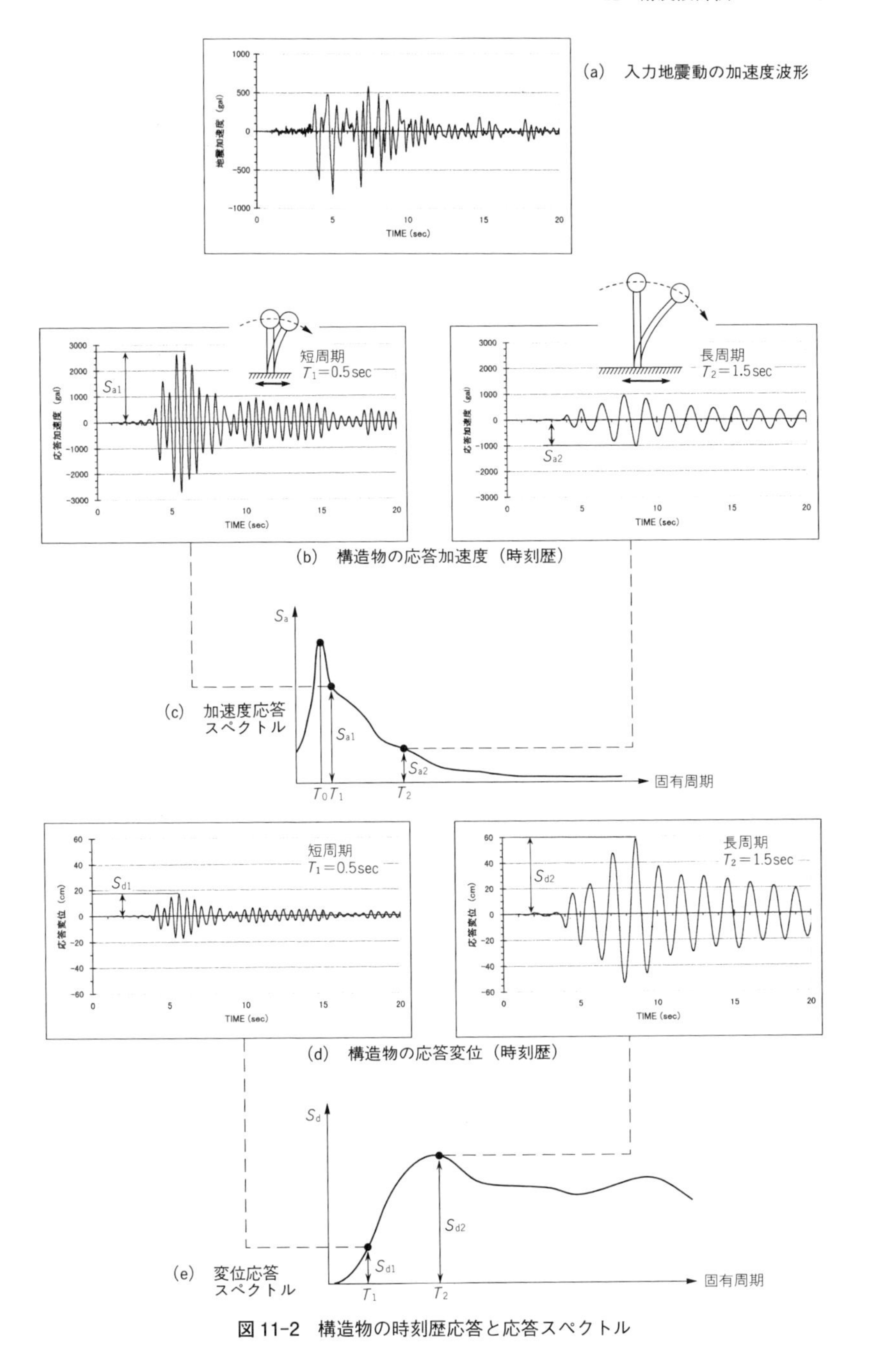

図 11-2　構造物の時刻歴応答と応答スペクトル

観察することができる.

図 11-2 は，実際に記録された地震波を用いたときの応答の一例を示したものである．すなわち，図(a)のようなランダムな地震動の入力加速度に対して，短周期 T_1 の質点を持つ構造物は速く揺れ，長周期 T_2 ではゆっくりと（したがって，より小さな加速度で）揺れていることが，図(b)の時刻歴応答から判断できる．さらに，その時刻歴の中での最大値（最大応答加速度）を，固有周期 T を横軸としてプロットしたものが，応答スペクトル（図(c)）である.

加速度応答スペクトルは，地震動の特性により，図中のように T_0 にてピークを持つことが多く（すなわち，最も大きな応答加速度を受け），これに近い周期 T_1 の構造物が比較的大きな応答加速度をもつことがわかる（$S_{a1} > S_{a2}$）.

今度は，応答変位に着目すると，図(d)，(e)のような結果を得ることになる．最大応答変位では長周期 T_2 をもつシステムの方が大きくなり（$S_{d1} < S_{d2}$），その変位応答スペクトル（図(e)）は，加速度応答スペクトル（図(c)）と全く異なる様相を示す.

また，スペクトル特性は減衰の程度にも影響され，減衰定数が大きいほど応答値は減少する．このように，応答スペクトルは構造物の固有周期と減衰定数によって表示したもので，地震動の周波数特性を端的に映し出し，耐震工学では頻繁に用いられる（例えば，[3]）.

11-2　鉄筋コンクリート構造物の挙動

11-2-1　RC 単柱の崩壊過程

鉄筋コンクリートの橋脚を例にとり，強震下における壊れ方（崩壊過程）を考える．これは，柱部材の構造形状や上載重量，入力地震動によって様々な震害を呈することはよく知られているが，これらを曲げ破壊とせん断破壊に大別すると，図 11-3 のように模式化できる.

曲げ破壊（図(a)）は，曲げひび割れの進展や主鉄筋降伏，基部での塑性ヒンジの形成により，比較的安定的な崩壊となるのに対して，せん断破壊（図(b)）ではねばりの乏しい脆性的な破壊となる.

したがって，耐震設計に際しては，いずれの破壊も生じないように配慮するが，大規模な強震下においては，せん断破壊を回避することが肝要である.

11-2-2　骨 格 曲 線

鉄筋コンクリート構造物は，変形が小さい範囲ではほぼ弾性とみなせるが，変形の増大に従い，コンクリートのひび割れと破壊，鉄筋降伏などにより，複雑な非線形挙動を

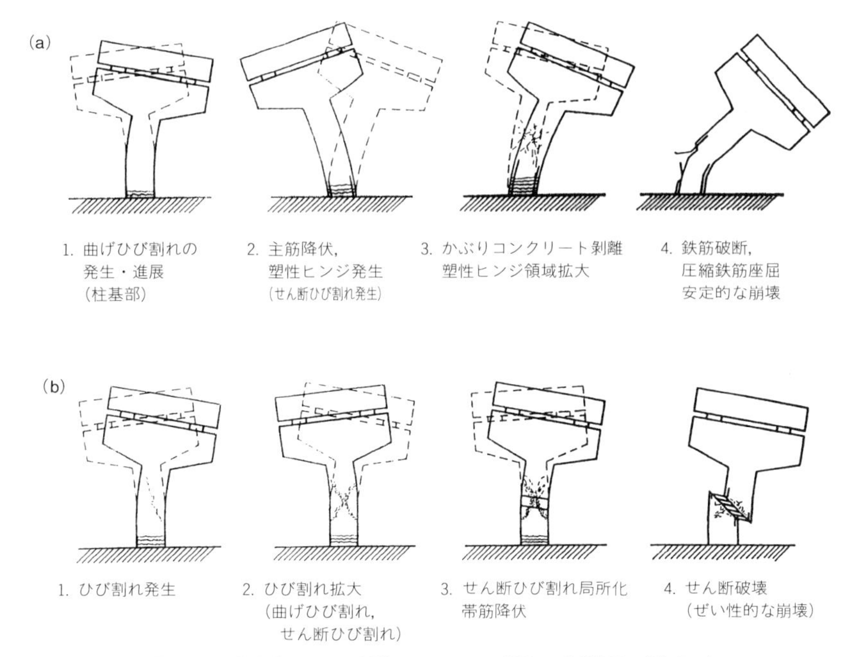

図 11-3 地震時における鉄筋コンクリート橋脚の崩壊過程(模式図)

呈する.この場合,C:ひび割れ(crack),Y:降伏(yield),U:終局(ultimate)の3点を結ぶ3直線モデル(tri-linear)によって簡単に表すことが多い(図 11-4).このとき,まず断面の M(曲げモーメント)~ϕ(曲率)関係をモデル化し(図(b)),次に柱部材としての P(水平力)~δ(水平変位)関係が決定される(図(a)).鉄筋コンクリート構造物の応答解析を行う際にはまず,このような大まかな変形特性を設定し,これを応答解析における包絡線とする(この包絡線のことを骨格曲線(skelton curve)とも呼ぶ).耐震設計に際しては,ひび割れ点を無視し,折れ点が1つ(部材降伏時Y)の2直線モデル(bi-linear)によって簡略化することも少なくない.

11-2-3 弾塑性復元力特性のモデル化

このような非線形特性を持つ鉄筋コンクリート部材が地震荷重のような正負交番繰返し荷重を受けると履歴ループを描くようになり(図 11-5(a)),弾塑性復元力特性と呼ばれる.一連の弾塑性復元力特性をモデル化するには,前述の骨格曲線に加えて,除荷時および荷重反転時の剛性変化,繰返し回数の影響などのいわゆる履歴特性を勘案する必要がある.

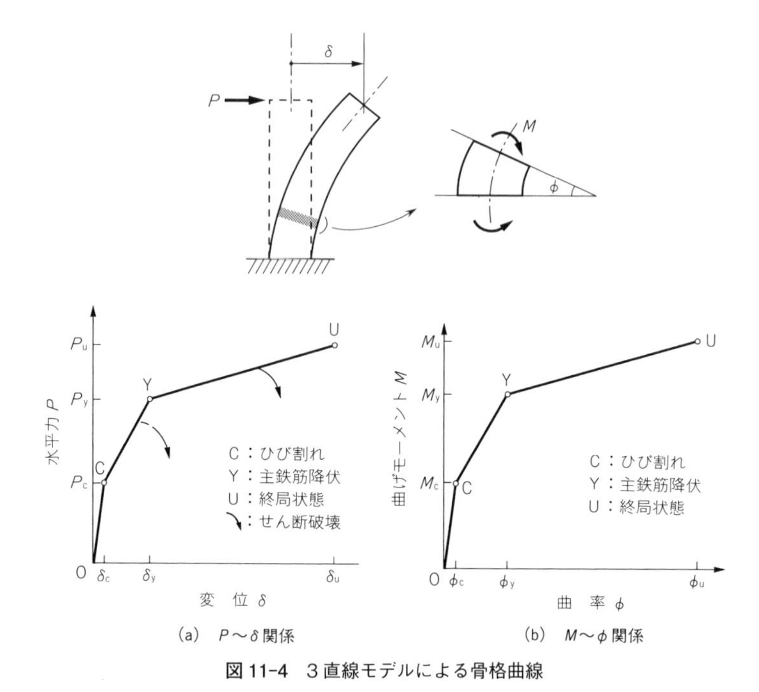

図 11-4 3 直線モデルによる骨格曲線

このような鉄筋コンクリート部材復元力特性のモデル化の一例として，Clough のモデル，武田モデル，スリップ型モデルをはじめとして多くのモデル化があり，古くから研究されている．一例として，剛性劣化型 3 直線モデル（degrading trilinear）を図 11-5(b)に示す．

11-3 耐震設計の手順

11-3-1 震度法と修正震度法

地震時に構造物に生じる地震力は，構造物が応答する加速度によって生じる慣性力と考えることができる．慣性力は，質量 m に加速度 α を乗じ，慣性力 $=m\alpha$ で表され，この加速度 α を重力加速度 g で除したものを震度（seismic coefficient）という．地震力を水平方向と鉛直方向に分けて，$\alpha_{\mathrm{h}}=$ 水平方向の加速度，$\alpha_{\mathrm{v}}=$ 鉛直方向の加速度とすると，各々の震度は下式となる．

$$\text{水平震度：} k_{\mathrm{h}}=\frac{\alpha_{\mathrm{h}}}{g} \qquad \text{鉛直震度：} k_{\mathrm{v}}=\frac{\alpha_{\mathrm{v}}}{g} \tag{11.6}$$

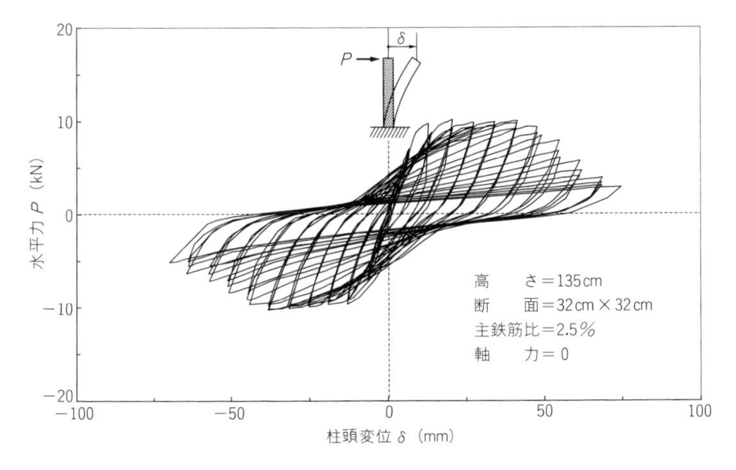

(a) 静的載荷実験から得られた復元力特性

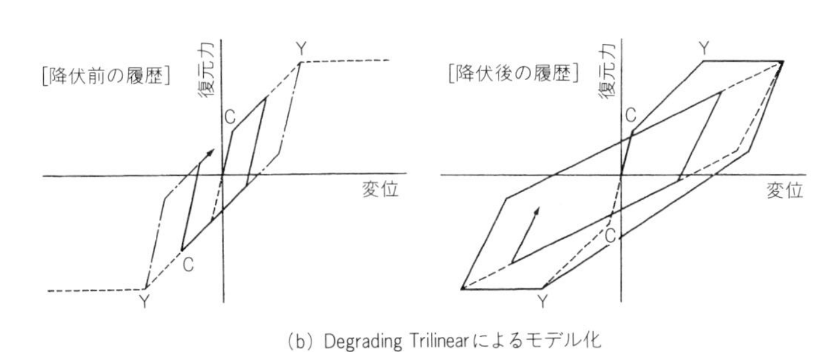

(b) Degrading Trilinear によるモデル化

図 11-5　正負交番荷重を受けるときの復元力特性とそのモデル化

いったん震度が求まると，重量 W の構造物の受ける地震力は，

$$\text{水平方向の地震力} = k_h W \qquad \text{鉛直方向の地震力} = k_v W \tag{11.7}$$

のように得ることができる（ただし耐震設計に際しては，水平方向の地震力が重要となる）．

以上のような手法を震度法と呼び，簡便さもあって耐震設計において古くから用いられてきた．震度法では，剛性が高くマッシブな（したがって，固有周期の短い）構造物に適するもので，対象とする構造物の動的特性に無関係に設計震度が定まることが特徴である．

構造物に生じる応答加速度（したがって，その震度）は，同じ地震動に対しても構造物の形式，構造寸法によって変化し，また設計で想定する地域や地盤種別によっても異なる．このため，構造物の動的特性と想定する地震によって設計震度を調整することが必要であり，修正震度法では地盤種別と構造物の固有周期による最大震度の補正を行うものである．

11-3-2　コンクリート標準示方書の規定

2017年版示方書[2]では，地震動に対する限界状態として，地震後の安全性，使用性，復旧性等の要求性能を包含した性能水準として耐震性能（1～3）を定め，耐震性の照査を行う．2022年版[1]では，構造物の損傷状態および部材の損傷レベルをそれぞれ4段階に設定し，それらの組み合わせで照査を行う．ここでは，地震動のほか，衝突，津波・洪水等を含む偶発作用として記述されているが，本章においては2017年版に基づいた地震動に限ることとする．

（1）　設計地震動と耐震性能

2017年版示方書[2]では，耐震設計の原則として，2つのレベルの設計地震動ならびに3つの耐震性能を規定している．

- 設計地震動：

  レベル1地震動：構造物の設計耐用期間中に生じる可能性が比較的高い地震動

  レベル2地震動：構造物の設計耐用期間中に該当地点における最大級の強さを持つ地震動で，次の①，②のうち影響の大きい地震動

  ① 直下もしくは近傍における内陸の活断層による地震動

  ② 陸地近傍で発生する大規模なプレート境界地震による地震動

- 耐震性能：

  耐震性能1：地震後にも機能は健全で，補修をしないで使用可能

  耐震性能2：地震後に機能が短時間で回復でき，補強を必要としない

  耐震性能3：地震によって構造物全体系が崩壊しない

以上の設計地震動および耐震性能について，次のような検討を行う必要がある．

レベル1地震動に対しては，耐震性能1を満足する．

レベル2地震動に対しては，耐震性能2または耐震性能3を満足する．

すなわち，レベル1地震動は，設計耐用期間中に数回程度発生する地震動であり，従来から設定されている水平震度k_h=0.2程度の地震外力に相当するもので，これに対しては軽微な損傷にとどめなければならない．

レベル2地震動は，いわゆる内陸型の直下地震に加えて，陸地近傍に発生する大規模なプレート境界地震をも対象とするものである．この場合，相当量の震害を免れないが，構造物の耐力が低下せず，応答塑性変形や残留変形が設計限界値内であること（耐震性能2），または地震後に修復不可能となっても構造物全体が崩壊しないこと（耐震性能3）が要求される．

(2) 耐震性能に関する照査

耐震性の照査では，想定される作用を考慮した上で，耐震性能に応じて設定した限界値に至らないことを確認する．構造物の耐震性の照査は，式(11.8)に示すように，所定の安全係数を用いて，想定する地震動の下で設計応答値を算定し，これが設計限界値を超えないことを確認することにより行うものとする．

$$\gamma_i \frac{S_d}{R_d} \leqq 1.0 \tag{11.8}$$

ここで，S_d：設計応答値，R_d：設計限界値，γ_i：構造物係数．

式(11.8)の適用に際しては，通例2つの破壊モードを判定する以下の手法が用いられる．

① $\gamma_i \dfrac{V_{mu}}{V_{yd}} \leqq 1.0$ → 曲げ破壊モード (11.9a)

② $\gamma_i \dfrac{V_{mu}}{V_{yd}} > 1.0$ → せん断破壊モード (11.9b)

ここに，V_{mu}：部材が曲げ耐力 M_u に達するときの部材各断面のせん断力，

V_{yd}：各断面の設計せん断耐力で，式(6.23)により算定する（V_{cd} 算出に用いる γ_b は 1.3，V_{sd} 算出に用いる γ_b は 1.15 とする．6章参照）．

γ_i：構造物係数．

すなわち，上式による判定は部材の耐荷力のみで決定され，入力地震動とは関係なく定まるもので，もし破壊するとしたら，どちらの破壊モードになるかを判定するものである．さらに，各破壊モードに対して，次式の手順により安全性を検討するものである．

① 曲げ破壊モードのとき：$\gamma_i \dfrac{\mu_{rd}}{\mu_d} \leqq 1.0$ (11.10a)

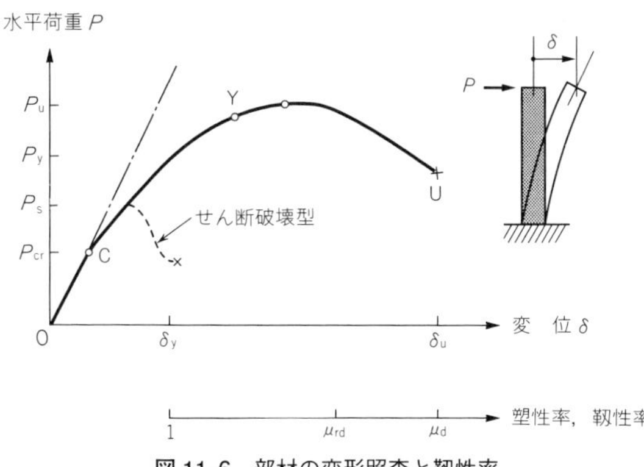

図 11-6 部材の変形照査と靱性率

ここに，μ_{rd}：部材の設計塑性率，μ_d：部材の設計靱性率．

② せん断破壊モードのとき：$\gamma_i \dfrac{V_d}{V_{yd}} \leqq 1.0$ (11.10b)

ここに，V_d：部材が設計せん断力，V_{yd}：部材の設計せん断耐力．
以上の手順は，曲げ破壊については，軸方向筋降伏後の変形ねばり（靱性率）によって照査（図 11-6 参照）するのに対して，せん断破壊モードでは耐荷力による照査法となること示唆するものである．

記　号　本章で用いた主要な記号を以下に記す．

m：質量　c：粘性減衰係数　k：バネ定数　f：荷重　T：固有周期
u：変位　$\dot{u}$：速度　$\ddot{u}$：加速度　$\ddot{u}_e$：地震加速度
C：クラック（crack）　Y：降伏（yield）　U：終局（ultimate）
P：水平荷重　δ：水平変位
M：曲げモーメント　ϕ：曲率
g：重力加速度　W：重量
α_h：水平方向の加速度　α_v：鉛直方向の加速度　k_h：水平震度　k_v：鉛直震度
V_{mu}：部材が曲げ耐力に達するときのせん断力　V_{yd}：設計せん断断力
μ：塑性率/靭性率　μ_{rd}：部材の設計塑性率　μ_d：部材の設計靭性率

参 考 文 献

［1］ 土木学会：2022 年制定 コンクリート標準示方書［設計編］
［2］ 土木学会：2017 年制定 コンクリート標準示方書［設計編］
［3］ 梅村魁：鉄筋コンクリート建物の動的耐震設計法・続（中層編），技報堂出版．

12

耐久設計

ここでは，良質なコンクリート構造物の建設のために必要な耐久設計について，はじめにコンクリートの劣化現象を紹介し，次いで，土木学会コンクリート標準示方書［設計編］[1]に準じ，劣化現象の要因のひとつである鋼材腐食について標準的な照査の方法を述べる．

12-1　劣化の種類と劣化メカニズム

コンクリート構造物の劣化現象として，中性化，塩害，凍害，化学的侵食，アルカリシリカ反応などが挙げられる．中性化と塩害は，鉄筋の腐食に関する劣化であり，凍害，化学的侵食，アルカリシリカ反応は，コンクリート自体が劣化する現象である．環境条件によっては，複数の劣化要因が同時に作用し，著しい劣化を招くこともある（複合劣化とも呼ばれる）．

このうち，中性化（carbonation）と塩害（salt attack）について，12-2 および 12-3 で詳しく説明する．凍害，化学的侵食およびアルカリシリカ反応はそれぞれ次のような現象である．

①　**凍害**（frost attack）：気温の変化によってコンクリート中の水分が凍結と融解を長年にわたって繰り返すことにより，微細なひび割れ（crack）が発生・進展し，組織の損傷，ポップアップ，コンクリート表面に生じるスケーリングなどの形態で劣化が顕在化する現象[2]．

②　**化学的侵食**（chemical attack）：コンクリートが外部からの酸類，アルカリ類，塩類，油脂類，腐食性ガスなどによって，コンクリート中のセメント水和物と化学反応を起こし，セメント水和物を可溶性の物質に変化させることによってコンクリートが侵食される劣化現象[2]．

③　**アルカリシリカ反応**（alkali silica reaction : ASR）：ある種のシリカ質鉱物と，コンクリート中のカリウムイオンやナトリウムイオンが化学反応を起こすことによりアルカリシリカゲルを生成し，それが吸水することでコンクリート内部に局所的な体積膨張が生じ，場合によっては激しいひび割れを発生させる現象[2]．

一般的な急速膨張性の ASR ではなく，遅延膨張性の ASR が課題の地域[3]もあり，塩害との複合劣化が懸念されており，その地域ではフライアッシュコンクリートを採用[4]するなど，多重防護的な対策が図られている．

12-2　鋼材腐食に対する照査（ひび割れ，中性化，塩害）

写真 12-1 は，鉄筋コンクリート橋の塩害劣化事例である．この例では，材料由来（未洗浄の海砂を細骨材に使用した場合など）と厳しい塩害環境に置かれ，海水の波しぶきなど外来塩分の両方の影響を受けて早期に塩害劣化したものである．

このように，コンクリート構造物中の鋼材が腐食すると構造物が保持すべき性能が損なわれるため，示方書設計編では，下記にような事項が記されている．

i）　コンクリート表面のひび割れ幅が，鋼材腐食に対するひび割れ幅の設計限界値以下であること．

ii）　設計耐用期間中の中性化と水の浸透に伴なう鋼材腐食深さが，設計限界値以下であること．

iii）　塩害環境下においては，鋼材位置における塩化物イオン濃度が，設計耐用期間中に鋼材腐食発生限界濃度に達しないこと．

一般に，i）を確認した上で，限界状態を超えた場合の性能に影響を及ぼす影響度を考慮して，ii）およびiii）に対する照査を行うものとされている．

（1）　ひび割れ幅に対する照査

コンクリート表面に発生するひび割れ幅が，鋼材腐食に対するひび割れ幅の設計限界値以下に抑えられていることを，事前に照査する．鋼材腐食に対するひび割れ幅の設計限界値は，鉄筋コンクリートの場合，$0.005c$（c：かぶり）である．ただし，0.5 mm を上限とする．ひび割れ幅の設計限界値をかぶりの関数としているが，この値は経験的に定めたもので，構造物が置かれる環境条件やひび割れ幅の算定方法と併せて実情に応じて限界値を設定する．なお，PRC 構造では鋼材腐食に対するひび割れ幅の設計限界値

写真 12-1　塩害劣化した鉄筋コンクリート橋梁の桁下面の状況

表 12-1　ひび割れ幅の検討を省略できる部材における永続作用による鉄筋応力度の制限値 σ_{sl1} [N/mm^2] [1]

常時乾燥環境（雨水の影響を受けない桁下面など）	乾湿繰り返し環境（桁上部，海岸や川の水面に近く湿度が高い環境など）	常時湿潤環境（土中部材など）
140	120	140

は，標準示方書［設計編：標準］8 編による．

鉄筋コンクリート部材においては，死荷重などの永続作用によって鉄筋に生じる応力度が表 12-1 の制限値よりも小さくなることを確かめることで，ひび割れ幅に対する照査を省略することができる．ただし，活荷重などの変動作用の影響が永続作用の影響より大きいと判断される場合は，ひび割れ幅の照査を行う．

（2）　中性化に起因した鋼材腐食に対する照査

中性化とは，コンクリート中の水酸化カルシウム（$Ca(OH)_2$）が，外部から侵入してきた二酸化炭素（CO_2）と反応して，中性の炭酸カルシウム（$CaCO_3$）に変化する現象を指す．本来，水酸化カルシウムの存在によって pH 12～13 程度の強いアルカリ性を有しているコンクリートであるが，鉄筋近傍まで中性化が進むと，鉄筋表面に強アルカリ環境下で形成された不動態被膜が消失し，酸素と水が十分に存在すると鋼材腐食が進行する．標準示方書の中性化の照査として，水の影響がある場合とない場合で照査方法が異なっており，以下の（a）に示す中性化と水の浸透に伴う鋼材腐食の照査を原則とし，それが困難な場合には，（b）に示す中性化に伴う鋼材腐食の照査で代えてよい．

（a）　中性化と水の浸透に伴う鋼材腐食に対する照査

中性化と水の浸透に伴う鋼材腐食に対して，鋼材腐食深さが設計耐用期間中に鋼材腐食深さの設計限界値に達しないことを確認することを，鋼材腐食に対する照査の原則としている．ただし，中性化深さを用いて照査を行う場合には，中性化深さが設計耐用期間中に鋼材腐食発生限界深さに達しないことを確認する．

中性化と水の浸透に伴う鋼材腐食に対する照査では，式(12.1)に示す鋼材腐食深さの設計値 s_d と鋼材腐食深さの設計限界値 s_{lim} との比に，構造物係数 γ_i を乗じた値が 1.0 以下であることを確かめる．

$$\gamma_i \frac{s_d}{s_{lim}} \leqq 1.0 \tag{12.1}$$

ここに，γ_i：構造物係数（一般に 1.0～1.1）であり，s_{lim}：鋼材腐食深さの限界値［mm］であり，一般的な構造物の場合には，かぶり厚に応じて式(12.2)より求めてもよい．

$$s_{lim} = 3.81 \times 10^{-4} \cdot (c - \Delta c_e) \qquad c \leqq 35\ \mathrm{mm} \tag{12.2}$$

ここに，c：かぶり［mm］である．ただし，$(c - \Delta c_e) > 35$ mm の場合は，$s_{lim} = 1.33 \times$

10^{-2}［mm］とする．

一方，s_d：鋼材腐食深さの設計値［mm］であり，一般に式(12.3)で求める．

$$s_d = \gamma_w \cdot s_{dy} \cdot t \tag{12.3}$$

ここに，γ_w：鋼材腐食深さの設計値 s_d のばらつきを考慮した安全係数である（一般に1.0）．t：中性化と水の浸透に伴う鋼材腐食に対する耐用年数［年］であり，一般に100年を上限とする．s_{dy}：1年当りの鋼材腐食深さの設計値［mm/年］であり，構造物に対する実際の水の供給などさまざまな条件を考慮した上で定める．

水の供給の代表的な例として，降雨の影響がある．降雨の回数や継続時間などの構造物の立地条件を特別に検討しない場合は，式(12.4)により1年当りの鋼材腐食深さの設計値 s_{dy}［mm/年］を求めることができる．

$$s_{dy} = 1.9 \times 10^{-4} \cdot \exp[-0.068(c - \Delta c_e)^2 / q_d^2] \tag{12.4}$$

ここに，Δc_e：かぶりの施工誤差［mm］（一般に柱および橋脚で15 mm．梁で10 mm，スラブで5 mmとしてよい）．q_d：コンクリートの水分浸透速度係数の設計値［mm/$\sqrt{時間(hr)}$］であり，式(12.5)により求める．

$$q_d = \gamma_c \cdot q_k \tag{12.5}$$

ここに，γ_c：コンクリートの材料係数（一般に1.3）．q_k：コンクリートの水分浸透速度係数の特性値［m/$\sqrt{時間(hr)}$］であり，コンクリートの水分浸透速度係数の予測値 q_p を用いて式(12.6)から求める．

$$q_k = \gamma_k \cdot \gamma_p \cdot q_p \tag{12.6}$$

ここに，γ_k：特性値の設定に関する安全係数（一般に，材料物性がばらつきにより特性値を上回る確率を50％と想定して，1.0），γ_p：材料物性の予測値の精度を考慮する係数（一般に1.0）．コンクリートの水分浸透速度係数の予測値 q_p は，実験により求める場合は，短期の水掛かりを受けるコンクリート中の水分浸透速度係数試験方法（案）（JSCE-G582-2018）に準拠する．なお，コンクリートに使用する結合材が，普通ポルトランドセメント，高炉スラグB種，フライアッシュセメントB種である場合には，実験により求めることに代えて，式(12.7)によりコンクリートの水結合材比から予測する．

$$q_p = 32 \cdot (W/B)^2 \qquad (0.40 \leqq W/B \leqq 0.60) \tag{12.7}$$

（b）　中性化に伴う鋼材腐食に対する照査

示方書設計編では，中性化に伴う鋼材腐食に対する照査として，図12-1に示す中性化深さを指標としている．中性化深さとは，フェノールフタレイン溶液を吹き付けても，赤紫色に呈色しない（pHが7～8まで低下）領域の深さをいう．照査の方法としては，式(12.8)に示す中性化深さの設計値 y_d の鋼材腐食発生限界深さ y_{lim} に対する比に，構造物係数 γ_i を乗じた値が1.0以下であることを確認する．

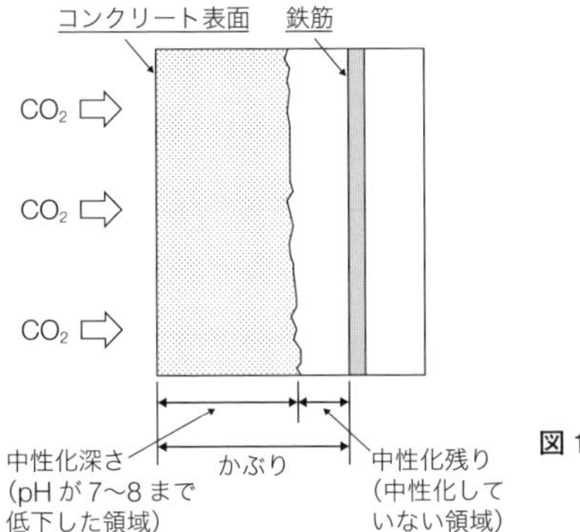

図 12-1　中性化深さ

$$\gamma_i \cdot \frac{y_d}{y_{lim}} \leqq 1.0 \qquad (12.8)$$

ここに，γ_i：構造物係数（一般に 1.0〜1.1），y_{lim}：鋼材腐食発生限界深さ［mm］であり，式(12.9)により求める．

$$y_{lim} = c_d - c_k \qquad (12.9)$$

ここに，c_d：耐久性に関する照査に用いるかぶりの設計値［mm］であり，施工性誤差を考慮して，式(12.10)で求める．また，c_k：中性化残り［mm］（一般に，通常環境下では 10 mm，塩化物イオンの影響を無視できない環境の場合，10〜25 mm）である．

$$c_d = c - \Delta c_e \qquad (12.10)$$

ここに，c：かぶり［mm］，Δc_e：かぶりの施工誤差［mm］（一般に，柱および橋脚で 15 mm，梁で 10 mm，スラブで 5 mm）である．また，y_d：中性化深さの設計値であり，一般に式(12.11)で求める．

$$y_d = \gamma_{cb} \cdot \alpha_d \sqrt{t} \qquad (12.11)$$

ここに，γ_{cb}：中性化深さの設計値 y_d のばらつきを考慮した安全係数（一般は 1.0）．t：中性化に対する耐用年数［年］であり，一般に式(12.11)で算定する中性化深さに対しては，耐用年数は 100 年を上限とする．また，α_d：中性化速度係数の設計値［mm$\sqrt{年}$］は，式(12.12)で求める．

$$\alpha_d = \alpha_k \cdot \beta_e \cdot \gamma_c \qquad (12.12)$$

ここに，β_e：環境作用の程度を表す係数（一般に 1.6）．γ_c：コンクリートの材料係数（一般に 1.0，高流動コンクリートを用いる場合は 1.1）．そして，α_k：中性化速度係数の特性値［mm$\sqrt{年}$］であり，コンクリートライブラリー 64「フライアッシュを混和したコンクリートの中性化と鉄筋の発錆に関する長期研究（最終報告）」に示された普通ポルトランドセメントあるいは中庸熱ポルトランドセメントを用いた17種類の実験データに基づいて求めた式(12.13)より求める．

$$\alpha_k = -3.57 + 9.0 \cdot \frac{W}{B} \tag{12.13}$$

ここに，W/B：有効結合材比（$W/(C_p + k \cdot A_d)$）．W：単位体積当りの水の質量［kg/m^3］，B：単位体積当りの有効結合材の質量［kg/m^3］，C_p：単位体積当りのポルトランドセメントの質量［kg/m^3］，A_d：単位体積当りの混和材の質量［kg/m^3］，k：混和材の種類により定まる定数（フライアッシュの場合$k=0$，高炉スラグ微粉末の場合$k=0.7$）である．

（3） 塩害環境下における鋼材腐食に対する照査

コンクリートは，通常，pH 12～13の強アルカリ性を有している．そのため，埋設されている鋼材の表面には不動体被膜が形成されており，これが鋼材の腐食を防いでいる．しかし，塩化物イオンが鋼材表面にまで達し，その濃度が限界値を超えると，不動体被膜が破壊され，鋼材の腐食が進行する可能性がある．塩害とは，このようにコンクリート中に侵入した塩化物イオンの存在によって鋼材が腐食し，構造物の性能低下が生じる劣化現象のことである．

示方書設計編では，塩害環境下における鋼材腐食に対する照査として，式(12.14)に示される．これは，鋼材位置における塩化物イオン濃度の設計値C_dの鋼材腐食発生限界濃度C_{lim}に対する比に，構造物係数γ_iを乗じた値が1.0以下であることを確認する．

$$\gamma_i \cdot \frac{C_d}{C_{lim}} \leqq 1.0 \tag{12.14}$$

ここに，γ_iは，構造物係数（一般に1.0～1.1）．C_{lim}は，鋼材腐食発生限界濃度［kg/m^3］であり，類似の構造物の実測結果や試験結果を参考に定めてよいが，それによらない場合は，以下に示すW/Cの関数とした式(12.15a)～(12.15d)を用いて定めてよい．ただし，W/Cの範囲は0.30～0.55である．なお，凍結融解作用を受ける場合にはこれらの値よりも小さな値とするのがよい．

（普通ポルトランドセメントを用いた場合）

$$C_{lim} = -3.0(W/C) + 3.4 \tag{12.15a}$$

（高炉セメントB種相当，フライアッシュセメントB種相当を用いた場合）

$$C_{lim} = -2.6(W/C) + 3.1 \tag{12.15b}$$

（低熱ポルトランドセメント，早強ポルトランドセメントを用いた場合）

$$C_{lim} = -2.2(W/C) + 2.6 \tag{12.15c}$$

（シリカヒュームを用いた場合）

$$C_{lim} = 1.2 \tag{12.15d}$$

表 12-2　コンクリート表面における塩化物イオン濃度 C_0 [kg/m^3] [1]

<table>
<tr><th colspan="2" rowspan="2"></th><th rowspan="2">飛沫帯</th><th colspan="5">海岸からの距離［km］</th></tr>
<tr><th>汀線付近</th><th>0.1</th><th>0.25</th><th>0.5</th><th>1.0</th></tr>
<tr><td>飛来塩分が多い地域</td><td>北海道，東北，北陸，沖縄</td><td rowspan="2">13.0</td><td>9.0</td><td>4.5</td><td>3.0</td><td>2.0</td><td>1.5</td></tr>
<tr><td>飛来塩分が少ない地域</td><td>関東，東海，近畿，中国，四国，九州</td><td>4.5</td><td>2.5</td><td>2.0</td><td>1.5</td><td>1.0</td></tr>
</table>

一方，C_d：鋼材位置における塩化物イオン濃度の設計値［kg/m^3］は，一般に式(12.16)により求めることができる．

$$C_d = \gamma_{cl} \cdot C_0 \left\{ 1 - \mathrm{erf}\left(\frac{0.1 \cdot c_d}{2\sqrt{D_d \cdot t}} \right) \right\} + C_i \qquad (12.16)$$

γ_{cl}：C_d の不確実性を考慮した安全係数（一般に 1.3）．C_0：コンクリート表面における塩化物イオン濃度［kg/m^3］であり，一般に表 12-2 に示された値を用いる．c_d：耐久性に関する照査に用いるかぶりの設計値［mm］であり，施工誤差を考慮して式(12.17)で求める．C_i：初期塩化物イオン濃度［kg/mm^3］（一般に 0.3 kg/mm^3）である．t：塩化物イオンの侵入に対する耐用年数［年］であり，一般に式(12.16)で算出する鋼材位置における塩化物イオン濃度に対して 100 年を上限とする．D_d：塩化物イオンに対する設計拡散係数［cm^2/年］であり，一般に式(12.18)により算出する．なお，式(12.16)中の erf(s) は誤差関数であり，$\mathrm{erf}(s) = (2/\sqrt{\pi})\int_0^s e^{-\eta^2} d\eta$ で表される．

$$c_d = c - \Delta c_e \qquad (12.17)$$

ここに，c：かぶり［mm］，Δc_e：かぶりの施工誤差［mm］（一般に，柱および橋脚で 15 mm，梁で 10 mm，スラブで 5 mm）である．

$$D_d = \gamma_c \cdot D_k + \lambda \cdot \left(\frac{w}{l} \right) \cdot D_0 \qquad (12.18)$$

ここに，γ_c：コンクリートの材料係数（一般に 1.3，高流動コンクリートの場合は 1.1），D_k：コンクリートの塩化物イオンに対する拡散係数の特性値［cm^2/年］．一般に，設計耐用期間中の拡散係数を一定とみなす仮定のもと，設計耐用年数に応じた値とし，式(12.19)のコンクリートの塩化物イオン拡散係数の予測値 D_p を用いて求める．

$$D_k = \gamma_k \cdot \gamma_p \cdot D_p \qquad (12.19)$$

ここに，γ_k：特性値の設定に関する安全係数（一般に 2.1），γ_p：材料物性の予測値の精度を考慮する安全係数（一般に 1.0）．

コンクリートの塩化物イオン拡散係数の予測値 D_p は，次のいずれかの方法で求める．（ⅰ）水セメント比および設計耐用年数と見掛けの拡散係数との関係式，（ⅱ）電気泳動法や浸漬法を用いた室内実験または自然暴露実験，（ⅲ）実構造物調査．以下には，（ⅰ）の方法について述べる．

室内実験や自然暴露実験等の結果がない場合には，既往のデータに基づく以下の予測式(12.20)を用いてコンクリートの塩化物イオン拡散係数の予測値 D_p を求める．

$$D_p(t)=D_r\cdot t^{-k_D} \tag{12.20}$$

ここに，t：塩化物イオンの侵入に対する設計耐用年数［年］，D_r：参照見掛けの拡散係数［cm²/年］であり，計耐用年数を 1 年としたときの値である．D_r は式(12.21a)～(12.21d)を用い求める．k_D：設計耐用年数感度パラメータである．

（普通ポルトランドセメントを使用する場合）

$$\log_{10} D_r=3.4(W/C)-1.3,\quad k_D=0.52\quad (0.3\leqq W/C\leqq 0.55) \tag{12.21a}$$

（高炉セメント B 種相当，シリカヒュームを使用する場合）

$$\log_{10} D_r=3.4(W/C)-1.7,\quad k_D=0.64\quad (0.3\leqq W/C\leqq 0.55) \tag{12.21b}$$

（フライアッシュセメント B 種相当を使用する場合）

$$\log_{10} D_r=3.4(W/C)-1.5,\quad k_D=0.73\quad (0.3\leqq W/C\leqq 0.55) \tag{12.21c}$$

λ：ひび割れの存在が拡散係数に及ぼす影響を表す係数（一般に 1.5）．w/l：ひび割れ幅とひび割れ間隔の比であり，一般に式(12.22)で求めてよい．D_0：コンクリート中の塩化物イオンの移動に及ぼすひび割れの影響を考慮する定数［cm²/年］（一般に 400［cm²/年］）である．

$$\frac{w}{l}=\left(\frac{\sigma_{se}}{E_s}\left(\text{または } \frac{\sigma_{pe}}{E_p}\right)+\varepsilon'_{csd}\right) \tag{12.22}$$

ここに，σ_{se}，σ_{pe}，ε'_{csd} は 8 章の曲げひび割れ幅 w の算定式に用いた式(8.9)に準じた値である．なお，温度ひび割れや収縮ひび割れなど施工段階における初期ひび割れに対しても，ひび割れ間隔およびひび割れ幅を求めることで，塩害環境下における鋼材腐食に関する照査を行うことが原則である．しかし，初期ひび割れの間隔を求めることが困難な場合で，ひび割れ幅 w が 12-2（1）で示した鋼材腐食に対するひび割れ幅の設計限界値 w_a 以下であれば，塩化物イオンに対する設計拡散係数 D_d は式(12.23)を用いてもよい．

$$D_d=D_k\cdot\gamma_c\cdot\beta_{cl} \tag{12.23}$$

ここに，β_{cl}：初期ひび割れの影響を考慮した係数（一般に 1.5）．γ_c：コンクリートの材料係数（一般に 1.3，高流動コンクリートの場合は 1.1）．

以上に示した塩害環境下における鋼材腐食の照査を満足することが困難な場合は，耐食性が高い補強材や防錆処理を施した補強材の使用，鋼材腐食を抑制するためのコンクリートの表面被覆，あるいは腐食の発生を防止するための電気化学的手法などを用いることが原則である.

外部から塩化物イオンの影響を受ける環境の場合には，かぶりを粗骨材最大寸法の3/2倍以上とする．逆に，外部からの塩化物イオンの影響を受けない環境の場合には，練混ぜ時コンクリートに含まれる塩化物イオン総量が0.30 kg/m^{3}以下であれば，塩化物イオンによって構造物の所要の性能が損なわれることはないと考えてよい．ただし，応力腐食が生じやすいPC鋼材を用いる場合などでは，その値をさらに小さくする.

凍結防止剤の散布が予想されるコンクリート構造物においては,，塩害の発生について考慮するとともに，信頼できる防水工や排水工を適切に設けることによって，コンクリート中に塩化物イオンが浸透しないようにする.

One Point アドバイス

—塩害環境における鋼材腐食の照査に関する補足—

塩害環境下における鋼材腐食の照査で使用するかぶり位置c_dでの塩化物イオン濃度C_dは，塩化物イオンのコンクリート中の浸透現象を濃度拡散現象と考え，非定常1次元拡散方程式でモデル化することで求める．その概念図を付図12-1に示す．また，表面塩化物イオン濃度C_0を一定とし，表12-2を用いて求めているが，実際は供用開始（実際は部材が環境に曝された時点から）から経時的に増え，塩害環境に応じて，ある濃度に収束することが知られている．その収束した値を耐久設計の境界条件と設定したのが，C_0を一定とする考え方である．その概念図を付図12-2に示す.

ここで，表12-2は地域，塩害環境，海岸からの距離から求めているが，実際の環境に合わない場合もある．そこで，文献［5］では，同一の薄板モルタル供試体を用いて，日本各地の101か所において暴露試験を行い，飛来塩分環境を評価し，暴露試験体への塩化物浸透量をコンクリートの表面塩化物イオン濃度に換算し，標高，風向，波エネルギーの影響を考慮して離岸距離を補正した「補正距離」を用いることで，地域によらない一律の表面塩化物イオン濃度を評価できる推定式を提案している．今後の塩害環境における鋼材腐食の照査に採用される可能性もある.

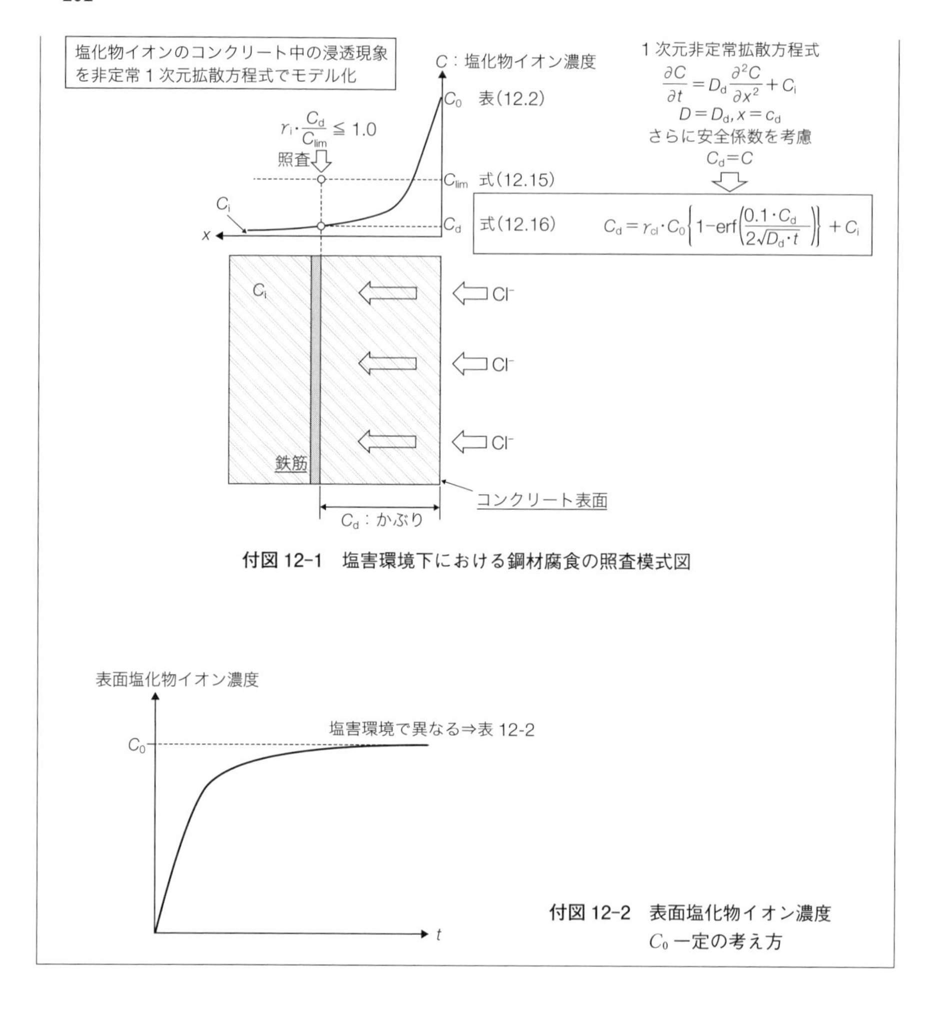

付図 12-1　塩害環境下における鋼材腐食の照査模式図

付図 12-2　表面塩化物イオン濃度 C_0 一定の考え方

12-3　演習問題：鋼材腐食（中性化，塩害）に対する照査の例

《例題 12.1》　中性化と水の浸透に伴う鋼材腐食に対する照査

通常の環境下における一般的な構造物中の鉄筋コンクリート梁について，中性化と降雨の影響による水の浸透に伴う鋼材腐食に対する照査を行え．ただし，$t=100$ 年，普通ポルトランドセメントを使用する普通コンクリート，$B=340\ \mathrm{kg/m^3}$，$W=170\ \mathrm{kg/m^3}$，$c=50\ \mathrm{mm}$，$\gamma_w=1.15$，$\gamma_c=1.3$，$\gamma_i=1.0$ とする．また，$q_k=q_p$ と扱えるものとする．

【解答】　まず，鋼材腐食深さの限界値 s_{lim} を求める．次に，コンクリートの水分浸透速度係数 q_p の予測値および設計値 q_d を求める．これらの値を用い，1年当りの鋼材腐食

深さの設計値 S_{dy} を求め，設計耐用期間（t=100 年）の鋼材腐食深さの設計値 s_d を算出する．最後に式(12.1)を用い，中性化と水の浸透に伴う鋼材腐食に対する照査を行う．

照査計算チャート：中性化と水の浸透に伴う鋼材腐食に対する照査		
項　目	参照箇所	計　算
鋼材腐食深さの限界値 s_{lim}	式(12.2) ※この問題では範囲外	鋼材腐食深さの限界値 s_{lim} を算出するが，対象構造物は c=50 mm であるため，s_{lim} は次の式により求める． $s_{lim}=1.33\times10^{-2}$ [mm]
コンクリートの水分浸透速度係数の予測値 q_p	式(12.7)	コンクリートの水分浸透速度係数の予測値 q_p： $q_p=32\cdot(W/B)^2=31.25\cdot0.5^2=8.0\ \mathrm{mm}/\sqrt{\mathrm{hr}}$ を得る．
コンクリートの水分浸透速度係数の特性値 q_k	式(12.6)	コンクリートの水分浸透速度係数の特性値 q_k： $q_k=\gamma_k\cdot\gamma_p\cdot q_p=1.0\cdot1.0\cdot8.0=8.0\ \mathrm{m}/\sqrt{\mathrm{hr}}$ を得る．
コンクリートの水分浸透速度係数の設計値 q_d	式(12.5)	$q_d=\gamma_c\cdot q_k=1.3\cdot8.0=10.4\ \mathrm{mm}/\sqrt{\mathrm{hr}}$
鋼材腐食深さの設計値 s_d	式(12.4) 式(12.3)	1 年当りの鋼材腐食深さの設計値 S_{dy}：(対象は梁であるため，かぶりの施工誤差を Δc_e=10 mm とする) $S_{dy}=1.9\times10^{-4}\cdot\exp[-0.068(c-\Delta c_e)^2/q_d^2]$ $=1.9\times10^{-4}\cdot\exp[-0.068(50-10)^2/10.4^2]$ $=1.9\times10^{-4}\cdot0.3657=6.948\times10^{-5}$ 年 鋼材腐食深さの設計値 s_d：(t=100 年) $s_d=\gamma_w\cdot s_{dy}\cdot t=1.15\cdot6.95\times10^{-5}\cdot100=7.99\times10^{-3}$ mm
鋼材腐食に対する照査	式(12.1)	鋼材腐食に対する照査： $\gamma_i\dfrac{s_d}{s_{lim}}=1.0\times\dfrac{7.99\times10^{-3}}{1.33\times10^{-2}}=0.601\leqq1.0$ 以上，照査の結果，設計耐用期間中(t=100 年)に中性化と水の浸透に伴う鋼材腐食は発生しないことが確認できた．

《例題 12.2》　中性化に伴う鋼材腐食に対する照査

通常の環境下に置かれる重要構造物中の鉄筋コンクリート梁について，中性化に伴う鋼材腐食に対する照査を行え．ただし，t=100 年，普通ポルトランドセメントを使用する普通コンクリート，C=380 kg/m^3，W=171 kg/m^3，c=55 mm，γ_{cb}=1.15，β_e=1.6，γ_c=1.0，γ_i=1.1 とする．また，$\alpha_k=\alpha_p$ と扱えるものとする．

【解答】　まず，鋼材腐食発生限界深さ y_{lim} を求める．次に，中性化深さの設計値 y_d を算出し，最後に式(12.7)を用いて中性化に伴う鋼材腐食に対する照査を行う．

照査計算チャート：中性化に伴う鋼材腐食に対する照査		
項　　目	参照箇所	計　　算
鋼材腐食発生限界深さ y_{lim}	式(12.9) 式(12.8)	耐久性照査に用いるかぶりの設計値 c_d： $c_d=c-\Delta c_e=55-10=45$ mm 鋼材腐食発生限界深さ y_{lim}：(常の環境下より，中性化残りを $c_k=10$ mm とする) $y_{lim}=c_d-c_k=45-10=35$ mm
中性化深さの設計値 y_d	式(12.13) 式(12.11) 式(12.10)	中性化予測速度係数 α_p：(ポルトランドセメントを用いているため，$C=C_p=380$ kg/m^3, k=0, W=171 kg/m^3) $\alpha_p=-3.47+\dfrac{9.0\cdot W}{B}=-3.47+\dfrac{9.0\cdot W}{C_p+k\cdot A_d}=-3.47+\dfrac{9.0\cdot 171}{380}$ $=0.48$ mm/$\sqrt{年}$ 中性化速度係数 α_d： $\alpha_d=\alpha_k\cdot\beta_e\cdot\gamma_c=0.48\times1.6\times1.0=0.768$ 中性化深さの設計値 y_d $y_d=\gamma_{cb}\cdot\alpha_d\cdot\sqrt{t}=1.15\times0.768\times\sqrt{100}=8.83$ mm
中性化に伴う鋼材腐食に対する照査	式(12.7)	中性化に伴う鋼材腐食に対する照査： $\gamma_i\cdot\dfrac{y_d}{y_{lim}}=1.1\cdot\dfrac{8.83}{35}=0.277\leqq1.0$ 以上，照査の結果，設計耐用期間中($t=100$ 年)に中性化に伴う鋼材腐食は発生しないことが確認できた．

《例題 12.3》 塩害環境下における鋼材腐食に対する照査

沖縄地方で海岸からの距離 0.1 km の地点に置かれる重要構造物中の鉄筋コンクリート柱について，塩害環境下における鋼材腐食に対する照査を行え．ただし，$t=75$ 年，フライアッシュセメントB種を使用するフライアッシュコンクリート．$C=320$ kg/m^3，$W=160$ kg/m^3，$c=95$ mm，$C_i=0.3$ kg/m^3 とする．また，$\gamma_{cl}=1.3$，$\gamma_c=1.0$，$\gamma_i=1.1$ とし，ひび割れは発生していないとする．また，D_r はコンクリートの使用材料や配合から算定してよい．

【解答】 まず，与えられた条件より，塩化物イオンに対する拡散係数の特性値 D_k および設計拡散係数 D_d を算出する．次に，腐食発生限界濃度 C_{lim} および鉄筋位置における塩化物イオンの設計値 C_d を求め，最後に式(12.14)により塩害環境下における鋼材腐食の照査を行う．

照査計算チャート：塩害環境下における鋼材腐食に対する照査		
項　　目	参照箇所	計　　算
参照見掛けの拡散係数 D_r，設計耐用年数感度パラメータ k_D	式(12.21c)	参照見掛けの拡散係数の特性値 D_r： $\log_{10}D_r=3.4(W/C)-1.5$，$k_D=0.73$ $\rightarrow D_r=10^{3.4(W/C)-1.5}=10^{3.4(160/320)-1.5}=10^{0.2}=1.585$ cm^2/年
塩化物イオン拡散係数の予測値 D_p	式(12.20)	コンクリートの塩化物イオン拡散係数の予測値 $D_p(t)$：$t=75$ 年より $D_p(t)=D_r\cdot t^{-k_D}$

		$\rightarrow D_p(75)=D_r\cdot 75^{-k_D}=1.585\times 75^{-0.73}=0.0678\ \mathrm{cm^2}$/年
塩化物イオンに対する拡散係数の特性値 D_k	式(12.19)	コンクリートの塩化物イオンに対する拡散係数の特性値 D_k： $D_k=\gamma_k\cdot\gamma_p\cdot D_p$ $\rightarrow D_k=\gamma_k\cdot\gamma_p\cdot D_p=2.1\times 1.0\times 37.051=0.142\ \mathrm{cm^2}$/年
塩化物イオンに対する設計拡散係数 D_d	式(12.18)	塩化物イオンに対する設計拡散係数 D_d： $D_d=\gamma_c\cdot D_k+\lambda\cdot\frac{w}{l}\cdot D_0=1.0\times 0.142=0.142\ \mathrm{cm^2}$/年
腐食発生限界濃度 C_{lim} 鉄筋位置における塩化物イオン濃度の設計値 C_d	式(12.15b) 式(12.17) 表 12-2 式(12.16)	腐食発生限界濃度 C_{lim}： $C_{lim}=-2.6(W/C)+3.1=-2.6\times(160/320)+3.1=1.8\ \mathrm{kg/m^3}$ かぶりの設計値 c_d(対象が柱⇒かぶりの設計誤差 $\Delta c_c=15$ mm) $c_d=c-\Delta c_c=95-15=80$ mm コンクリート表面の塩化物イオン濃度 $C_0=4.5\ \mathrm{kg/m^3}$ 鉄筋位置における塩化物イオン濃度 C_d：(t=75 年) $C_d=\gamma_{cl}\cdot C_0\left\{1-\mathrm{erf}\left(\frac{0.1\cdot c_d}{2\sqrt{D_d\cdot t}}\right)\right\}+C_i$ $=1.3\times 4.5\times\left\{1-\mathrm{erf}\left(\frac{0.1\cdot 80}{2\sqrt{0.142\cdot 75}}\right)\right\}+0.3=0.750\ \mathrm{kg/m^3}$ ここで，$s=\frac{0.1\cdot c_d}{2\sqrt{D_d\cdot t}}$ とすると，$s=\frac{0.1\cdot 80}{2\sqrt{0.142\cdot 75}}=1.224$, 誤差関数 erf($s$) は以下の式の漸近式(計算は n=9 とした)より求めることができる．※エクセルの erf（ ）関数で計算した場合 $\mathrm{erf}(s)=\frac{2}{\sqrt{\pi}}\int_0^s e^{-\eta^2}d\eta=\frac{2}{\sqrt{\pi}}\sum_{n=0}^{\infty}\frac{(-1)^n s^{2n+1}}{n!(2n+1)}$ $\cong\frac{2}{\sqrt{\pi}}\times\left(s-\frac{1}{3\cdot 1!}s^3+\frac{1}{5\cdot 2!}s^5-\frac{1}{7\cdot 3!}s^7+\frac{1}{9\cdot 4!}s^9\right)$ $=\frac{2}{\sqrt{\pi}}\times\left(1.226-\frac{1}{3}(1.224)^3+\frac{1}{5\times 2\times 1}(1.224)^5\right.$ $\left.-\frac{1}{7\times 3\times 2\times 1}(1.224)^7+-\frac{1}{9\times 4\times 3\times 2\times 1}(1.224)^9\right)$ $=0.923$
塩害環境下における鋼材腐食に対する照査	式(12.14)	塩害環境下における鋼材腐食に対する照査： $\gamma_i\cdot\frac{C_d}{C_{lim}}=1.1\times\frac{0.750}{1.8}=0.458\leqq 1.0$ 以上，照査の結果，設計耐用期間中(t=75 年)に塩害環境下における鋼材腐食は発生しないことが確認できた．

記　号　本章で用いた主要な記号を以下に記す．

（1）　中性化と水の浸透に伴う鋼材腐食に対する照査

s_d, s_{dy}, s_{lim}：鋼材腐食深さの設計値／1 年当りの設計値／設計限界値

Δc_e：かぶりの施工誤差

q_d, q_k, q_p：コンクリートの水分浸透速度係数の設計値／特性値／予測値

（2） 中性化に伴う鋼材腐食に対する照査

y_d：中性化深さの設計値　y_{lim}：鋼材腐食発生限界深さ　t：中性化に対する耐用年数

α_d, α_k：中性化速度係数の設計値／特性値

W, C_p, A_d：単位体積当りの水の質量／ポルトランドセメントの質量／混和材の質量

B：単位体積当りの有効結合材の質量（$=C_p+k \cdot A_d$）　k：混和材の種類により定まる定数

W/B：有効結合材比

（3） 塩　害

C_0：コンクリート表面における塩化物イオン濃度

C_d：鋼材位置における塩化物イオン濃度の設計値　C_{lim}：鋼材腐食発生限界濃度

c_d：かぶりの設計値

C_i：初期塩化物イオン濃度（initial）　t：塩化物イオンの侵入に対する耐用年数

D_d, D_k, D_p：塩化物イオンの拡散係数の設計値／特性値／予測値

D_r：参照見掛けの拡散係数　k_D：設計耐用年数感度パラメータ　w：曲げひび割れ幅

参 考 文 献

［1］ 土木学会：2022 制定 コンクリート標準示方書［設計編］

［2］ 岩波光保，伊藤始，皆川浩，佐藤孝広：コンクリート工学，理工図書（2021）

［3］ 富山潤，大城武，新城竜一，金城和久：遅延膨張性を示す細骨材に起因したアルカリ骨材反応に関する基礎研究と抑制対策，コンクリート工学年次論文集，Vol. 33, No. 1, pp. 1049-1054, 2011.

［4］ 沖縄県土木建築部：沖縄県におけるフライアッシュコンクリートの配合及び施工指針，平成 29 年 12 月制定，令和元年 5 月第 1 回改訂版），
https://www.pref.okinawa.jp/site/doboku/gijiken/kanri/jigyou/concrete.html

［5］ 佐伯竜彦，富山潤，中村文則，中村亮太，花岡大伸，安琳，佐々木厳，遠藤裕丈：飛来塩分環境下にあるコンクリートの表面塩化物イオン濃度評価式の検討，土木学会論文集 E2，Vol. 76, No. 2, pp. 98-108, 2020.

13

プレストレストコンクリート

プレストレストコンクリート（Prestressed Concrete : PC）は，供用時に引張力が生じ，ひび割れ発生が想定される断面領域に，あらかじめ圧縮応力（プレストレス）を与えたものである．

この章では，はじめにプレストレストコンクリートの原理と特徴を説明し，次にプレストレスの導入時期や導入方法および算定方法について説明する．

13-1 プレストレストコンクリートの原理・特徴

プレストレストコンクリートは，供用時に引張力が作用し，ひび割れ発生が想定される断面にあらかじめ圧縮応力を与えておき，外力などの作用によって生じる引張応力を打ち消すように設計されたものである．このため，ひび割れが発生せずに全断面が有効に働き，軽量で性能の高い構造物を作ることができるのが特徴である．図 13-1 は，プレストレストコンクリートの原理を模式的に示したもので，比較のため，鉄筋コンクリートの場合（RC 単純桁）も示している．

プレストレスが大きければ，より大きな引張応力に抵抗できる部材を作ることができる．その際，断面図心にプレストレスを加えるよりも，引張領域となる断面に偏心してプレストレスを与えることにより，導入するプレストレス力が同じであっても，引張縁の応力は大きな圧縮応力状態になる（図 13-2 参照）．このため，桁構造（単純桁，連続桁）では，プレストレスを引張側に偏心して導入することが多い．

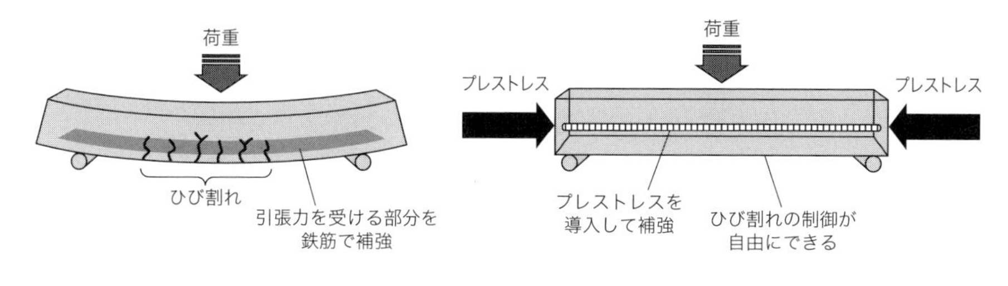

図 13-1 RC と PC の違い

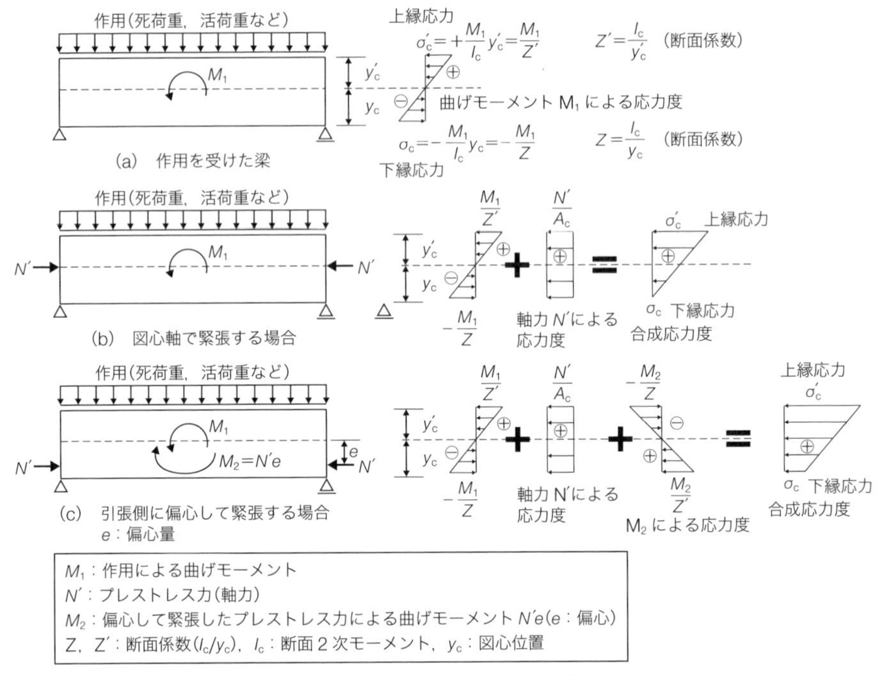

図 13-2 プレストレストコンクリートの応力分布の概略図

プレストレストコンクリートの性能を発揮させるためには，使用材料は良質で高強度のものでなければならない．また，プレストレスを導入するために使用する PC 鋼材は，①引張強度が大きく，引張強度に対する弾性限が高いこと，②適当な伸びと靭性を有すること，③リラクセーションが小さいこと，④応力腐食に対する抵抗性が高いこと，⑤後述するプレテンション方式用では，特にコンクリートとの付着性能が優れていることなどが要求される．PC 鋼材は，JIS で規格化されているため，詳細は JIS 規格を参照のこと．

13-2 プレストレスの導入と有効プレストレスの算定方法

(1) プレストレスを与える 2 つの方式

プレストレスの導入方法は，プレテンション方式とポストテンション方式に大別できる．これは，プレストレスを与えるのに使用する PC 鋼材をコンクリートの打設前（プレ）に緊張するか，打設後（ポスト）に緊張するかの違いである．

プレテンション方式は，PC 鋼材に緊張力を与えておいてコンクリートを打設し，コ

1. PC 鋼材の配置・緊張

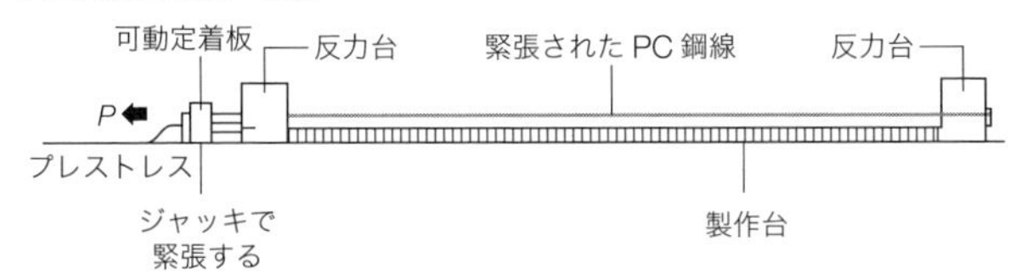

2. 製作台上にて，鉄筋，型枠の組立て，コンクリートの打設，養生

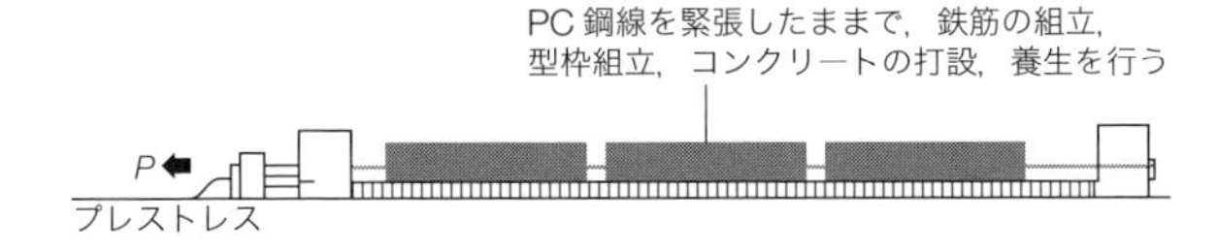

3. 所要の強度発現，プレストレスの導入

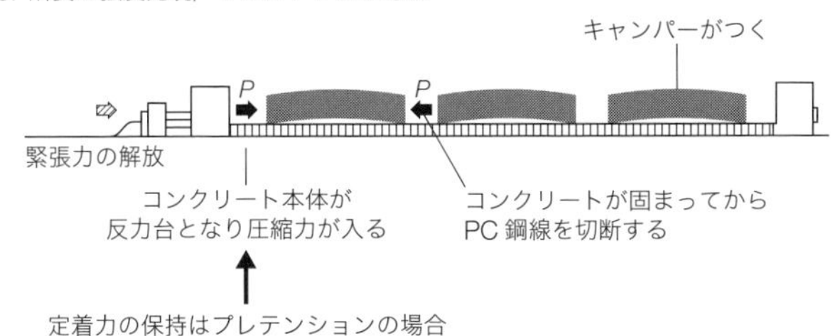

図 13-3 プレテンション方式

ンクリートが所要の強度発現が確認された後，緊張した PC 鋼材を切断することで，PC 鋼材とコンクリートとの付着によりコンクリートにプレストレスを与える方法である（図 13-3）．この方法は，プレキャスト製品として工場で製作されることが多い．

ポストテンション方式は，コンクリート打設前に PC 鋼材を通すシースを型枠内の所定の位置にあらかじめ配置して，打設後，所要の強度発現を確認したうえで，シース内に PC 鋼材を通し，端部に定着具を配置して，ジャッキをセットしたのちに PC 鋼線を緊張することで，桁両端からコンクリートにプレストレスを与える方法である（図 13-4）．この方式では，PC 鋼材は，建設現場でプレストレスを導入する場合に多く用いられている．PC 鋼材緊張後（プレストレス導入後），コンクリート部材と PC 鋼材の一体化と PC 鋼材の防食のため，グラウトと呼ばれる一般的にはセメント系のモルタル充填剤を注入する．

（2） プレストレス力の算定

プレストレス力は，①緊張作業中および直後に生じる減少量および②経時的減少量を考慮して，式（13.1）にて算出される．

1. 製作台上にて，鉄筋，PC 鋼材，型枠の組立

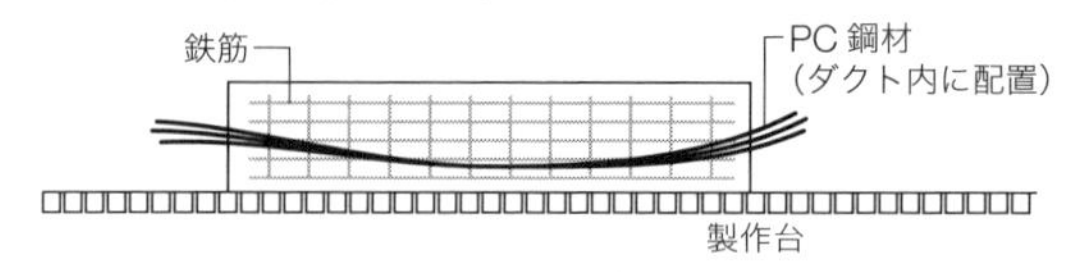

2. コンクリート打設，養生，脱型

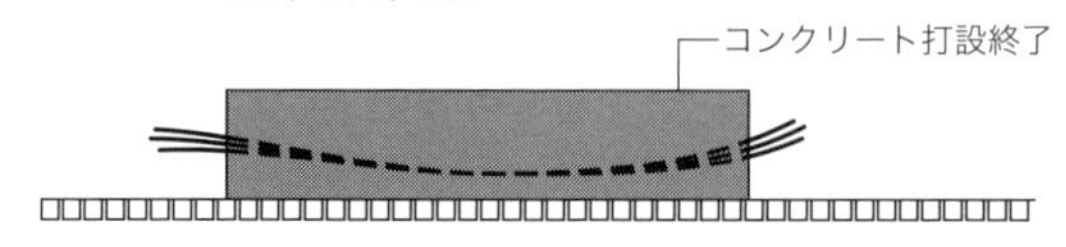

3. 所要の強度発現，PC 鋼材の緊張，グラウトの充填

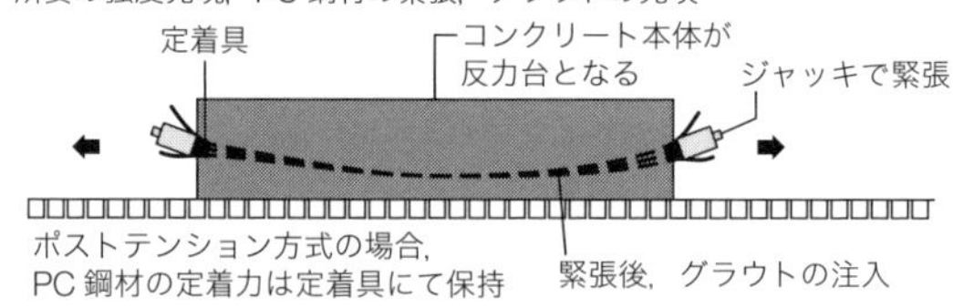

図 13-4　ポストテンション方式

$$P(x)=P_{\mathrm{i}}-[\Delta P_{\mathrm{i}}(x)+\Delta P_{\mathrm{t}}(x)] \tag{13.1}$$

ここに，$P(x)$：考慮している設計断面におけるプレストレス力

P_{i}：緊張材端に与えた引張力による緊張作業中のプレストレス力

$\Delta P_{\mathrm{i}}(x)$：緊張作業中および直後に生じるプレストレス力の減少量

$\Delta P_{\mathrm{t}}(x)$：プレストレス力の経時的減少量

ここで，$\Delta P_{\mathrm{i}}(x)$ および $\Delta P_{\mathrm{t}}(x)$ はそれぞれ以下の影響を考慮して求める（One Point アドバイス参照）．詳細についてはコンクリート標準示方書[1]を参照のこと．

One Point アドバイス

—プレストレスの減少量—

プレストレスを導入する際の緊張力は，緊張作業中および直後に生じる減少量①およびとその後の経時的な減少量②を考慮して決定される．以下に，プレストレスの減少となる主な要因を示す．

<u>①$\Delta P_{\mathrm{i}}(x)$ に与える影響</u>

・コンクリートの弾性変形（ポストテンション方式の場合，全 PC 鋼材を同時に緊張する際は考慮しなくてよい）

・緊張材とシースの摩擦（ポストテンション方式のみ）
・緊張材を定着する際のセット（ポストテンション方式のみ）
②$\Delta P_t(x)$に与える影響
・PC 鋼材のリラクセーション
・コンクリートのクリープ
・コンクリートの収縮

13-3　性能照査の概要

プレストレストコンクリートを設計する場合，性能照査は，一般に，表 13-1 に示す「プレストレス導入直後の照査」，「有効プレストレスの状態の照査」，「安全性に関する照査」に対して実施しなければならない.

ここでは，プレストレス導入直後と有効プレストレスの状態の照査（使用性）に関する部材の照査について，図 13-2(c)に示す応力状態を図 13-5 に再掲して，その概要と簡単な計算例を示す.

（1）　合成応力度算定上の仮定

本書で説明する合成応力度算定の仮定は以下の通りである．それ以外の仮定は，コンクリート標準示方書[1]を参照のこと.

① 維ひずみは，部材断面の中立軸からの距離に比例する（平面保持の仮定).
② コンクリートおよび鋼材は，弾性体とする.
③ ひび割れを許容しない PC 部材のため，コンクリートは全断面を有効とする.
④ コンクリートのヤング係数は表 2-8 のとおりとし，PC 鋼材のヤング係数は 200 $\mathrm{kN/mm^2}$ とする.

表 13-1　プレストレストコンクリートの性能照査概要

性能照査	照査方法
プレストレス導入直後の照査	コンクリートおよび PC 鋼材の応力度が所要の強度を超えないこと．※この状態で，PC 鋼材のプレストレス力は最大で，作用としては自重のみ.
有効プレストレスの状態の照査（使用性）	コンクリートの収縮，クリープ，および PC 鋼材のリラクセーションが終了した状態の照査．使用時の最も不利な設計作用に対して，各応力度が所要の強度を，あるいは曲げひび割れ幅が限界値（制限値）を超えないこと．（使用性）
安全性に関する照査	構成材料の設計強度を用いて算定した設計断面耐力が，作用係数を乗じた設計作用による設計断面力より大きいこと．（安全性）

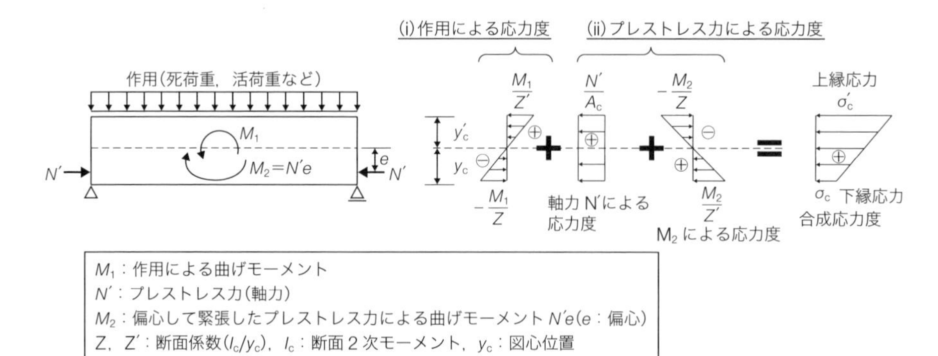

図 13-5　引張側に偏心して緊張した場合の応力度の概要

(２)　応力度の算定

通常の使用状態における曲げひび割れが発生しない PC 部材に対する断面の応力度の計算法を示す．算定する応力度は，図 13-5 に示す（ i ）作用（永続作用（死荷重など），変動作用（活荷重など））による応力度と（ ii ）プレストレス力による応力度の合成応力度である．以下では，説明を簡単にするため，永続作用を死荷重，変動作用を活荷重とする．

（ i ）　作用による応力度の算定

まず，設計作用を受けた部材に対する断面力を求める．ここでは曲げを受ける部材を考えているため，断面力は曲げモーメントであり，図 13-5 に示した $M_1(=M_L+M_D)$ である．活荷重（live load）と死荷重（dead load）に分けて，活荷重の圧縮側（上縁，upper edge），引張側（下縁，lower edge）の応力度をそれぞれ σ_{LU}，σ_{LL}，死荷重の圧縮側，引張側の応力度をそれぞれ σ_{DU}，σ_{DL} とすると，以下のように求まる．

・活荷重による曲げ応力度（σ_{LU}，σ_{LL}）

$$圧縮側（上縁）の応力度：\sigma_{LU}=\frac{M_L}{Z_U} \tag{13.1}$$

$$引張側（下縁）の応力度：\sigma_{LL}=\frac{M_L}{Z_L} \tag{13.2}$$

ここで，$Z_U=\dfrac{I_c}{y'_c}$，$Z_L=\dfrac{I_c}{y_c}$（断面係数）である．また，M_L は，活荷重により生じた曲げモーメントである．

・死荷重（自重）による曲げ応力度（σ_{DU}，σ_{DL}）

$$圧縮側（上縁）の応力度：\sigma_{DU}=\frac{M_D}{Z_U} \tag{13.3}$$

引張側（下縁）の応力度：$\sigma_{\mathrm{DL}}=\dfrac{M_{\mathrm{D}}}{Z_{\mathrm{L}}}$　(13.4)

ここで，M_{D} は，死荷重により生じた断面力としての曲げモーメントである．

（ii）　プレストレスによる応力度

次にプレストレスによる応力度の計算を示す．この場合，引張側に偏心した軸力 N'（有効プレストレス）が作用しているため，応力度は，図 13-5 に示すように軸力 N' による応力度と偏心による曲げモーメント M_2 による応力度の和となる．よって，上縁および下縁の応力度は，以下のように表すことができる．

圧縮側（上縁）の応力度：$\sigma_{\mathrm{cU}}=\dfrac{N'}{A_{\mathrm{c}}}-\dfrac{M_2}{Z_{\mathrm{U}}}$　(13.5)

引張側（下縁）の応力度：$\sigma_{\mathrm{cL}}=\dfrac{N'}{A_{\mathrm{c}}}+\dfrac{M_2}{Z_{\mathrm{L}}}$　(13.6)

ここで，A_{c} はコンクリートの断面積である．

よって，上縁および下縁の合成応力度は，以下のようになる．

・死荷重時（プレストレス導入直後）

圧縮側（上縁）の合成応力度：$\sigma_1=\sigma_{\mathrm{DU}}+\sigma_{\mathrm{cU}}$　(13.7)

引張側（下縁）の合成応力度：$\sigma_2=\sigma_{\mathrm{DL}}+\sigma_{\mathrm{cL}}$　(13.8)

・設計作用時

圧縮側（上縁）の合成応力度：$\sigma_3=\sigma_{\mathrm{DU}}+\sigma_{\mathrm{cU}}+\sigma_{\mathrm{LU}}$　(13.9)

引張側（下縁）の合成応力度：$\sigma_4=\sigma_{\mathrm{DL}}+\sigma_{\mathrm{cL}}+\sigma_{\mathrm{LL}}$　(13.10)

（3）　照査の方法

ここでは，照査の方法として，「プレストレス導入直後の照査」と「有効プレストレスの状態の照査（使用性）」について簡単に説明する．

プレストレス導入直後の照査は，死荷重およびプレストレスにより求めた応力度の和に対して，次の照査を行う．

圧縮側（上縁側）の応力度 $\sigma'_{\mathrm{c}}(=\sigma_1)\geqq f'_{\mathrm{tt}}$　（$f'_{\mathrm{tt}}\leqq f_{\mathrm{bck}}$：正）　(13.11)

引張側（下縁側）の応力度 $\sigma_{\mathrm{c}}(=\sigma_2)\leqq f_{\mathrm{ct}}$　（$f_{\mathrm{ct}}\leqq 0.6f'_{\mathrm{ck}}$：負）　(13.12)

有効プレストレスの状態の照査（使用性）は，死荷重およびプレストレスにさらに活荷重より求めた応力度の和に対して，次の照査を行う．

圧縮側（上縁側）の応力度 $\sigma'_{\mathrm{c}}(=\sigma_3)\leqq f_{\mathrm{ce}}$　（$f_{\mathrm{ce}}\leqq 0.4f'_{\mathrm{ck}}$：正）　(13.13)

引張側（下縁側）の応力度 $\sigma_{\mathrm{c}}(=\sigma_4)\geqq f'_{\mathrm{te}}$　（f'_{te}：表13-2：負）　(13.14)

ここで，f_{ct}，f'_{te} は緊張作業中と，永続作用および変動作用が生じているときのコンクリートの所定圧縮強度，f'_{tt}，f_{ce} は緊張作業中と，永続作用および変動作用が生じているときのコンクリートの所定引張強度である．また，f_{bck} は設計曲げひび割れ強度，

表 13-2　PC 構造に対するコンクリート縁引張応力度 f_{te} の制限値[1]

作用状態	断面高さ [m]	設計基準強度 f'_{ck} [N/mm^2]					
		30	40	50	60	70	80
永続作用 + 変動作用	0.25	2.3	2.7	3.0	3.4	3.7	4.0
	0.5	1.7	2.0	2.3	2.6	2.9	3.1
	1.0	1.3	1.6	1.8	2.1	2.3	2.5
	2.0	1.1	1.3	1.5	1.7	1.9	2.0
	3.0 以上	1.0	1.2	1.3	1.5	1.7	1.8

f'_{ck} は設計基準強度である．

《例題 13.1》　次の条件において，プレストレストコンクリート部材のプレストレス導入直後の照査・有効プレストレスの状態の照査（使用性）を行え．ここで死荷重は自重のみとし，また簡易的にプレストレスの減少量は考慮しないものとする．また，有効プレストレスの状態の照査は，設計作用＝死荷重＋活荷重に対して行うこととする．

［設計条件および使用材料］

① 設計条件

・主桁（PC 版）　高さ（h）：0.5（m）

幅（b）：3.0（m）

・支承条件　可動固定（単純梁）

・支点長（L）10.0（m）

・活荷重（P）100（kN）×2

（集中荷重）

・作用荷重　死荷重，活荷重

② 使用材料

・コンクリート（f'_{ck}＝40 N/mm^2）

単位重量（γ）：24.5（kN/m^3）

・PC 鋼材（12S12.7 mm，N_p＝4 本）

有効緊張力（σ_{pe}）：900.0（N/mm^2）

鋼材 1 本の断面積（A_p）：1184.5

（mm^2/本）

［設計図面，作用等］

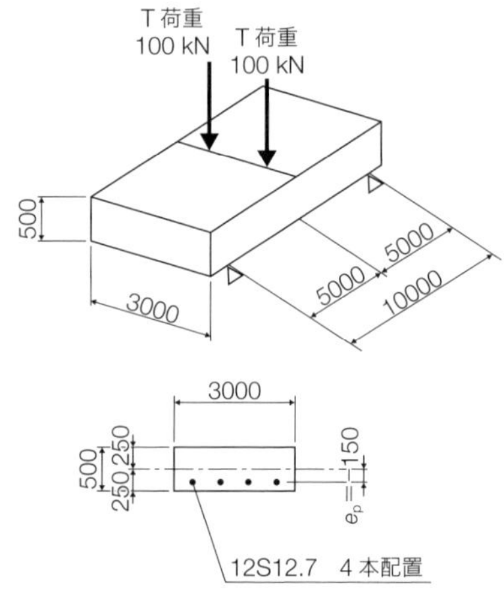

付図 13-1　断面，境界条件（拘束，作用条件）等

③ 許容値（制限値）（H24 道路橋示方書）[2]：参考値

・許容圧縮応力度

死荷重時　　：14.0（N/mm^2）

活荷重作用時：14.0（N/mm^2）

・許容引張応力度

死荷重時　　：0.0（N/mm^2）

活荷重作用時：－1.5（N/mm^2）

【解答】

本問の計算順序は，①作用による断面力の計算，②作用による応力度の計算，③プレストレスによる応力度の計算，④合成応力度の計算および照査の流れで進めていく．照査は，式(13.11)～式(13.14)に従い行うが，ここでは数値の便宜上，H24 道路橋示方書[2]の許容値との比較で行う（上記③参照）．なお，許容応力度設計法は，簡便で理解しやすいことから，長期にわたり採用されており，道路橋示方書[2]ではこの手法に従っている．

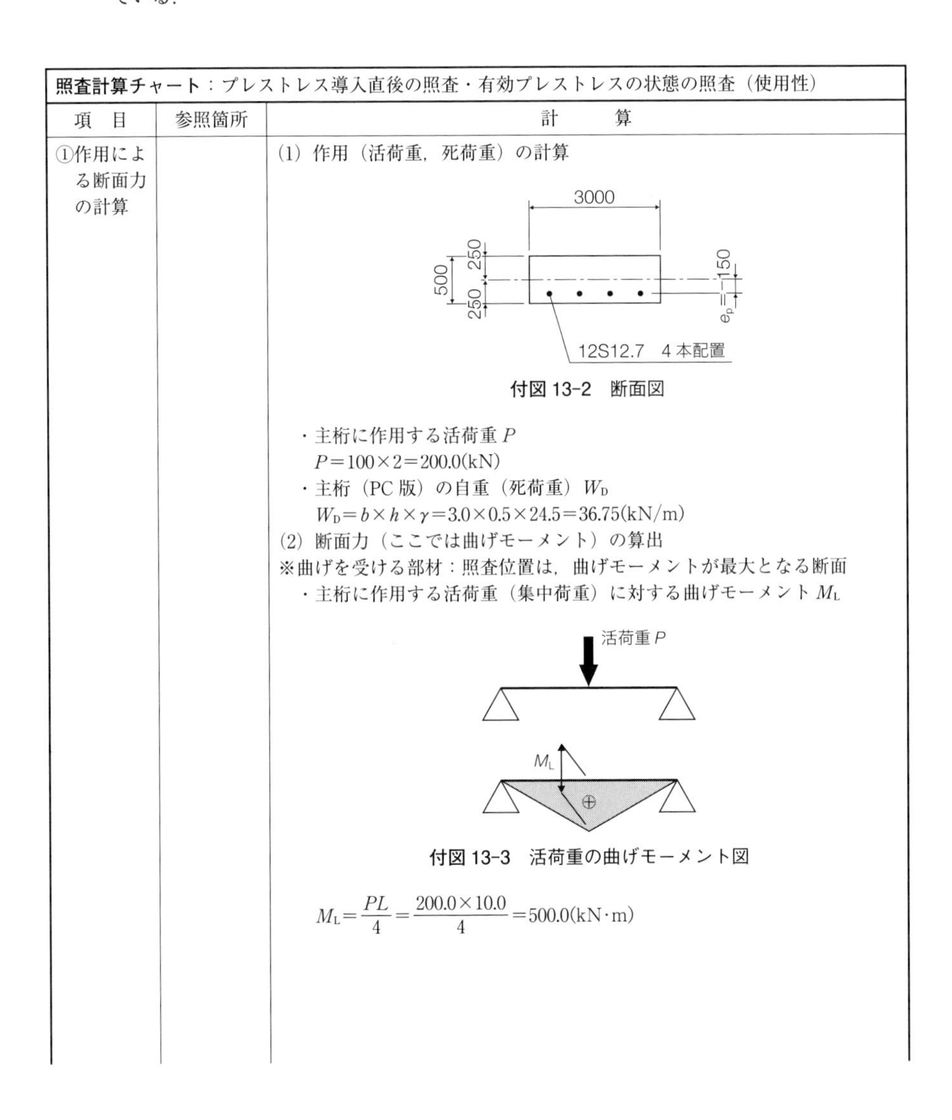

照査計算チャート：プレストレス導入直後の照査・有効プレストレスの状態の照査（使用性）		
項　目	参照箇所	計　　算
①作用による断面力の計算		(1) 作用（活荷重，死荷重）の計算 付図 13-2　断面図 ・主桁に作用する活荷重 P $P=100\times2=200.0$(kN) ・主桁（PC 版）の自重（死荷重）W_D $W_D=b\times h\times\gamma=3.0\times0.5\times24.5=36.75$(kN/m) (2) 断面力（ここでは曲げモーメント）の算出 ※曲げを受ける部材：照査位置は，曲げモーメントが最大となる断面 ・主桁に作用する活荷重（集中荷重）に対する曲げモーメント M_L 付図 13-3　活荷重の曲げモーメント図 $M_L=\dfrac{PL}{4}=\dfrac{200.0\times10.0}{4}=500.0$(kN·m)

・主桁（PC 版）の自重（等分布荷重）に対する曲げモーメント M_{D}

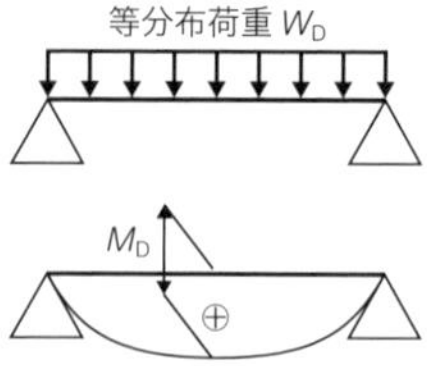

付図 13-4　死荷重の曲げモーメント図

$$M_{\mathrm{D}}=\frac{w_{\mathrm{D}}L^2}{8}=\frac{36.75\times10.0^2}{8}=459.4(\mathrm{kN\cdot m})$$

②作用による応力度の計算

(1) 断面係数の算出（長方形断面の場合）

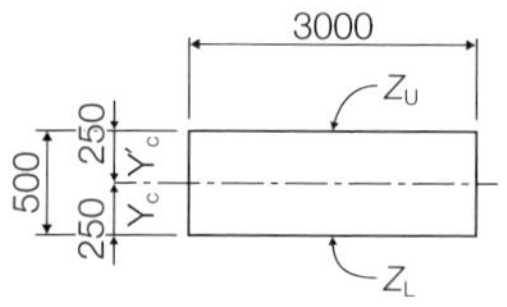

付図 13-5　中立軸の位置（Y_c'：上縁までの距離，Y_c：下縁までの距離）

断面 2 次モーメント $I=\dfrac{bh^3}{12}=\dfrac{3.0\times0.5^3}{12}=0.03125(\mathrm{m}^4)$

$$Z_{\mathrm{U}}=\frac{I}{Y_c'}=\frac{0.03125}{0.250}=0.125(\mathrm{m}^3)$$

$$Z_{\mathrm{L}}=\frac{I}{Y_c}=\frac{0.03125}{-0.250}=-0.125(\mathrm{m}^3)$$

(2) 曲げ応力度の算出：圧縮側をプラス，引張側をマイナスとする．

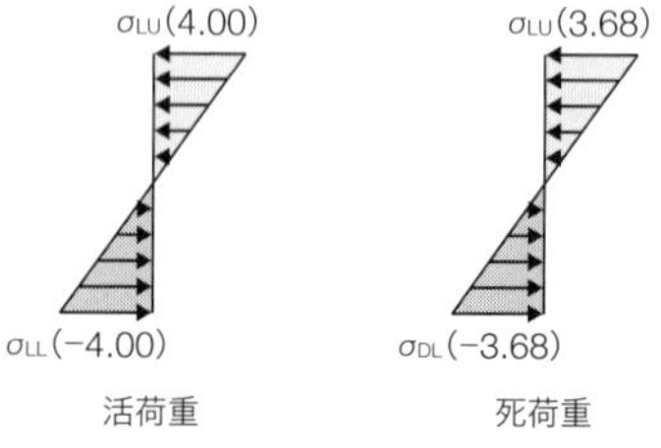

付図 13-6　応力度分布

・活荷重による曲げ応力度（$\sigma_{\mathrm{LU}}, \sigma_{\mathrm{LL}}$）

式(13.1)　上縁：$\sigma_{\mathrm{LU}}=\dfrac{M_{\mathrm{L}}}{Z_{\mathrm{u}}}=\dfrac{500.0}{0.125}=4000.0(\mathrm{kN/m^2})=4.00(\mathrm{N/mm^2})$

式(13.2)　下縁：$\sigma_{\mathrm{LL}}=\dfrac{M_{\mathrm{L}}}{Z_{\mathrm{L}}}=\dfrac{500.0}{-0.125}=-4000.0(\mathrm{kN/m^2})=-4.00(\mathrm{N/mm^2})$

・自重（死荷重）による曲げ応力度（$\sigma_{\mathrm{DU}}, \sigma_{\mathrm{DL}}$）

式(13.3)　上縁：$\sigma_{\mathrm{DU}}=\dfrac{M_{\mathrm{D}}}{Z_{\mathrm{U}}}=\dfrac{459.4}{0.125}=3675.2(\mathrm{kN/m^2})=3.68(\mathrm{N/mm^2})$

	式(13.4)	下縁：$\sigma_{DL}=\dfrac{M_D}{Z_L}=\dfrac{459.4}{-0.125}=-3675.2(\mathrm{kN/m^2})=-3.68(\mathrm{N/mm^2})$
③プレストレスによる応力度の計算		(1) プレストレスの計算 ・主桁（PC 版）の断面積 A　　$A=bh=3.0\times0.5=1.5(\mathrm{m^2})$ ・鋼材の断面積 A_p　　$A_p=1184.5(\mathrm{mm^2}/本)$ ※条件より ・鋼材本数 N_p　　$N_p=4$（本） ・有効緊張力 σ_{pe}　　$\sigma_{pe}=900.0(\mathrm{N/mm^2})$　※条件より ・PC 鋼材偏心量　　$e_p=-0.150(\mathrm{m})$　※付図 13-7 参照 (2) プレストレスによる軸力 P_e（有効プレストレス力）と偏心 e により生じた曲げモーメント M_e の算出 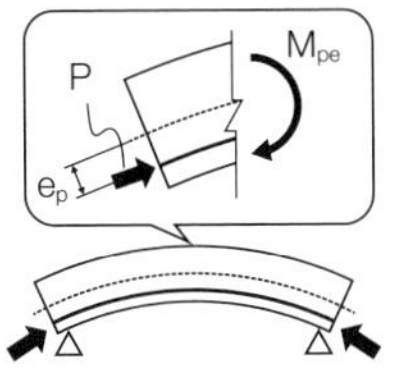 ※e_p は，図心から下方向をマイナス **付図 13-7　偏心した軸力による曲げモーメント** ・軸力（＝有効プレストレス力） $P_e=A_pN_p\sigma_{pe}=1184.5\times4\times900.0=4264200.0(\mathrm{N})=4264.2(\mathrm{kN})$ ・偏心による曲げモーメント $M_{pe}=P_ee_p=4264.2\times(-0.150)=-639.63(\mathrm{kN\cdot m})$ (3) 軸力（有効プレストレス力）P_e による圧縮応力度 σ_c 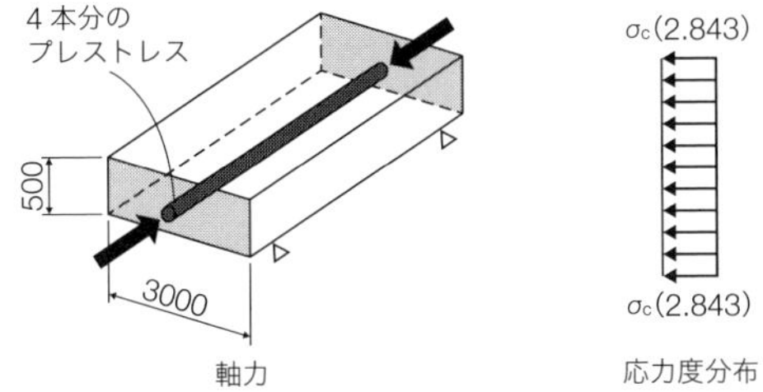 **付図 13-8　軸力（有効プレストレス力）とそれによる応力度分布**
	式(13.5)，式(13.6)の右辺第 1 項	・有効プレストレス力 $P_e=4264.2(\mathrm{kN})$ ・主桁の断面積　　$A=1.50(\mathrm{m^2})$ ・軸力（有効プレストレス力）P_e による圧縮応力度 σ_c $\sigma_c=\dfrac{P_e}{A}=\dfrac{4264.2}{1.50}=2842.8(\mathrm{kN/m^2})=2.843(\mathrm{N/mm^2})$ (4) 偏心により生じた曲げモーメントによる応力度（σ_{pU},σ_{pL}）

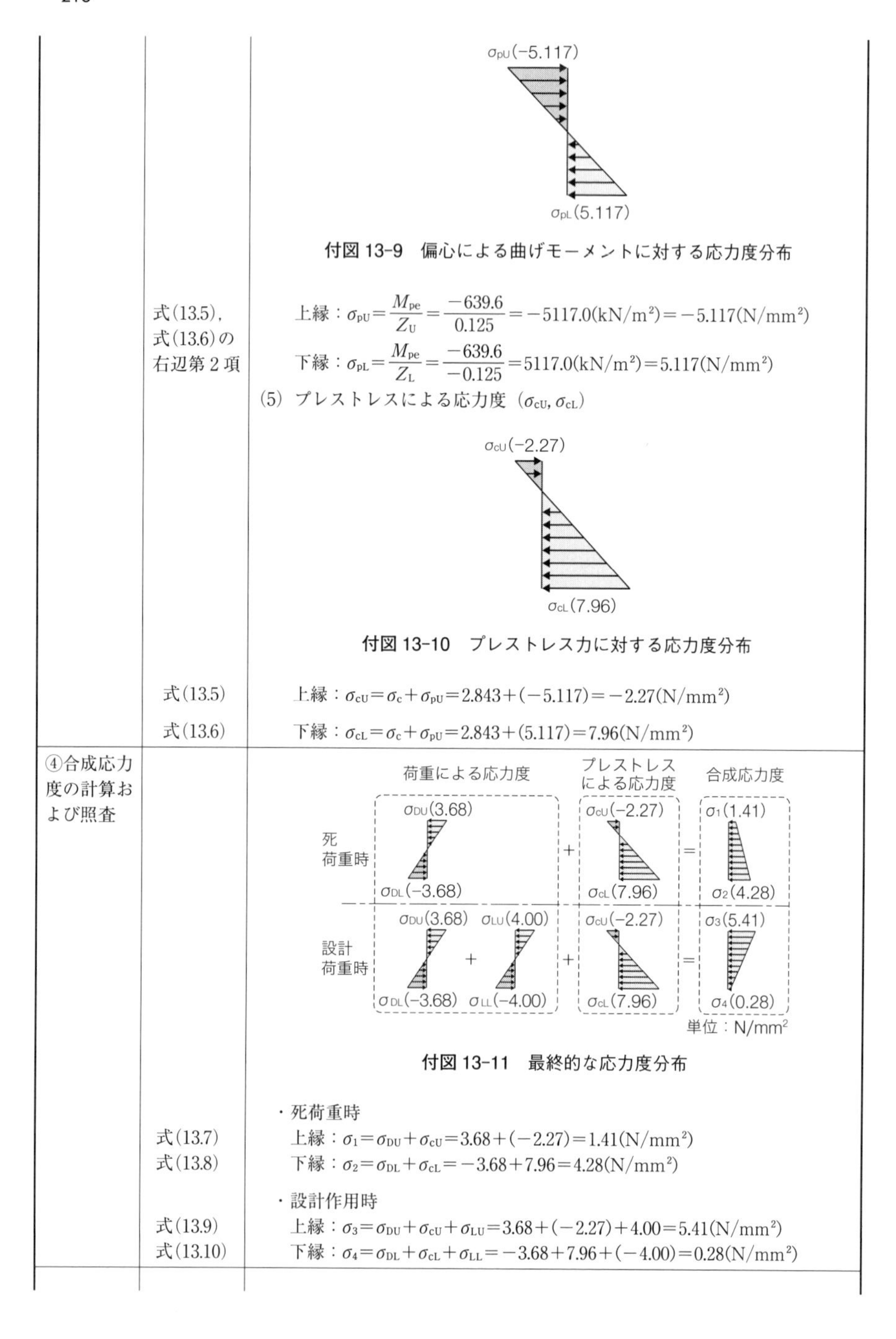

付図 13-9　偏心による曲げモーメントに対する応力度分布

式(13.5)，式(13.6)の右辺第 2 項

上縁：$\sigma_{pU}=\dfrac{M_{pe}}{Z_U}=\dfrac{-639.6}{0.125}=-5117.0(\mathrm{kN/m^2})=-5.117(\mathrm{N/mm^2})$

下縁：$\sigma_{pL}=\dfrac{M_{pe}}{Z_L}=\dfrac{-639.6}{-0.125}=5117.0(\mathrm{kN/m^2})=5.117(\mathrm{N/mm^2})$

(5) プレストレスによる応力度（σ_{cU}, σ_{cL}）

付図 13-10　プレストレス力に対する応力度分布

式(13.5)　上縁：$\sigma_{cU}=\sigma_c+\sigma_{pU}=2.843+(-5.117)=-2.27(\mathrm{N/mm^2})$

式(13.6)　下縁：$\sigma_{cL}=\sigma_c+\sigma_{pU}=2.843+(5.117)=7.96(\mathrm{N/mm^2})$

④合成応力度の計算および照査

付図 13-11　最終的な応力度分布

・死荷重時

式(13.7)　上縁：$\sigma_1=\sigma_{DU}+\sigma_{cU}=3.68+(-2.27)=1.41(\mathrm{N/mm^2})$

式(13.8)　下縁：$\sigma_2=\sigma_{DL}+\sigma_{cL}=-3.68+7.96=4.28(\mathrm{N/mm^2})$

・設計作用時

式(13.9)　上縁：$\sigma_3=\sigma_{DU}+\sigma_{cU}+\sigma_{LU}=3.68+(-2.27)+4.00=5.41(\mathrm{N/mm^2})$

式(13.10)　下縁：$\sigma_4=\sigma_{DL}+\sigma_{cL}+\sigma_{LL}=-3.68+7.96+(-4.00)=0.28(\mathrm{N/mm^2})$

<table>
<tr>
<td>⑤照査</td>
<td></td>
<td>
許容値（制限値）（H24 道路橋示方書）：参考値より
<table>
<tr><th></th><th>許容圧縮応力度（N/mm²）</th><th>許容引張応力度（N/mm²）</th></tr>
<tr><td>死荷重時</td><td>14.0</td><td>0.0</td></tr>
<tr><td>設計作用時</td><td>14.0</td><td>−1.5</td></tr>
</table>

・死荷重時
上縁：$0.0 \leqq \sigma_1 = 1.41 (\mathrm{N/mm^2}) \leqq 14.0$……OK
下縁：$0.0 \leqq \sigma_2 = 4.28 (\mathrm{N/mm^2}) \leqq 14.0$……OK
・設計作用時
上縁：$-1.5 \leqq \sigma_3 = 5.41 (\mathrm{N/mm^2}) \leqq 14.0$……OK
下縁：$-1.5 \leqq \sigma_4 = 0.28 (\mathrm{N/mm^2}) \leqq 14.0$……OK
</td>
</tr>
</table>

記　号　本章で用いた主要な記号を以下に記す．

$P(x)$：設計断面におけるプレストレス力　P_{i}：緊張作業中のプレストレス力

$P_{\mathrm{i}}(x), P_{\mathrm{t}}(x)$：プレストレス力の緊張作業中および直後の減少量/経時的減少量

M_1：作用による曲げモーメント　N'：プレストレス力（軸力）　e：偏心量

M_2：偏心・緊張したプレストレス力による曲げモーメント（$=N'e$）

I_{c}：断面２次モーメント　y_{c}：図心位置　Z, Z'：上縁の断面係数/下縁の断面係数

$M_{\mathrm{L}}, M_{\mathrm{D}}$：活荷重（live load）／死荷重（dead load）による曲げモーメント

$\sigma_{\mathrm{LU}}, \sigma_{\mathrm{LL}}$：圧縮側（上縁，upper edge）／引張側（下縁，lower edge）の活荷重による曲げ応力度

$\sigma_{\mathrm{DU}}, \sigma_{\mathrm{DL}}$：圧縮側（上縁）／引張側（下縁）の死荷重による曲げ応力度

A_{c}：コンクリートの断面積

$\sigma_{\mathrm{cU}}, \sigma_{\mathrm{cL}}$：圧縮側（上縁）／引張側（下縁）のプレストレス力による応力度

σ_1, σ_2：圧縮側（上縁）／引張側（下縁）の死荷重時の合成応力度

σ_3, σ_4：圧縮側（上縁）／引張側（下縁）の設計作用時の合成応力度

参 考 文 献

［1］　土木学会：2022 年制定 コンクリート標準示方書［設計編］
［2］　日本道路協会：道路橋示方書・同解説，平成 24 年 3 月

付録 I　SI 単位と慣用単位

本書では，単位系として，SI 単位（国際単位系）を主とし，一部，慣用単位（メートル法重力単位系）を［　］にて併記した．

表 I-1 に慣用単位と SI 単位との換算率を示した．

表 I-1　慣用単位から SI 単位系への換算率

量	慣用単位		SI 単位		換算率
力	重量キログラム 重量トン	kgf tf	ニュートン	N	1 kgf = 9.80665 N 1 tf = 9.80665 kN
応　力	重量キログラム毎平方センチメートル	kgf/cm^2	パスカル ニュートン毎平方ミリメートル	Pa N/mm^2	$1\ kgf/cm^2 = 9.80665 \times 10^4\ Pa = 9.80665 \times 10^{-2}\ MPa$ $1\ kgf/cm^2 = 9.80665 \times 10^{-2}\ N/mm^2$
仕　事	重量キログラムメートル	kgf·m	ジュール	J	1 kgf·m = 9.80665 J
加速度	ガル ジー	Gal G	メートル毎秒毎秒	m/s^2	$1\ Gal = 0.01\ m/s^2$ $1\ G = 9.80665\ m/s^2$
熱伝導率	カロリー毎時毎メートル毎度	cal/(h·m·℃)	ワット毎メートル毎度	W/(m·℃)	1 cal/(h·m·℃) = 0.001163 W/(mm·℃)
比　熱	カロリー毎キログラム毎度	cal/(kg·℃)	ジュール毎キログラム毎度	J/(kg·℃)	1 cal/(kg·℃) = 4.18605 J/(kg·℃)

コンクリート標準示方書には，実験式として強度の 1/2 乗，2/3 乗などを含むものが多く，この場合 SI 単位への変換に際しては，実験式の係数に注意する必要がある．本書では，本文中は SI 単位を基本とし，必要に応じ慣用単位を並記しているが，それらの主要なものを表 I-2 に再度まとめた．

表 I-2　コンクリート標準示方書の各種実験式の換算

	慣用単位：kgf/cm^2 による表示	SI 単位：MPa による表示
コンクリートの諸強度	$f_{bk}=0.9f'^{2/3}_{ck}$ $f_{tk}=0.5f'^{2/3}_{ck}$ $f_{bok}=0.6f'^{2/3}_{ck}$	$f_{bk}=0.42f'^{2/3}_{ck}$ $f_{tk}=0.23f'^{2/3}_{ck}$ $f_{bok}=0.28f'^{2/3}_{ck}$
部材中のコンクリート強度	$f_{vcd}=0.9\sqrt[3]{f'_{ck}/\gamma_c}$ $f_{wcd}=4\sqrt{f'_{ck}/\gamma_c}$ $f_{pcd}=0.6\sqrt{f'_{ck}/\gamma_c}$ $f'_{ucd}=9\sqrt{f'_{ck}/\gamma_c}$	$f_{vcd}=0.19\sqrt[3]{f'_{ck}/\gamma_c}$ $f_{wcd}=1.25\sqrt{f'_{ck}/\gamma_c}$ $f_{pcd}=0.19\sqrt{f'_{ck}/\gamma_c}$ $f'_{ucd}=2.8\sqrt{f'_{ck}/\gamma_c}$
材料の疲労強度	$f_{srd}=1900\dfrac{10^{\alpha}}{N^k}\left(1-\dfrac{\sigma_{sp}}{f_{ud}}\right)\Big/\gamma_s$	$f_{srd}=186\dfrac{10^{\alpha}}{N^k}\left(1-\dfrac{\sigma_{sp}}{f_{ud}}\right)\Big/\gamma_s$
	$f_{rd}=k_1 f_d\left(1-\dfrac{\sigma_p}{f_d}\right)\left(1-\dfrac{\log N}{K}\right)$	慣用単位と同じ

索　　引

あ　行

か　行

さ　行

た　行

な　行

は　行

ま　行

や　行

ら・わ　行

著　者
吉川　弘道（よしかわ・ひろみち）
東京都市大学名誉教授
富山　　潤（とみやま・じゅん）
琉球大学工学部教授

鉄筋コンクリートの設計　第2版

令和6年1月30日　発　行

著作者　吉　川　弘　道
　　　　富　山　　　潤

発行者　池　田　和　博

発行所　丸善出版株式会社
〒101-0051　東京都千代田区神田神保町二丁目17番
編 集：電話(03)3512-3266／FAX(03)3512-3272
営 業：電話(03)3512-3256／FAX(03)3512-3270
https://www.maruzen-publishing.co.jp

組版印刷・製本/三美印刷株式会社

ISBN 978-4-621-30909-4 C 3051　　Printed in Japan